応用生命科学シリーズ ⑥

タンパク質工学の基礎

松澤　洋 編

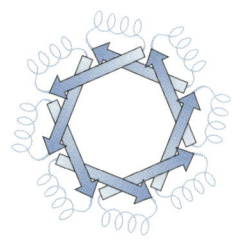

東京化学同人

序

　生命科学は，それぞれ生物学，物理学，化学の面から明らかにされた生物のもつ特質に関する研究成果を総合するとともにその意義を考え，さらにヒトとのかかわりを理解するための学問分野である．

　かつて，生命現象には単なる物質を超えた原理が働いているのではないかと考えられたときもあった．それは，すべての物質は時間とともに変化し分解する方向に進むのに対し，生命はいわば無から始まって有形の個体となりさらには増殖する，という常識を超えた面があったからであろう．20世紀半ばから生命現象を物理化学的に解明しようとする分子生物学が勃興し，生物のもつ基本的な性質である遺伝現象，遺伝子の実体，遺伝子機能の発現，代謝などの原理が明らかにされ，すべての生物に共通な仕組みと，種ごとに見られる微妙な相違についても理解が進んだ．その結果現代では，それまで努力と，経験と，幸運に任せて行われてきた生物の利用，たとえば作物や家畜の品種改良，医薬品の開発，病気の治療などをより理論的に説明し，判断し，適切に進めることができる段階に近づきつつある．同じ原理は，限られた地球の資源をより有効に利用したり，増えすぎた人類の生活を自然との折合いをはかりながら維持するためにも，重要な手がかりを与えてくれるに違いない．

　本"応用生命科学シリーズ"は，大学・研究機関などに所属する現場の研究者が中心となって，上に述べた生命科学の発展の過程で明らかにされた事実を整理するとともに，ヒトの生活とのかかわりあいでどのように理解し，未来を明るいものにするためにいかに応用すべきであると考えているかを述べたものである．特に，この領域は研究の進歩があまりに急速であったために，研究の成果や開発された技術の結果としてつくられた製品，たとえば遺伝子組換えの原理やその技術を利用した新しい医薬品，医療，食品などに関して必ずしも正しくない情報がひとり歩きしていたり，不安感をもたれたりしている面がある．このような現状をふまえて，将来直接この分野にかかわりをもたないと思われる方々にも要点を正しく理解して

いただけるように解説した第1巻"応用生命科学の基礎"から，第9巻"バイオインフォマティクス"のように専門性の高い領域に焦点を絞って解説したものまで，幅広く取りそろえることにより読者の便宜をはかったつもりである．高校，高専，専門学校，大学教養課程から専門課程の学生諸君，大学院生から技術者，研究者にいたる多くの読者のみなさんにこの意図をくんでいただければ幸いである．

2002年 2月

応用生命科学シリーズ 編集代表

永 井 和 夫

まえがき

　ヒトをはじめとする多くの生物のゲノム（遺伝子情報の全体）が解読され，生命科学の分野はいまポストゲノム科学の時代といわれている．生物の生命活動に欠かせないタンパク質の設計図である遺伝子が解読されたことから，ポストゲノム科学のなかでもタンパク質の構造と機能に関する研究は特に注目され，新たな発展段階に入ったといえる．プロテオーム（ゲノムに由来するタンパク質の全体）を対象として，その生物の分化，老化，不死化（がん化），疾病などにかかわるタンパク質を解明する研究が盛んに行われている．同時に，タンパク質の立体構造を明らかにし，その分子構造から個々のタンパク質の機能を理解していこうとする構造生物学も盛んである．

　分子生物学の発展により生まれた遺伝子工学は現代の生命科学において欠くことのできない研究手法である．この遺伝子工学を構造生物学に取入れた研究分野がタンパク質工学である．遺伝子の塩基配列は遺伝子工学により任意に変えることが可能であり，その結果タンパク質のアミノ酸配列は計画的に変更できる．この手法を用いて，タンパク質の立体構造とその遺伝子をもとに，利用目的にあったタンパク質を設計し作製する研究が行われている．この新しい機能をもつタンパク質を創造することを目指すタンパク質工学は，応用を目的にした研究だけでなく，タンパク質の構造と機能の理解を目指すタンパク質科学の基礎的研究にも有用である．

　本書"タンパク質工学の基礎"は，タンパク質の構造と機能を理解することはタンパク質工学の基礎であるとの考えに基づいて編集しており，生化学あるいは生物学の基礎教育を終えて，これからタンパク質科学を学ぶ学部2〜3年生を対象にした教科書である．また，タンパク質の構造を理解することを主眼に編集していることから，大学院修士課程の学生がタンパク質構造について復習し，最新の構造解析の研究成果を勉強する格好の読み物でもあると確信する．これらの目的を果たすため，そして最新の知識と研究成果が盛り込まれるよう，各章の執筆はその分野で活躍する第一

線の研究者にお願いした．

　本書の構成はつぎのようになっている．

　1～3章では，タンパク質の構造の成り立ちを，それを支える非共有結合力とともに，構成するアミノ酸側鎖の機能とのかかわりから立体構造まで系統的，階層的に解説した．

　4章では，構造生物学で用いられるX線結晶解析と核磁気共鳴（NMR）の手法の要点を簡潔に解説した．

　5章では，タンパク質の機能と酵素反応の解析を，タンパク質のリガンドとの結合とコンホメーション変化の解析という観点にたって，基礎的なところからかなり高度のところまで詳細に解説した．

　6章では，遺伝子のクローニングから変異の導入，遺伝子発現というタンパク質工学に必須の遺伝子工学の基礎的な知識と手法を解説した．

　7～11章では，構造生物学を基にタンパク質工学の手法を導入して，タンパク質の構造と機能の理解をいっそう深めた，代表的な5種類の酵素の研究成果を初学者にもわかりやすいように解説した．

　この7～11章は，これまでの多くのタンパク質工学の教科書にない，本書の特徴を端的に示す内容構成をとっている．各章では，まず各酵素の知見を整理し，立体構造に基づいて酵素の構造と機能を説明し，そこから理論的に導かれるタンパク質の改変計画を示し，野生型酵素と変異型酵素の比較解析の結果，その酵素の構造と機能の理解がいかに深められたかがわかるよう記述した．そのために，タンパク質工学の説明は，総花的・羅列的な例示ではなく，教科書的な典型例を取上げ，データを示して具体的に解説した．本文中には2色刷の図で，X線結晶解析で明らかにされた各酵素の立体構造をできるだけ多く示し，本書の冒頭の口絵にはカラーの立体構造の図を載せて，構造の理解を助けるよう工夫した．そして，タンパク質工学の具体的な説明からは，記憶することよりもむしろ考え，理解すること，研究の道筋を学んでいただきたい．その結果，酵素の面白さ，タンパク質研究の面白さが，若い学生諸君に少しでも伝わることを願っている．

　このように，本書はタンパク質工学の基礎となるタンパク質科学のかな

り広い分野をカバーする内容となっている．したがって，本書を教科書として使う場合，対象とする学生の学年と授業期間（半年か，1年間か）によって，教える章を取捨選択していただければよいと考える．

　ポストゲノム科学の時代のタンパク質科学は基礎科学としてだけでなく，応用科学として社会に貢献することが期待されている．特に医療・健康・産業の面での期待が大きく，医薬品開発（創薬）の激しい競争が世界的に展開されている．このような動向のなかで，タンパク質工学への期待はますます高まっている．本書"タンパク質工学の基礎"が，工学，理学，農学，薬学分野の若い学生諸君のタンパク質科学への興味をかき立て，そしてタンパク質工学の分野のいっそうの発展に役立つことを願っている．

　最後に，研究と教育でお忙しいにもかかわらず，本書の執筆を快くひき受けてくださった執筆者の方々に心から感謝申し上げる．そして，本書出版に多大の尽力をいただいた東京化学同人編集部の内藤みどり氏に厚くお礼申し上げる．

　2004年 7月　梅雨明けの真夏の陽射しの青森にて

松　澤　　洋

編　集

松　澤　　　洋　　前東京大学大学院農学生命科学研究科 教授，農学博士

執　筆

有　坂　文　雄　　東京工業大学名誉教授，Ph. D.
河　合　剛　太　　千葉工業大学先進工学部 教授，理学博士
黒　木　良　太　　元日本原子力研究開発機構量子ビーム応用研究部門
　　　　　　　　　　　　　　　　　　　研究主席，薬学博士
酒　井　　　坦（ひろし）　静岡県立大学名誉教授，農学博士
高　木　博　史　　奈良先端科学技術大学院大学先端科学技術研究科 教授，
　　　　　　　　　　　　　　　　　　　　　　　　　　　　農学博士
田　口　速　男　　東京理科大学理工学部 教授，農学博士
濡　木　　　理（おさむ）　東京大学大学院理学系研究科 教授，理学博士
松　澤　　　洋　　前東京大学大学院農学生命科学研究科 教授，農学博士
三　上　文　三　　京都大学名誉教授，農学博士

（五十音順）

目　次

1章　タンパク質の構造 ………………………………………………有坂文雄… 1
1・1　タンパク質を構成する20種のアミノ酸 ………………………………… 1
1・2　ペプチド結合の形成からタンパク質へ ………………………………… 10
1・3　タンパク質構造の階層性 ………………………………………………… 11

2章　タンパク質の構造と機能にかかわる結合力 ……………有坂文雄… 13
2・1　共有結合と非共有結合 …………………………………………………… 14
2・2　静電的相互作用（イオン結合）…………………………………………… 14
2・3　ファンデルワールス力 …………………………………………………… 15
2・4　水素結合 …………………………………………………………………… 16
2・5　疎水性相互作用 …………………………………………………………… 17

3章　タンパク質の高次構造 …………………………………………有坂文雄… 19
3・1　タンパク質の二次構造 …………………………………………………… 19
3・2　タンパク質の三次構造 …………………………………………………… 27
3・3　タンパク質の四次構造 …………………………………………………… 29
3・4　タンパク質の立体構造の形成，折りたたみ …………………………… 31
3・5　一次構造に基づく高次構造の予測 ……………………………………… 40

4章　タンパク質の高次構造の決定法 ……………………濡木 理，河合剛太… 41
4・1　X線結晶構造解析 ………………………………………………………… 43
　4・1・1　結晶構造解析の手順 ………………………………………………… 43
　4・1・2　タンパク質の結晶化 ………………………………………………… 43
　4・1・3　タンパク質結晶の対称性と空間群 ………………………………… 44

4・1・4　X線回折の原理 ………………………………………47
　4・1・5　X線源と検出器 ………………………………………49
　4・1・6　回折強度データの処理 ………………………………50
　4・1・7　位相問題 ………………………………………………51
　4・1・8　位相の改良とモデル構築 ……………………………52
4・2　核磁気共鳴（NMR） ……………………………………………53
　4・2・1　NMRの原理とタンパク質立体構造の決定 …………53
　4・2・2　NMR測定用の試料調製 ………………………………55
　4・2・3　NMRスペクトルの測定と解析 ………………………57
　4・2・4　立体構造の計算 ………………………………………60
　4・2・5　より大きな分子を解析する手法 ……………………60
　4・2・6　分子間相互作用の解析手法 …………………………60
4・3　結　び ……………………………………………………………61

5章　タンパク質の機能と酵素反応　………………酒井　坦 … 62

5・1　酵素の活性 ………………………………………………………62
5・2　酵素の特異性 ……………………………………………………63
5・3　酵素の分類と名称 ………………………………………………63
5・4　酵素の活性部位 …………………………………………………64
5・5　活性化エネルギー ………………………………………………64
5・6　酵素反応速度論 …………………………………………………65
5・7　酵素の阻害 ………………………………………………………71
5・8　二基質反応 ………………………………………………………76
5・9　pH の影響 ………………………………………………………80
5・10　温度の影響 ………………………………………………………83
5・11　アロステリック酵素 ……………………………………………87
　解説 5・1　反応速度，反応速度式，反応次数 ………………………97
　解説 5・2　平衡と平衡定数，標準自由エネルギー変化 ……………98
　解説 5・3　リガンド結合とスキャッチャードプロット ……………99
　解説 5・4　ピンポン機構の速度式 ……………………………………100
　解説 5・5　弱酸の解離 …………………………………………………101
　解説 5・6　アデアの式 …………………………………………………102
　解説 5・7　見掛けの解離定数と固有の解離定数 ……………………103
　解説 5・8　MWC モデルでの飽和度の計算 …………………………104

6章　遺伝子工学の基礎 …………………………………………… 松 澤　 洋 … 106
- 6・1　遺伝子のクローニングと酵素の改変 ……………………………………… 106
- 6・2　DNA の調製 …………………………………………………………………… 110
- 6・3　制 限 酵 素 ……………………………………………………………………… 111
- 6・4　クローニングベクター ………………………………………………………… 113
- 6・5　アガロース電気泳動とサザンハイブリダイゼーション …………………… 116
- 6・6　大腸菌の形質転換とコロニーハイブリダイゼーション …………………… 118
- 6・7　DNA の塩基配列決定法 ……………………………………………………… 119
- 6・8　オリゴヌクレオチドを用いる部位特異的変異導入法 ……………………… 120
- 6・9　大腸菌の発現ベクター ………………………………………………………… 123
- 6・10　タンパク質精製への遺伝子工学の利用 …………………………………… 128

7章　アミノアシル tRNA 合成酵素 …………………………………… 濡 木　 理 … 131
- 7・1　転移 RNA (tRNA) ……………………………………………………………… 131
- 7・2　アミノアシル tRNA 合成酵素 (aaRS) ……………………………………… 133
- 7・3　aaRS の二つのクラス ………………………………………………………… 135
- 7・4　tRNA のアイデンティティーの決定 ………………………………………… 137
- 7・5　aaRS の高次構造 ……………………………………………………………… 138
- 7・6　aaRS による tRNA の認識機構 ……………………………………………… 140
- 7・7　aaRS によるアミノ酸の校正反応 …………………………………………… 144
- 7・8　aaRS のタンパク質工学の将来 ── 21 番目の遺伝暗号を求めて ………… 147

8章　NAD, NADP を補酵素とする脱水素酵素 ……………………… 田 口 速 男 … 151
- 8・1　基本的な機能と構造 …………………………………………………………… 151
- 8・2　触 媒 機 構 ……………………………………………………………………… 154
- 8・3　補酵素特異性の改変 …………………………………………………………… 162
- 8・4　基質特異性の改変 ……………………………………………………………… 164
- 8・5　アロステリック特性 …………………………………………………………… 168
- 8・6　進化分子工学の利用 …………………………………………………………… 180

9章　プロテアーゼ ……………………………………………………… 高 木 博 史 … 184
- 9・1　は じ め に ……………………………………………………………………… 184
- 9・2　プロテアーゼの構造と機能 …………………………………………………… 186
- 9・3　触媒機構の解析 ………………………………………………………………… 192

9・4　pH依存性の改変 …………………………………………194
9・5　酵素活性の向上 ……………………………………………196
9・6　基質特異性の改変 …………………………………………198
9・7　安定性の改変 ………………………………………………203
9・8　サチライシンの前駆体とフォールディング ……………207

10章　リゾチーム ………………………………黒木良太…212
10・1　構造と機能 …………………………………………………212
10・2　リゾチーム酵素機能の改変 ………………………………223
10・3　リゾチームの立体構造の安定化 …………………………228
10・4　立体構造情報を利用した酵素の高機能化 ………………235

11章　アミラーゼ ………………………………三上文三…237
11・1　はじめに ……………………………………………………237
11・2　α-アミラーゼ ………………………………………………242
11・3　β-アミラーゼ ………………………………………………247
11・4　グルコアミラーゼ …………………………………………251

索　引 ………………………………………………………………255

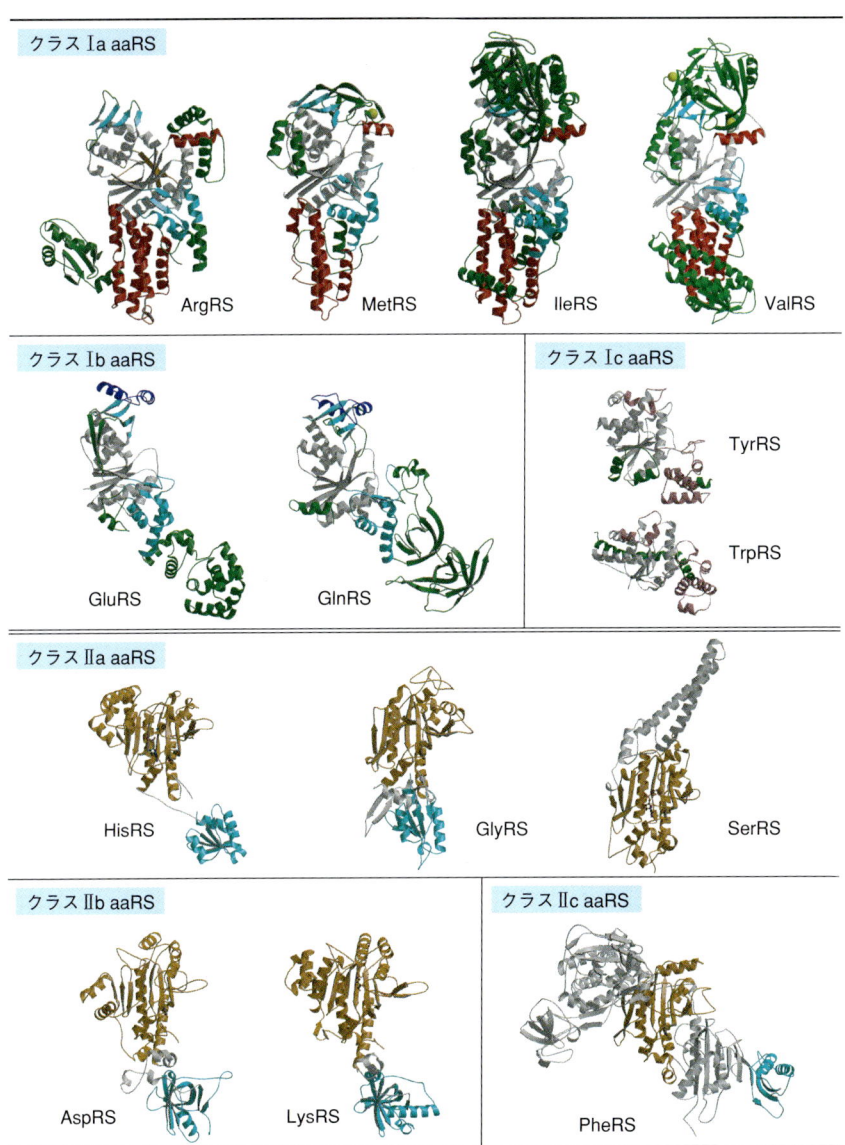

口絵 1　クラス I，クラス II のアミノアシル tRNA 合成酵素（aaRS）の結晶構造．クラス I の aaRS では，触媒ドメインの Rossmann フォールドを灰色，CP（connective polypeptide）ドメインと SC（stem contact）フォールドドメインをそれぞれ上部と下部の青色，クラス Ia の aaRS に共通のドメインを赤，各 aaRS に特異的なドメインを緑で示す．クラス II の aaRS では，逆平行 β シート構造からなる触媒ドメインを黄色，tRNA のアンチコドンを認識するドメインを青色で示す．（p.138 参照）

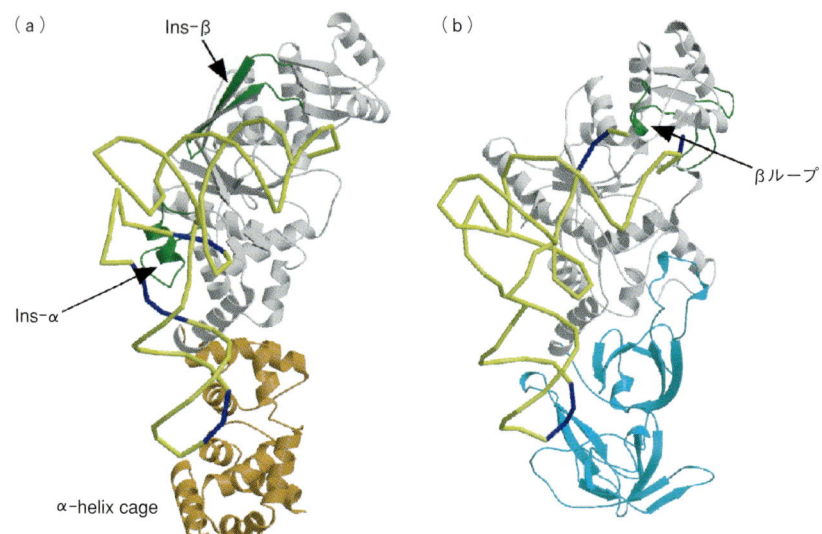

口絵 2　高度好熱菌 GluRS (a) と大腸菌 GlnRS (b)（両者とも tRNA との複合体）の結晶構造．N 末端側の触媒ドメイン（灰色）の各酵素に特異的な挿入構造を緑色で，C 末端側のアンチコドン認識ドメインについては，GluRS は黄土色，GlnRS は水色で示してある．tRNA のアイデンティティー決定因子を紺色に塗ってある．（p.142 参照）

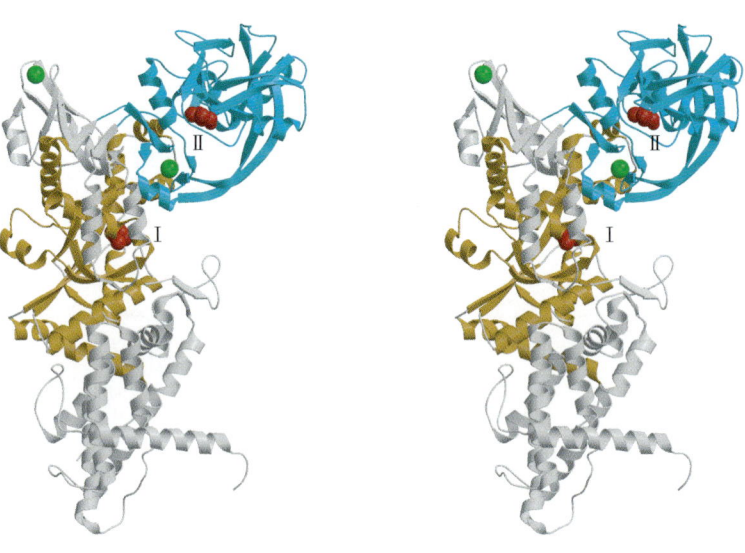

口絵 3　IleRS の二つの活性部位（ステレオ図）．Rossmann フォールドからなる触媒ドメイン（I，黄土色）および校正ドメイン（II，青色），結合したバリン分子を赤色の充塡モデル，亜鉛イオンを緑色の球で示す．それぞれの活性部位に結合した L-イソロイシンおよび L-バリンを下に示す．（p.145 参照）

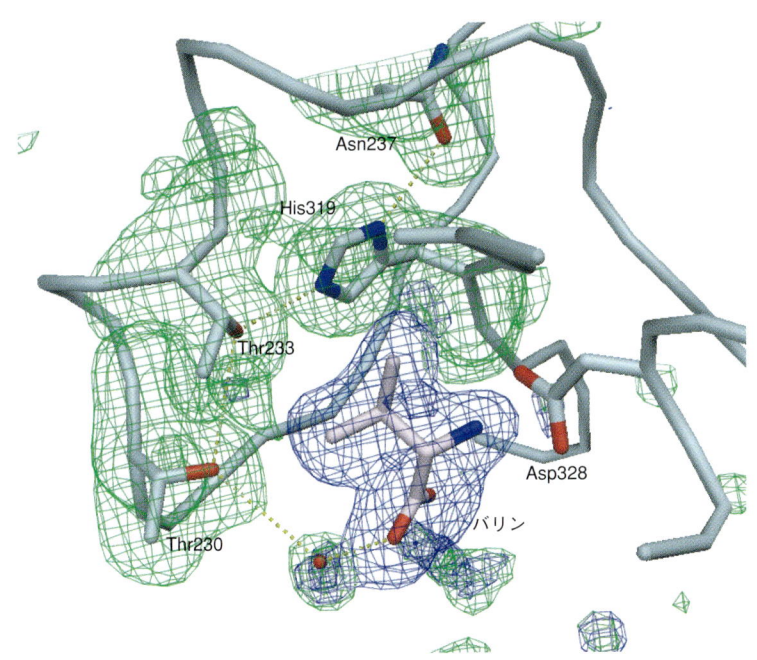

口絵 4　IleRS のアミノ酸校正部位の構造．結合した L-バリンの電子密度を紺色で，校正反応に働くと思われる IleRS の活性残基の電子密度を緑色で示す．（p.146 参照）

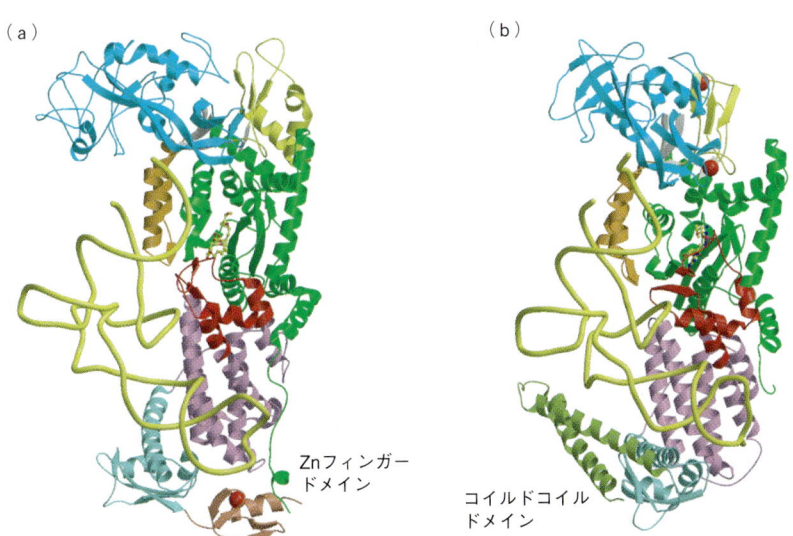

口絵 5　*Staphyrococcus aureus* IleRS・tRNA^{Ile}・ミューピロシン三重複合体 (a)，高度好熱菌由来 ValRS・tRNA^{Val}・Val-AMP の三重複合体 (b) の結晶構造．ドメインごとに色分けをしてある．tRNA を黄色で示す．いずれも tRNA の CCA 3′末端が校正ドメイン（青色）に挿入されている．IleRS と ValRS それぞれのアミノアシル化活性部位に結合したミューピロシンおよびバリル AMP を球棒モデルで示す．（p.147 参照）

(a)
(b)

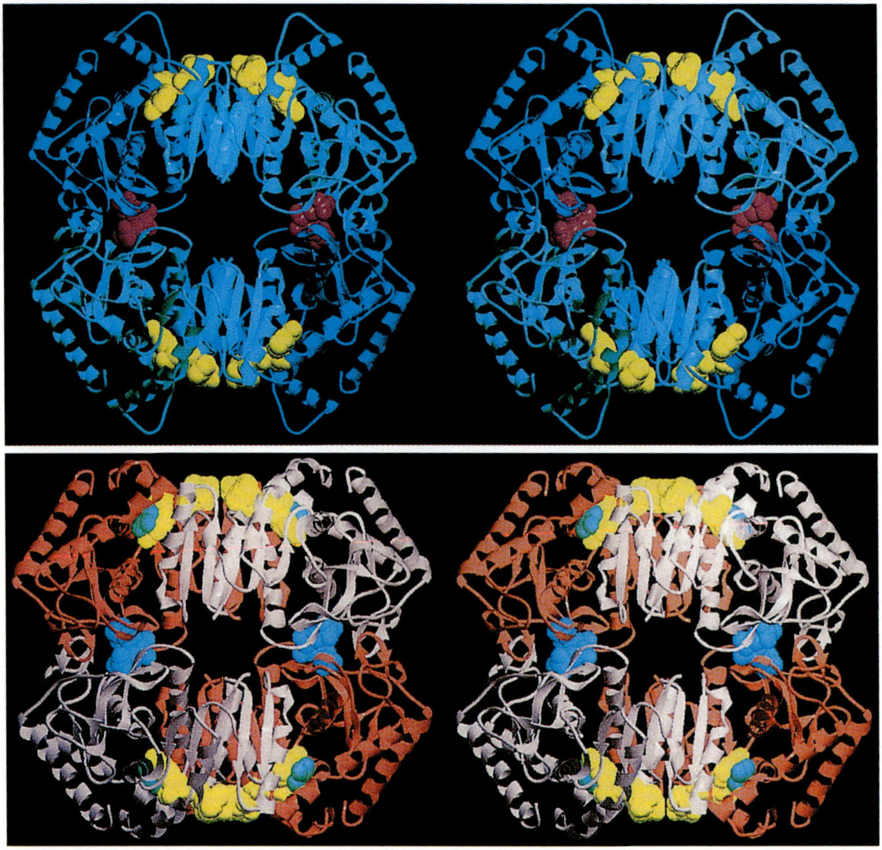

口絵 6（説明は次ページ）

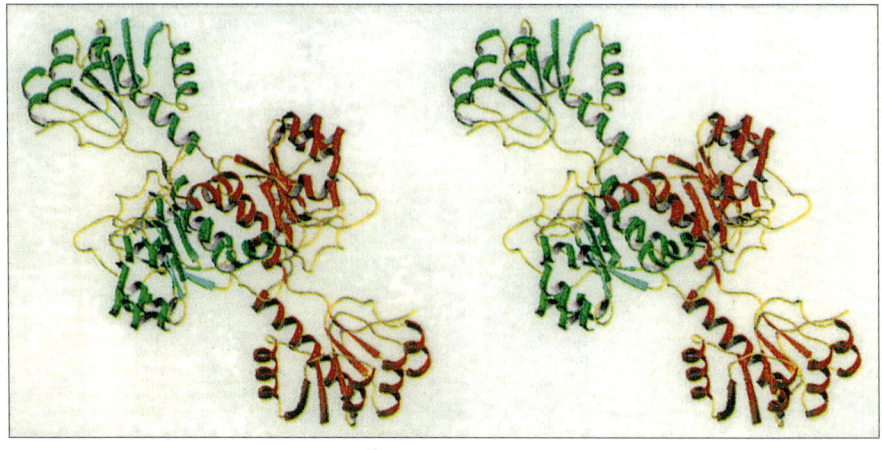

口絵 7（説明は次ページ）

(前ページの説明)

口絵 6　*Bifidobacterium longum* のアロステリック L-乳酸脱水素酵素の四量体構造のステレオ図. 不活性状態 (T 状態; 青) の構造 (a) にはフルクトース 1,6-ビスリン酸 (FBP; 赤紫) と NADH (黄色) が, 活性化状態 (R 状態; 赤紫) の構造 (b) には FBP (青) と NADH (黄色) のほかに基質類似体のオキサミン酸 (青緑) が結合している. 四量体には三つの 2 回対称軸 (P, Q, R 軸) があるが, 図は P 軸を水平方向, Q 軸を垂直方向におき, 中心においた R 軸上からみている (図 8・6 a を参照). FBP は P 軸のサブユニット接触面に結合していることがみてとれる. 〔S. Iwata, *et al*., *Nat. Struct. Biol*., **1**, 176 (1994)〕(p.152, 170 参照)

口絵 7　アポ型 *Lactobacillus pentosus* D-乳酸脱水素酵素の二量体構造のステレオ図. 二つのサブユニットの二次構造要素を赤と緑で示している. 各サブユニットは中央にある補酵素結合ドメインと上下にある触媒ドメインから構成され, おもに補酵素結合ドメイン同士の相互作用によって二量体に会合している. D-LDH の場合は触媒ドメインも補酵素結合ドメインと類似した Rossmann フォールド様の構造をもっている. 各サブユニットの触媒ドメインと補酵素結合ドメインの間にはそれぞれクレフトがあり, 補酵素や基質はこの内部に結合して触媒作用を受ける. 〔V. S. Stoll, *et al*., *Structure* (*Current Biol*.), **4**, 437 (1996)〕(p.160 参照)

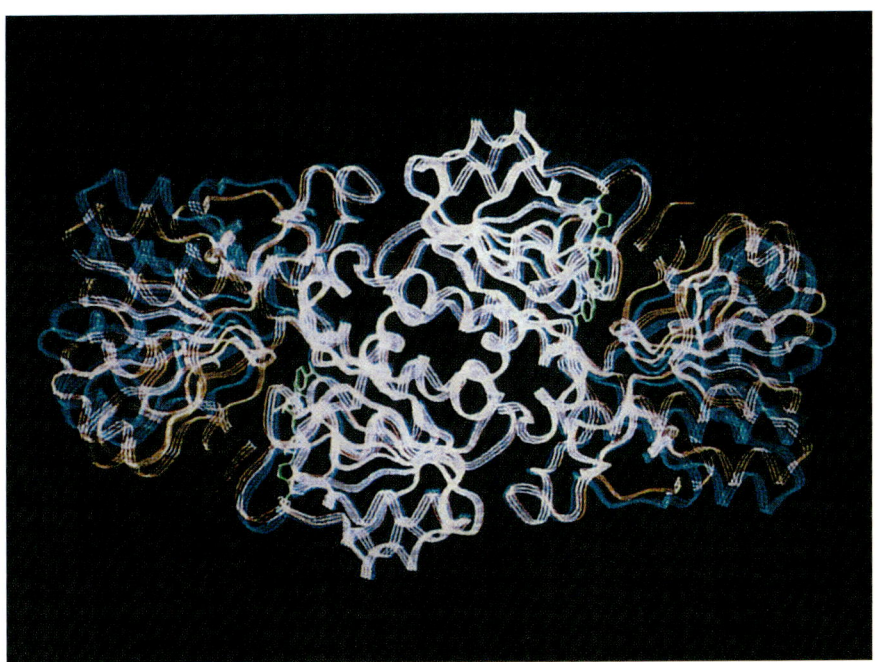

口絵 8　アポ型と 3 者 (NAD および競合阻害剤のアジド) 複合体型の *Pseudomonas sp*. の NAD 依存型ギ酸脱水素酵素の二量体立体構造の重ね合わせ図. アポ構造を青, 複合体構造を赤, また結合している NAD を緑で表している. 複合体構造では, 二つのサブユニットの左右の触媒ドメインが動いて, 中央の補酵素結合ドメインとの間のクレフトが閉じていることがわかる. 〔V. S. Lamzin, *et al*., *J. Mol. Biol*., **236**, 759 (1994)〕(p.160 参照)

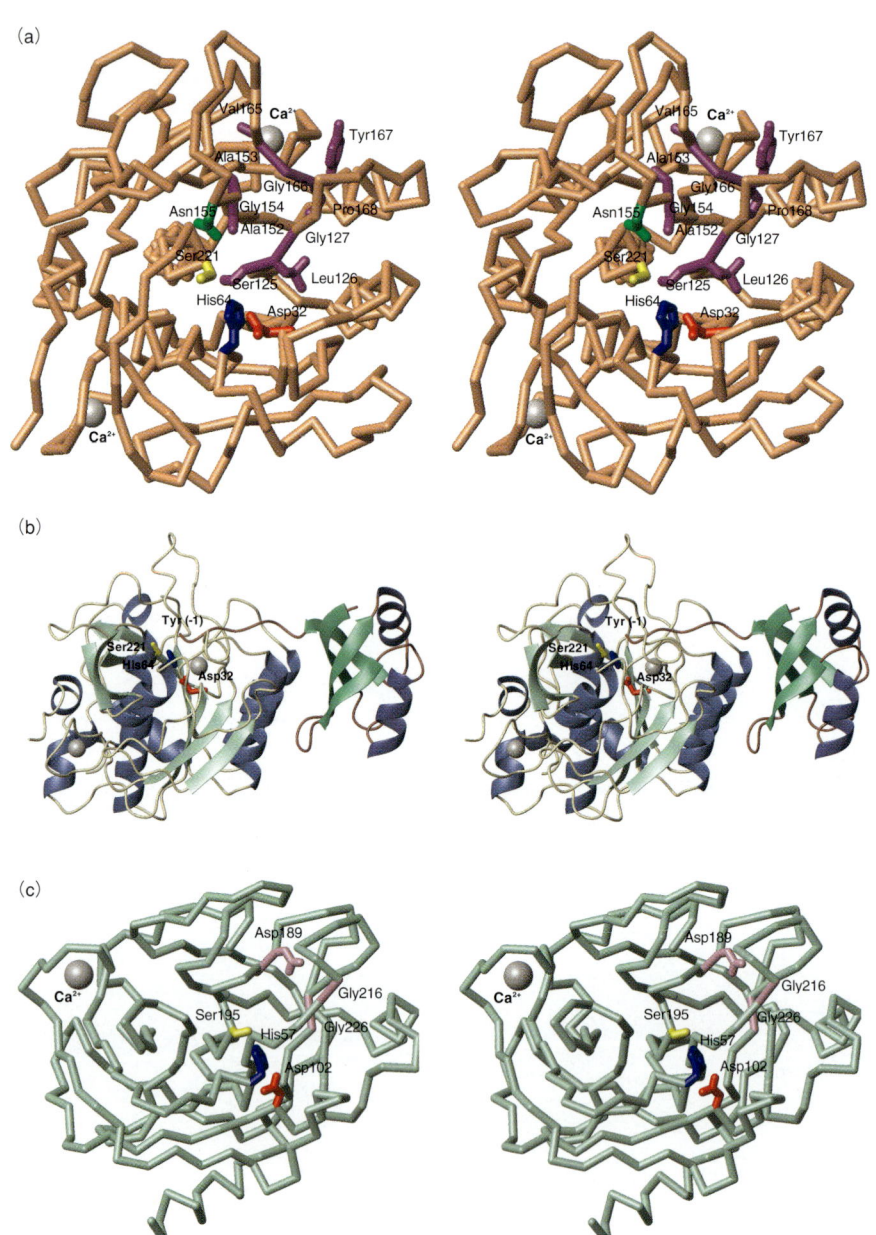

口絵 9 プロテアーゼの立体構造(ステレオ図.作図:藪田幸宏博士)　(a)サチライシンEの立体構造.(b)サチライシンEとプロペプチドの複合体の立体構造.黄色の線(左)はサチライシンE,赤色の線(右)はプロペプチドの主鎖を示す.(c)トリプシンの立体構造.いずれもペプチド主鎖を表示.紫色は基質結合ポケットを構成する残基.(p.187参照)

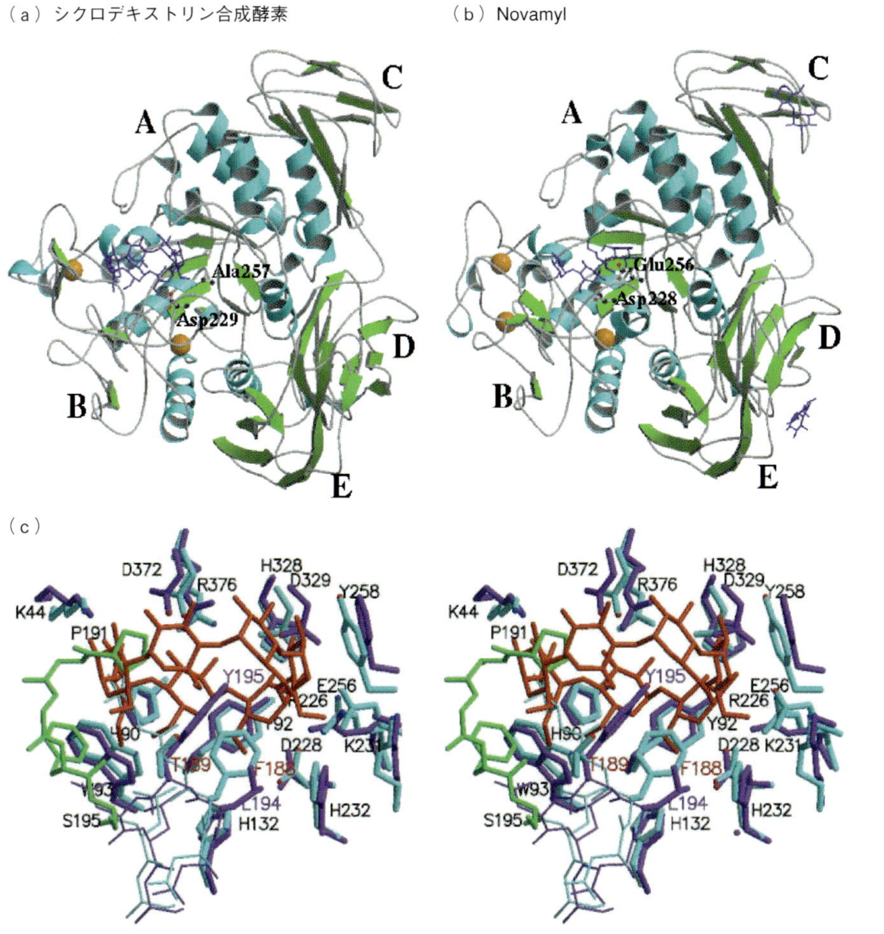

口絵 10 シクロデキストリン合成酵素の構造と Novamyl（*B. stearothermophilus* の生産するマルトース生成 α-アミラーゼ）のシクロデキストリン合成酵素への機能変換．(a) シクロデキストリン合成酵素の構造．*Bacillus circulans* のシクロデキストリン合成酵素の酸塩基触媒残基である Glu257 の Ala 変異体と生成物の β-シクロデキストリン誘導体（S-（α-D-グルコピラノシル）-6-チオ-β-シクロデキストリン，紫色の棒モデルで表示）複合体の構造を活性部位を中心に表示した．A〜D は各ドメインの位置を示す．(b) Novamyl の立体構造．Novamyl とマルトース（紫色の棒モデルで表示）との複合体の構造を (a) の図と同じ方向から見た．触媒残基を球棒モデルで，Ca^{2+} を橙色の球で表示した．(c) シクロデキストリン合成酵素と Novamyl の活性部位の重ね合わせと Novamyl の変異部位(ステレオ図)．シクロデキストリン合成酵素の側鎖を紫色で，Novamyl の側鎖を水色で示し，シクロデキストリン合成酵素に結合している γ-シクロデキストリンを橙色で表示した．また，削除された Novamyl の 191〜195 のループ部分を緑色の太線で示した．Novamyl の Phe188 および Thr189 は赤で，シクロデキストリン合成酵素の Leu194 と Tyr195 は紫色で示した．Novamyl の F188L および T189Y の変異は Novamyl からシクロデキストリン合成酵素への機能変換に重要であることが読み取れる．(p.241, 246 参照)

1

タンパク質の構造

　生体内にはいろいろな種類のアミノ酸が存在するが，タンパク質の材料となるアミノ酸は20種類に限られている．できあがった天然のタンパク質には20種以外のものが含まれていることがあるが，これはタンパク質が合成された後で酵素によって修飾（翻訳後修飾という）されたものである．

1・1　タンパク質を構成する20種のアミノ酸

　タンパク質を構成するアミノ酸は，すべてα-アミノ酸で，α位の炭素（C_α），すなわちカルボキシル基の結合している炭素に同時にアミノ基が結合している（図1・1 a）．20種類のアミノ酸は**側鎖**Rがそれぞれ異なっている．α炭素はグリシンの場合を除いて**不斉原子**なので**鏡像異性体**がある．鏡像異性体はL体とD体に区別される（図1・1 b, c）が，タンパク質に取込まれるアミノ酸はすべてL体である．

　20種類のアミノ酸の側鎖Rの構造を図1・2に示す．アミノ酸は疎水性-親水性，酸性-塩基性という観点から，図で囲まれたようないくつかの種類に分類できる．疎水性は"油"など有機溶媒にどれだけ溶けやすいかという指標であり，親水性は水にどれだけ溶けやすいかという指標である．20種類のアミノ酸のうち18種類がC，H，O，Nの4種類の原子からなり，メチオニンとシステインだけが硫黄原子を有する．図1・2にはアミノ酸の**三文字表記**とともに**一文字表記**も示してある．タンパク質のアミノ酸配列のデータベースではメモリーとスペースの節約のために一文字表記が用いられているので知っていると便利である．

2　　　　　　　　　　　1. タンパク質の構造

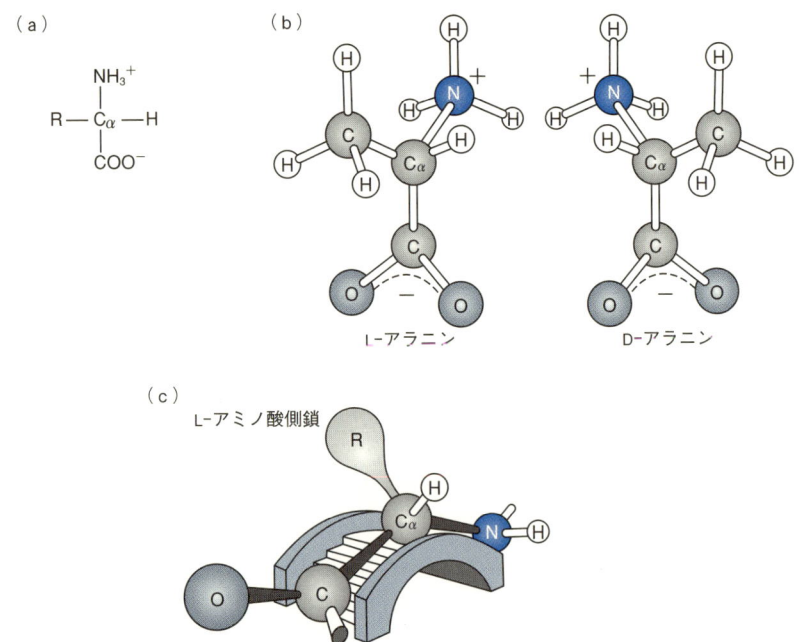

図1・1　α-アミノ酸(a)と鏡像異性体(b)．(c)L形とD形の見分け方．窒素を橋の向こう側に，α炭素(C_α)を橋の上に，カルボニルの炭素をこちら側に向けたとき，アミノ酸側鎖Rが左側にくるのがL形である．逆に右側にきたときがD形である．

1・1・1　アミノ酸側鎖の性質

a. 側鎖をもたないアミノ酸　グリシン（Gly, G）は側鎖をもたず（水素原子のみ），不斉炭素をもたないため，L体，D体の区別がない唯一のアミノ酸である．β炭素がないために他のアミノ酸と比べて自由な構造（コンホメーション*）をとることができる．グリシンはプロリンとともにポリペプチド鎖の折れ曲がりの部位に局在することが多く，タンパク質が高次構造を形成するうえで特殊な役割を担っている．

　　＊　コンホメーション（立体配座）とコンフィグレーション（立体配置）：共有結合を切らずに一つの立体構造から他の立体構造に転換できるとき，二つの構造はコンホメーションが異なるという．これに対してL-アミノ酸とD-アミノ酸のように共有結合を切断・再結合することなしには互いに他の構造に移れないとき，二つの構造は異なるコンフィグレーションをもつという．

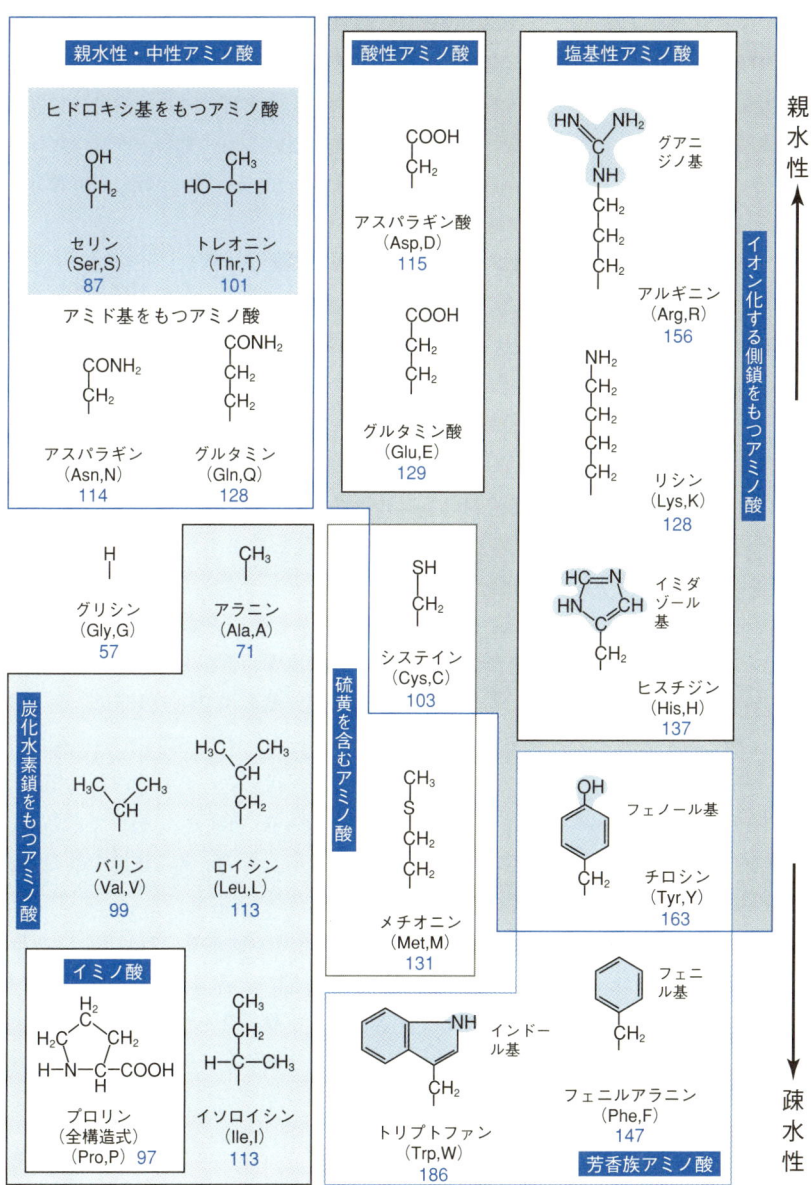

図1・2 タンパク質生合成の材料となる20種のアミノ酸の側鎖. 括弧内は三文字表記と一文字表記.その下の数値はアミノ酸残基の分子量.20種の平均値は約110.

b. 疎水性アミノ酸　アラニン (Ala, A)，バリン (Val, V)，ロイシン (Leu, L)，イソロイシン (Ile, I) は側鎖に脂肪族側鎖（アルキル基）をもち，疎水性相互作用で互いに集合しようとする傾向があるため，球状タンパク質の内側（内部）に多く見いだされる．ロイシンがγ位の炭素で枝分かれしているのに対し，バリンとイソロイシンはβ位の炭素で枝分かれしている．これらのアミノ酸の側鎖は20種類のアミノ酸のなかで最も反応性が低い．

プロリン (Pro, P) も疎水性アミノ酸である．このアミノ酸は，正確にいうとアミノ酸ではなく，**イミノ酸**であって，メチレン基が3個つながった側鎖の先端がα-アミノ基と結合した形になっている．プロリンは**二面角**の一方ϕ（ファイ）（§3・1・2参照）が固定されているため，タンパク質の構造の自由度を局所的に低くする．また，ペプチド結合の窒素原子に水素結合を可能にする水素原子が欠けているため，二次構造の形成を不利にする．プロリンは疎水性の高い残基であるが，βターン（§3・1・5参照）によく現れるため，タンパク質内部よりもむしろ表面に露出していることが多く，タンパク質が高次構造を形成するうえで特殊な役割を担っている（第3章参照）．

メチオニン (Met, M) の側鎖も疎水性である．メチオニンは，S-アデノシルメチオニンとして代謝反応でのメチル基供与体として重要な役割を果たしている．

フェニルアラニン，チロシン，トリプトファンの側鎖も疎水性であるが，芳香族アミノ酸としてまとめて後述する．

c. 中性の親水性アミノ酸　疎水性アミノ酸が球状タンパク質の内側に多く存在するのに対して，親水性アミノ酸はタンパク質の外側（表面）にあって水と接している．中性の親水性アミノ酸にはヒドロキシ基をもつものとアミド基をもつものとがある．

ヒドロキシ基をもつアミノ酸はセリン (Ser, S) とトレオニン (Thr, T) である．セリンやトレオニンのヒドロキシ基はpK_a（次項参照）が高く，pH10程度のアルカリ性の条件でも解離せず，また反応性が低いが，**水素結合**を形成することができる．また，セリンは周りの残基の影響で高い反応性を獲得し，セリンプロテアーゼなどのセリン酵素の活性部位を構成している．

アミド基をもつアミノ酸にはアスパラギン (Asn, N) とグルタミン (Gln, Q) がある．アスパラギンとグルタミンの側鎖はカルボキシル基がアミド化されたアミド基（**酸アミド**という）で，極性をもつために親水性であり，水素結合の水素受容体（>C=O の部分）にも水素供与体（$-NH_2$ の部分）にもなりうる．

d. 酸性の親水性アミノ酸　アスパラギン酸（Asp, D）とグルタミン酸（Glu, E）の側鎖のカルボキシル基は中性pHで解離して負の電荷をもっているため，極性が高く，ほとんどがタンパク質分子の表面に露出している．アスパラギン酸，グルタミン酸は酵素の活性部位にあって触媒反応に関与していることがある．その場合，活性部位はタンパク質分子のくぼんだ奥にあって疎水性の環境にあるため，異常に高いpK_aをもっている．普通のアスパラギン酸の側鎖のカルボキシル基のpK_aは4〜5だが，そのようなアスパラギン酸ではpK_aが7に近いものもある．

e. 塩基性の親水性アミノ酸　リシン（Lys, K）のε-アミノ基，アルギニン（Arg, R）の**グアニジノ基** -NHC(=NH)NH$_2$ は，中性pHでは正に荷電しており，側鎖の解離基は分子表面に存在する．

ε-アミノ基は反応性が高く，種々の試薬で修飾され，いろいろな目的に利用される．たとえば，アミノ基はカルボニルやアルデヒドと反応して結合する．生成物は水素化ホウ素ナトリウム NaBH$_4$ のような穏やかな還元剤で還元されて安定なアルキルアミノ基となる．グルタルアルデヒド OHC-CH$_2$-CH$_2$-CH$_2$-CHO はしばしばタンパク質同士の架橋反応に用いられる．

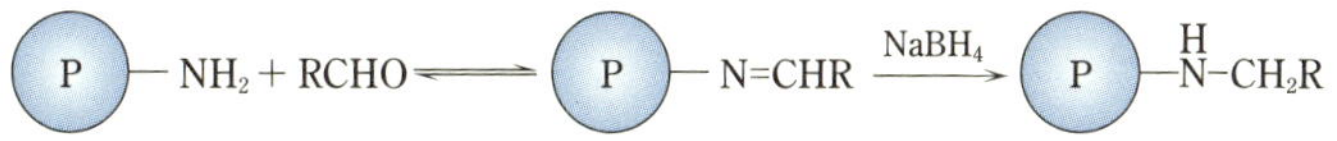

$$\boxed{P} - NH_2 + RCHO \rightleftharpoons \boxed{P} - N=CHR \xrightarrow{NaBH_4} \boxed{P} - \overset{H}{\underset{}{N}}-CH_2R$$

イミダゾール基をもつヒスチジン（His, H）は，中性に近いpH領域にpK_a値をもつ唯一のアミノ酸であり，セリン酵素などの活性部位を形成する．また，ヒスチジンのε1（C2ともよばれる）のプロトン（水素原子）はゆっくりと交換するため（図1・3）^{1}H-NMRのプローブとして利用され，一連のpHで測定したNMRスペクトルからpK_aを求めることによってタンパク質内部のヒスチジン残基とその周辺の環境を調べるのに用いられる．

また，イミダゾール基はZnなどの金属イオンやヘムのFeに配位することも多い．ヒスチジンの6個結合した **His タグ**（histidine tag）をタンパク質工学の手法

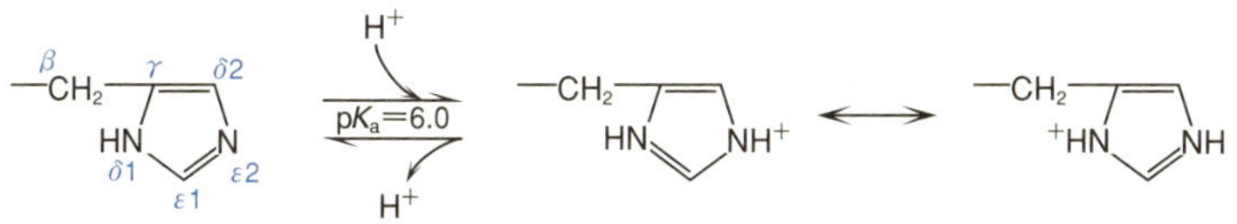

図1・3　ヒスチジン側鎖のイミダゾール環のプロトン化と生成するイミダゾリウムイオンの共鳴安定体

でタンパク質のN末端またはC末端に共有結合させると，ニッケルニトリロ三酢酸カラムに強く結合する．特異的に結合したタンパク質はイミダゾールを含む緩衝液で溶出される．これは，Hisタグの結合部位であるニトリロ三酢酸を，ヒスチジン側鎖の構造をもつイミダゾールと競合させることによって溶出できることを利用したものである．この性質を利用してHisタグを付加して大量発現させたタンパク質を容易に精製することが可能である（§6・10・1を参照）．

f. 芳香族側鎖をもつアミノ酸 芳香族の側鎖をもつアミノ酸にはフェニルアラニン（Phe, F），チロシン（Tyr, Y），トリプトファン（Trp, W）がある．フェニルアラニンはベンゼン環をもち，疎水性が高い．チロシンのフェノール環，トリプトファンのインドール環は解離するプロトンをもつが，両者の側鎖はフェニルアラニン同様，疎水性が高い．

タンパク質を定量するときに280 nmの紫外吸収を用いることが多いが，この吸収はほとんどがトリプトファンとチロシンの吸収によるものである．図1・4(a)にトリプトファン，チロシン，フェニルアラニンの紫外吸収スペクトル，図1・4(b)にはタンパク質の典型的な紫外吸収スペクトルが示してある．また，トリプトファン，チロシンやフェニルアラニンが出す蛍光は，残基の環境を大きく反映するので，タンパク質のコンホメーション変化を測定するプローブとしてよく用いられる．

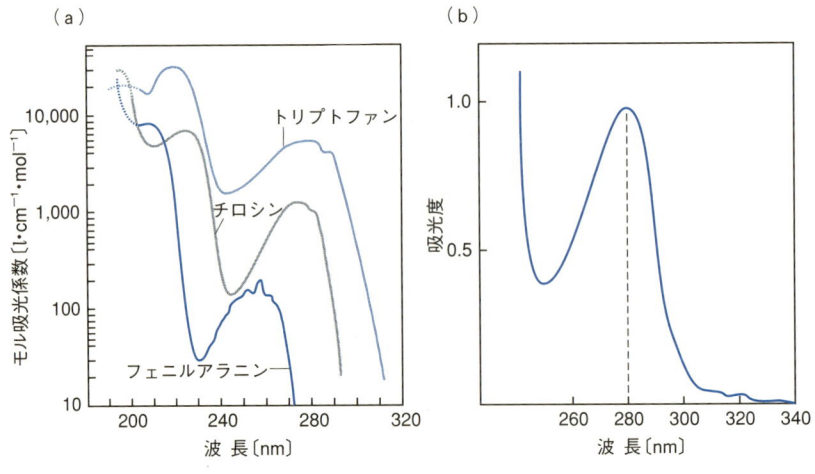

図 1・4 **紫外吸収スペクトル**．(a) 芳香族アミノ酸，(b) タンパク質

g. システイン システイン（Cys, C）はメルカプト基（SH基）をもち，弱酸性であるが，他の酸性アミノ酸に比べて高いpK_aの値（約8.3）をもち，また反応性に富む．システインは，ヒスチジンのようにFe, Znなどの金属イオンを配位したり，パパインなどのシステインプロテアーゼのように酵素の活性部位を形成する場合もある．

SH基はアミノ酸側鎖のなかで最も反応性が高く，種々の試薬（N-エチルマレイミドなど）と反応する．また，有機水銀などの重金属イオンは毒性の高いものが多いが，多くの場合，酵素の活性部位のシステイン残基との反応が原因だろうと考えられている．たとえばPCMB（p-クロロメルクリ安息香酸）はSH基と次のように反応する．

$$-CH_2-S^- + {}^+Hg-\bigcirc-COOH \longrightarrow -CH_2-S-Hg-\bigcirc-COOH$$

また，酸化によりSH基同士で反応して**ジスルフィド結合（S-S結合）**を形成する．ジスルフィド結合によって結合した二つのシステインを**シスチン**とよぶ．シスチンは疎水的で溶解度が低い．

$$2 -CH_2-SH + 1/2\,O_2 \longrightarrow -CH_2-S-S-CH_2- + H_2O$$

ジスルフィド結合はタンパク質の構造を安定化させる共有結合として分泌タンパク質に存在することが多い．S-S結合を挟んで生じる二つのS-C結合は＋または－90度をなしている．なお，ジスルフィド結合はタンパク質が折りたたまれた後，立体構造上近くにあるシステイン同士がS-S結合で結ばれ，構造を安定化するものであって，折りたたみ自体を規定するわけではない．

（S-S結合の方向から見た図）

S-S結合は還元剤（2-メルカプトエタノールやジチオトレイトール）によって切断される．2-メルカプトエタノールによる反応を次式に示す．

$$-CH_2S-SCH_2- + HS(CH_2)_2OH \longrightarrow -CH_2S-S(CH_2)_2OH + HSCH_2-$$
$$-CH_2S-S(CH_2)_2OH + HS(CH_2)_2OH \longrightarrow -CH_2SH + HO(CH_2)_2S-S(CH_2)_2OH$$

h. セレノシステイン　　20種のアミノ酸以外で，翻訳されうる天然アミノ酸としてセレノシステイン（Sec）がある．Secはシステインの硫黄原子がセレンに置き換わったもので，グルタチオンペルオキシダーゼ（活性酸素消去系酵素の一つ）をはじめとする十数種の酸化還元酵素の活性部位を形成している．Secは読み枠内に存在する終止コドンの一つUGAでコードされており，これを認識するSec-tRNAが真核・原核いずれの生物にも存在することが知られている．Secを含むタンパク質のmRNAにおいて，UGAの後にステムループ構造をとりうる配列が共通して存在しており，この配列の存在がUGAを終止コドンとせず，Secとして読み取られるために必須だと考えられている．セレンは必須微量元素であり，セレン欠乏で認められる多様な症状の原因は，Secを含む酵素の低下によるものと思われる．

i. セレノメチオニン　　セレノメチオニンは，メチオニンの硫黄原子がセレン原子に置き換わったアミノ酸で，最近，X線結晶解析でセレノメチオニンをメチオニンの代わりに取込ませたタンパク質を用いて位相を決定する方法がしばしば利用されている．

1・1・2　アミノ酸側鎖の解離基と pK_a

　タンパク質の性質は分子表面に多く存在するアミノ酸側鎖の解離基の状態，すなわち解離基の電荷の状態に依存する．特に，酵素の活性は活性部位の解離基の状態に大きく依存する．また，タンパク質を精製するときにはタンパク質の種々の性質を利用するが，電気的性質もその一つである．

　タンパク質ではおもな解離基はカルボキシル基，アミノ基であり，その他ヒスチジンのイミダゾール基，システインのSH基，チロシンのフェノール基，アルギニンのグアニジノ基がある（表1・1）．いま，解離基をRHとし，解離定数をK_aとすると，

$$K_a = \frac{[R^-][H^+]}{[RH]}$$

両辺の常用対数をとり整理すると，

$$-\log[\text{H}^+] = -\log K_a + \log\frac{[\text{R}^-]}{[\text{RH}]}$$

p＝－log とおいて

$$\text{pH} = \text{p}K_a + \log\frac{[\text{R}^-]}{[\text{RH}]}$$

を得る．この式は Henderson‐Hasselbalch の式とよばれる．この式から，pH が pK_a に等しいところでは解離基の半分が解離していることがわかる（図 1・5）．

解離基の pK_a は近くに存在する他の官能基または原子によって影響を受ける．同じカルボキシル基でもたとえば，グルタミン酸の α-カルボキシル基（pK_a＝2.0）と γ-カルボキシル基（pK_a＝4.2）で pK_a の値が異なるのはそのためである．同様に，リシンの α-アミノ基（pK_a＝9.0）と ε-アミノ基の pK_a（pK_a＝10.0）も 1 pH 単位の違いがある．

側鎖の pK_a はまた存在する環境によっても変化する．たとえば，酵素の活性部位はタンパク質表面の割れ目やくぼみを形成していて，活性に関与する残基がタンパク質内部の比較的疎水的な環境に存在することが多い．このような場合，普通 3～4 であるカルボキシル基の pK_a の値が 7 程度まで上昇していることがある．

表 1・1 アミノ酸の側鎖解離基

解離基	解離反応	pK_a
α-カルボキシル基	R–COOH ⇌ RCOO$^-$ ＋ H$^+$	2.0
β-カルボキシル基 (Asp)	R–COOH ⇌ RCOO$^-$ ＋ H$^+$	3.9
γ-カルボキシル基 (Glu)	R–COOH ⇌ RCOO$^-$ ＋ H$^+$	4.2
イミダゾール基 (His)	R–C=CH ⇌ R–C=CH (HN–NH / C–H ⇌ HN–N＋H$^+$ / C–H)	6.0
フェノール基 (Tyr)	R–⟨◯⟩–OH ⇌ R–⟨◯⟩–O$^-$ ＋ H$^+$	10.1
メルカプト基 (Cys)	R–SH ⇌ R–S$^-$ ＋ H$^+$	8.3
α-アミノ基	R–NH$_3^+$ ⇌ RNH$_2$ ＋ H$^+$	9.5
ε-アミノ基 (Lys)	R–NH$_3^+$ ⇌ RNH$_2$ ＋ H$^+$	10.0
グアニジノ基 (Arg)	R–N–C–NH$_2$ (H / ‖NH$_2^+$) ⇌ R–N–C–NH$_2$ ＋ H$^+$ (H / ‖NH)	12.5

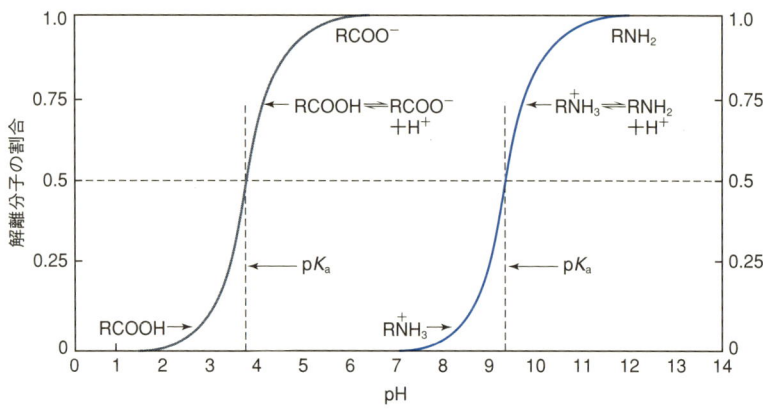

図 1・5 官能基の解離と pH ならびに pK_a の関係

1・2 ペプチド結合の形成からタンパク質へ
1・2・1 ペプチド結合の形成

アミノ酸を高温高圧下で反応させると,ペプチド結合が形成され,重合体が生じる.常温常圧下では反応は単量体アミノ酸に大きく傾いているので,試験管内でアミノ酸を混合しても重合体は形成されないが,細胞内では mRNA の情報がリボソーム上で読み取られ,ATP や GTP などのエネルギーと酵素の助けを借りてペプチド結合 -CO-NH- が形成される.二つのアミノ酸の間にペプチド結合が形成される際には,水分子が1個失われる.

$$\underset{\substack{|\\ R_1}}{H_2N-CH-COOH} + \underset{\substack{|\\ R_2}}{H_2N-CH-COOH} \longrightarrow$$

$$\underset{\substack{|\\ R_1}}{H_2N-CH}-\underset{\substack{\|\\ O}}{C}-\underset{\substack{|\\ H}}{N}-\underset{\substack{|\\ R_2}}{CH-COOH} + H_2O$$

二つのアミノ酸が縮合重合したものを**ジペプチド**,三つのアミノ酸が縮合重合したものを**トリペプチド**という.数個から20ないし30個以下のアミノ酸がペプチド結合で連結したものは**オリゴペプチド**とよばれる.50以上のアミノ酸の結合したものは**ポリペプチド**とよばれる.タンパク質はポリペプチドである.生体内には神経伝達物質など,生理活性をもつオリゴペプチドが多数存在する.これらの生理活性オリゴペプチドは大きなポリペプチド前駆体として合成され,特異的なプロテ

アーゼによって切断されて生成する．

1・2・2　タンパク質のアミノ酸組成と一次構造

タンパク質は機能，局在性を反映して個性が強いのが特徴である．個性の基盤は**一次構造**，すなわち**アミノ酸配列**である．タンパク質が球状の可溶性タンパク質であるか繊維状タンパク質であるか，あるいは疎水性の膜タンパク質であるかによって，アミノ酸組成も異なる．これは，どんなタンパク質をコードしていてもほとんど性質の変わらない核酸，特にDNAとは大きく異なる点である．

ペプチド鎖には方向性があり，遊離のα-アミノ基をもつ端を**アミノ末端**または**N末端**，遊離のα-カルボキシル基をもつ端を**カルボキシル末端**または**C末端**とよぶ．ペプチドやポリペプチドの一部となったアミノ酸は**アミノ酸残基**とよばれる．

1・3　タンパク質構造の階層性

タンパク質は構造の階層性に対応して一次構造から四次構造までが定義されている（図1・6）．**一次構造**はアミノ酸配列を含む共有結合構造をさす．したがって，一次構造にはアミノ酸配列だけでなく，S-S結合や，共有結合で結合している糖

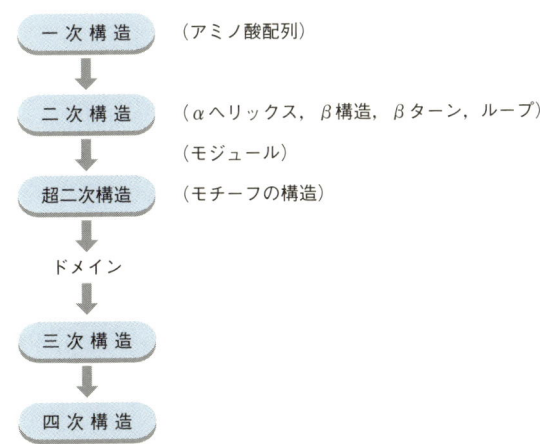

図1・6　**タンパク質構造の階層性**．三次構造には1個のドメインからなるものや数個のドメインからなるものがある．二次構造以上の高次構造については第3章で詳細に説明する．

鎖なども含まれる．**二次構造**は α ヘリックス，β **構造**（または β シート構造），β **ターン**，**ループ**など，ポリペプチド主鎖のカルボニル基（>C=O）とアミド基（>NH）の間の水素結合に基づく局所的な規則構造をさす．**三次構造**は二次構造が折りたたまれて形成される立体構造で，側鎖の**コンホメーション**を含む．**四次構造**は三次構造をとったポリペプチド鎖がさらに複数個集合して生じる場合のサブユニット構造（各サブユニットの数と空間的配置）である．二次構造以上の立体構造を総称して**高次構造**という．四次構造の延長としてさらに大きな，電子顕微鏡で容易に観察可能な構造を**超分子構造**（supra-molecular structure）とよぶ．

2

タンパク質の構造と機能にかかわる結合力

　タンパク質のアミノ酸残基をつなぐペプチド結合は**共有結合**である．しかし，タンパク質の**高次構造の形成・安定化**には，アミノ酸側鎖やポリペプチド主鎖の間の水素結合，疎水性相互作用，静電的相互作用，ファンデルワールス力などの**非共有結合**が重要な役割を果たす．そして，これら非共有結合力は酵素の**基質結合**（認識）にも大きく寄与している．

表 2・1　共有結合と非共有結合のエネルギー

共有結合	結合の長さ [Å]	結合エネルギー [kJ/mol (kcal/mol)]
C–C	1.5	360 (85)
C=C	1.3	540 (130)
C–H	1.2	410 (98)

非共有結合	エネルギー	一般的な大きさ [kJ/mol (kcal/mol)]
イオン–イオン	$U = \dfrac{q_1 q_2}{Dr}$	59 (14)
イオン–双極子	$U = \dfrac{q_1 \mu_2 \theta}{Dr^2}$	$-8 \sim +8$ $(-2 \sim +2)$
双極子–双極子	$U = \dfrac{\mu_1 \mu_2 \theta'}{Dr^3}$	$-2 \sim +2$ $(-0.5 \sim +0.5)$
イオン–誘起双極子	$U = \dfrac{q_1^2 \alpha_2}{2D^2 r^4}$	0.3 (0.06)
ファンデルワールス力（分散力）	$U = \dfrac{3h\nu_0 \alpha^2}{4r^6}$	$0 \sim 40$ $(0 \sim 10)$

q: 電荷，μ: 双極子モーメント，α: 分極率，D: 溶媒の誘電率，r: 分子間距離，θ: 電荷と双極子を結ぶ直線と双極子のなす角，θ': 二つの双極子のなす角，h: プランク定数，ν_0: 原子を調和振動子とみなしたときの振動数

2・1 共有結合と非共有結合

分子の結合の強さは結合を形成する際の自由エネルギーの変化で比較することができる．表2・1には共有結合と非共有結合のエネルギーが示してある．この表からわかるように，非共有結合は共有結合に比べるととても弱いが，弱い結合も数が多くなると大きな影響を与える．

2・2 静電的相互作用（イオン結合）

タンパク質を構成するアミノ酸側鎖のうち，酸性アミノ酸であるアスパラギン酸やグルタミン酸のカルボキシル基，塩基性アミノ酸であるリシンのε-アミノ基，アルギニンのグアニジノ基，ヒスチジンのイミダゾール基などは，中性水溶液中では電荷を帯びていて同種のイオンは反発し，異種のイオンは引き合う．

静電的相互作用は電荷同士の間，電荷と電気双極子，電荷と誘起双極子，双極子と双極子，および双極子と誘起双極子の間に生じる相互作用である．最も簡単な電荷間の相互作用はクーロンの法則によって表される．クーロンのポテンシャルエネルギーUおよびクーロン力Fは

$$U = \frac{1}{D}\frac{q_1 q_2}{r} \qquad F = -\frac{dU}{dr} = -\frac{1}{D}\frac{q_1 q_2}{r^2}$$

と表される．ここで，Dは誘電率，rは電荷間の距離，q_1, q_2は電荷を表す．誘電率は溶媒の分極率*を反映しており，真空で$D=1$，非極性溶媒では$D\simeq 2$であるが，水では$D=80$と大変大きい．上式からクーロンエネルギーU（したがって作用する力Fも）は溶媒の誘電率に反比例するので，水中におけるクーロン力は80分の1まで弱くなってしまうことがわかる．タンパク質内部の正確な誘電率を見積もるのは困難だが，誘電率は3～4であり，また，酵素の活性部位の誘電率は10～40と考えられている．したがって，タンパク質内部やタンパク質間での静電的相互作用は水に露出したタンパク質表面の静電的相互作用よりはるかに大きい．

中性の分子でも双極子モーメントをもった分子では，双極子同士または双極子と電荷の間にクーロン力が生じる．表2・1に電荷（イオン）間（たとえばリシンのε-アミノ基の正電荷とアスパラギン酸のβ-カルボキシル基の負電荷），電荷-双極子間（たとえばリシンのε-アミノ基とペプチド結合の双極子モーメント），双極子

---

* 分極率は分子や原子に電場をかけたときに，電子雲がどの程度容易に偏り，その結果，分子・原子内に双極子モーメントが生じやすいかを示す指標である．

間のエネルギー関数 U も記してある．電荷が中性分子に接近すると一般に誘起双極子を生じ，その結果，電荷と誘起双極子の間にも力が働く．表を見ると，下にいくに従って分母にある距離 r の次数が大きくなっていることがわかる．r の次数の最も小さい電荷同士の間に作用する力は最も長距離まで働く遠距離相互作用で，次数の最も大きいファンデルワールス力は近距離でのみ働く相互作用である．

静電的相互作用のなかで，イオン間相互作用は特に**塩結合**（塩橋; salt bridge）とよばれる．タンパク質表面にはカルボキシル基，アミノ基など多くの解離基が存在する．たとえば，リシンの ε-アミノ基の正電荷とグルタミン酸の γ-カルボキシル基の負電荷は引力を生じる．両イオンがタンパク質内部やタンパク質分子間の疎水的環境にあるときには特に強い結合となる．

イオン間相互作用は塩の存在によって弱められる．これは，逆符号の塩イオン（対イオン）が当該のイオンの周りに集まって電荷を遮へいするためで，イオン強度が高いほど当該のイオンの影響が遠くまで及ばなくなる．なお，塩は水によく溶けるが，これは電離した陽イオンと陰イオンの水和のエネルギーが，両イオン間の静電的なエネルギーよりも大きいためである．

2・3　ファンデルワールス力

電荷も双極子ももたない分子同士の間にも実は引力が生じる．これは分子表面の電荷の分布が時間的にゆらぎ，その結果，近接する分子内にも電荷のゆらぎを誘起

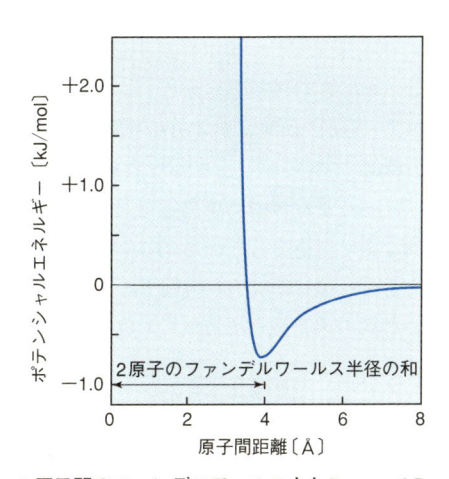

図 2・1　2 原子間のファンデルワールス力と Lennard-Jones ポテンシャル

することによる.実際,ヘリウムやネオンのような希ガス原子間にもファンデルワールス力は働く.**ファンデルワールス力**(分散力またはロンドン力ともいう)は表2・1に示されているように距離の6乗に反比例する近接力で,しばしばLennard-Jonesポテンシャル(12-6ポテンシャル),すなわち,rの12乗に反比例する斥力とrの6乗に反比例する引力(負の値)との和で表される(図2・1).このポテンシャルは極小値をもち,この極小値に対応する半径は**ファンデルワールス半径**(表2・2)として知られる.

表2・2 タンパク質のおもな原子のファンデルワールス半径 [a]

原 子	共有結合	ファンデルワールス半径〔Å〕
水 素		1.00
炭 素	二重結合	1.60
	芳香環	1.70
	アミド	1.50
酸 素		1.35
窒 素	芳香環	1.70
	アミド	1.45
硫 黄		1.70

a) "Handbook of Biochemistry", Chemical Rubber Publishing Co., Cleveland (1968).

タンパク質内部は結晶内のように疎水性残基側鎖が密に充填されており,これらの側鎖の原子間にはファンデルワールス力が働く.

2・4 水 素 結 合

水素結合とは -OH, >NH, -NH$_2$, -COOHのような**水素供与体**と,>C=O, -OHの酸素,イミダゾール基の窒素 >Nのような**水素受容体**の間に水素原子を介して生じる引力である.水素供与体-受容体の原子間距離は約3Å(0.3 nm)である.この結合は主として静電的な相互作用であるが共有結合的性質をもち,共有結合と非共有結合の中間の強さをもつ.典型的な二次構造であるαヘリックスやβ構造は主鎖のアミドとカルボニルの間の水素結合によって形成される.

水分子は極性をもち,水分子同士で水素結合を形成する.その結果,水溶液中では水分子は全体としては自由であるが,局所的には水素結合で結ばれたクラスターをつくっている.氷の構造は水素結合が多いよい例である(図2・2).水分子は同じ程度の分子量の他の分子,メタン,メタノールなどに比べて,大きな蒸発熱,高

い融点，高い沸点をもつ（表2・3）が，これは水分子同士の水素結合に起因している．

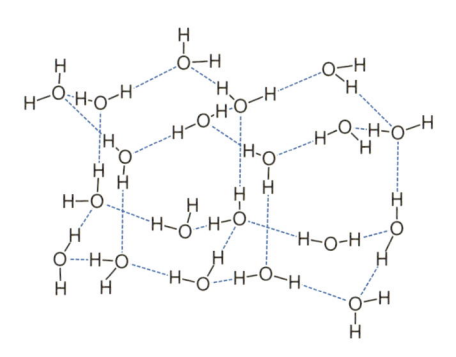

図2・2 氷の構造．各H_2O分子は四つの水素結合に関与しており，そのうち二つが水素供与体，他の二つが水素受容体である．各水素結合は2.76 Å．その結果，大きな空隙が生じている．〔F.H.Stillinger, *Science*, **209**, 451 (1981)〕

表2・3 水と他の低分子化合物の物性

化合物	分子量	融点〔℃〕	沸点〔℃〕	蒸発熱〔kJ/mol〕
CH_4	16.04	−182	−162	8.16
NH_3	17.03	−78	−33	23.26
H_2O	18.02	0	+100	40.71
H_2S	34.08	−86	−61	18.66

2・5 疎水性相互作用

疎水性の分子同士が水溶液中で会合するときにかかわる相互作用を**疎水性相互作用**（**疎水結合**）という．図2・3にはシクロヘキサンを例として，20℃と140℃における各状態間の自由エネルギー，エンタルピー，エントロピーおよび比熱の変化（それぞれΔG, ΔH, ΔS, ΔC_p）を記してある．この図からわかるように，疎水性相互作用は室温付近ではエンタルピー変化は小さくて，エントロピー駆動であるが，高温ではエントロピー変化が小さくてエンタルピー駆動になっている．疎水性相互作用によって水の構造が変化し，その結果，系の比熱C_pも変化する（ΔC_p）．

疎水性相互作用は疎水性アミノ酸側鎖の相互作用によってタンパク質を安定化しているだけでなく，1）タンパク質の折りたたみの駆動力，2）生体膜の形成におい

ても重要である．従来，このような疎水性相互作用はいわゆるアイスバーグ (iceberg) 説によって説明されてきた．すなわち，疎水性分子の周りには水分子が取巻いて（疎水水和），水素結合によるネットワークを形成している．ここで疎水性分子同士が会合すると，会合面に存在した水分子が閉め出され，水分子のエントロピーが増大する，というものである．この説明でおおよそのデータが説明されるが，最近の精密な熱測定では必ずしもアイスバーグ説を支持しない結果も得られており，厳密な解釈はさらに詳細な解析を待たなければならない．ここでは，一応，疎水性相互作用とは，生理的な温度においては水の構造変化に基づく**エントロピー駆動**の相互作用であると理解しておこう．エントロピー変化に基づくという点はこれまでに説明した他の非共有結合と根本的に異なる点である．

20 ℃
$\Delta H = 0$ kJ/mol
$T\Delta S = +25$ kJ/mol
$\Delta G = -25$ kJ/mol
$\Delta C_p = -450$ J/mol・K

140 ℃
$\Delta H = -30$ kJ/mol
$T\Delta S = 0$ kJ/mol
$\Delta G = -30$ kJ/mol
$\Delta C_p = -200$ J/mol・K

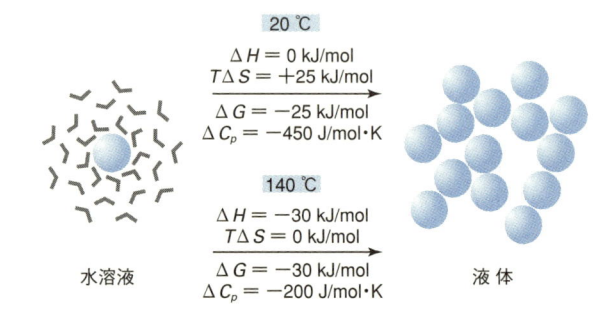

水溶液　　　　　　　　　　　　　　　　　液体

図 2・3　疎水性相互作用． 自由エネルギー変化 ΔG と ΔH，ΔS の間には $\Delta G = \Delta H - T\Delta S$ の関係（T は絶対温度）があり，このデータから 20 ℃ と 140 ℃ で ΔG は大きく変わらないにもかかわらず，前者では ΔS が，後者では ΔH の寄与が大きいことがわかる．〔T.E.Creighton, "Proteins", p.157, Freeman, New York (1993) を改変〕

3

タンパク質の高次構造

　タンパク質の立体構造はいくつかの階層構造に分けられる．ここでは，タンパク質の一般的な構造を理解するために，立体構造をこれらの階層構造に分けて述べる．

3・1　タンパク質の二次構造

　ポリペプチド主鎖の規則的な配置を**二次構造**という．αヘリックスとβ構造は代表的な二次構造である．

3・1・1　ペプチド結合

　図3・1に示してあるように，ペプチド結合に含まれる六つの原子は平面上にある．ペプチド結合のC−N間の結合距離は1.32 Åであり，これは同じ原子間の単結合（C−N）の場合の1.45 Åと，二重結合の場合（C＝N）の1.25 Åとの中間の値になっている．また，C＝Oの二重結合は1.20 Åであるが，ペプチド結合のそれは1.26 Åと長くなっている．ペプチド結合の**平面構造**はこの二重結合性に由来してい

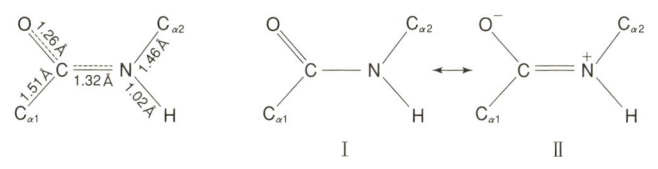

図3・1　ペプチド結合の平面構造と共鳴

る.この二重結合性はペプチド結合が構造ⅠとⅡの間で共鳴していることによると考えることができる.その結果,カルボニルの酸素原子が負に,アミドの窒素原子が正に部分的に荷電しているため,双極子モーメントをもっている.

ペプチド結合で結合した二つのアミノ酸は立体障害のためにシスの位置はほとんどとれず,**トランス**となる(トランス:シス=10^3:1)が,プロリンに限って有意にシスの位置をとるものがある(トランス:シス=80:20).タンパク質の構造を調べると,プロリンが天然の状態でシスの形をとっている場合があり,その場合には折りたたみの過程でもともとトランスであったものがシスになる必要がある.その場合,プロリンの**シス-トランス異性化**がタンパク質の折りたたみ反応(§3・4)の律速段階になっている.

3・1・2 ポリペプチド主鎖の構造:二面角とラマチャンドランプロット

図3・2(a)に示すように,アミノ酸残基のC_αと隣のN原子との結合の回りの角度をϕ(phi,ファイ),C_αと隣のC原子(C')の結合の回りの角度をψ(psi,プサイ)と名付ける.ペプチド結合が平面であるという制限があるので,主鎖のコンホ

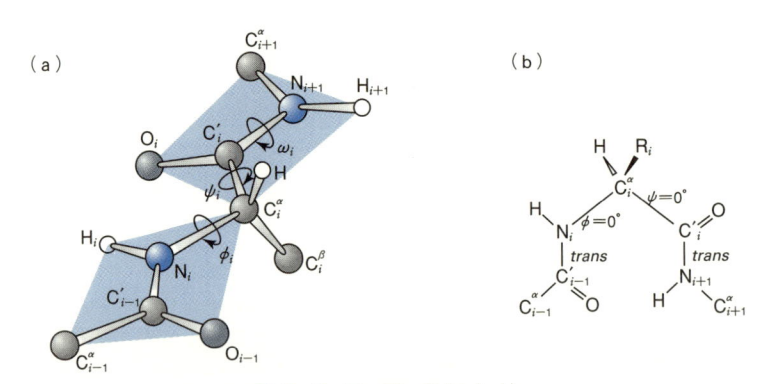

図 3・2 二 面 角(ϕとψ)

メーションは各α炭素のϕ,ψをすべて与えると一義的に決まってしまう.このϕ,ψを**二面角**とよぶ.すなわち,タンパク質の主鎖のコンホメーションは,各α炭素の三次元座標(x_i, y_i, z_i)を与える代わりに(ϕ_i, ψ_i)を与えることによって記述することができる.ϕとψは図3・2(b)に示す位置を0°として,手前(N末端側)を固定し先方(C末端側)の時計回りの回転を正と定義する.このϕとψをx軸とy軸にとるプロットをϕ-ψプロットまたは提案者の名前をとって**ラマチャンドラ**

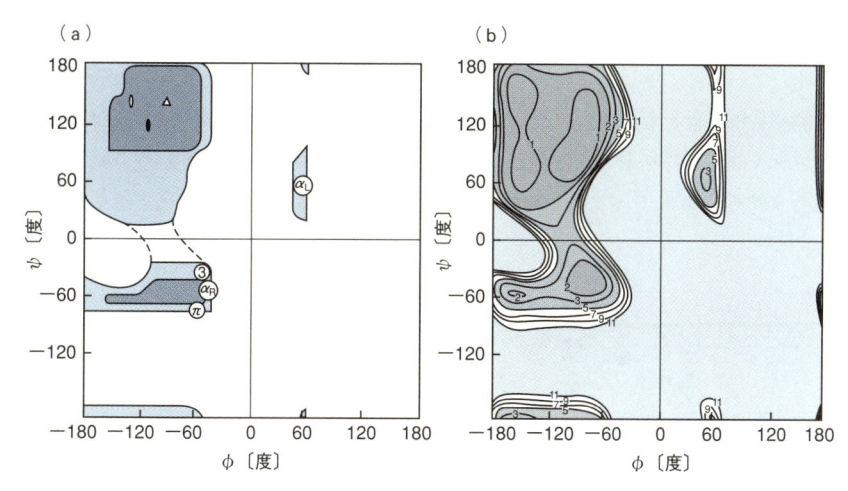

図3・3 ラマチャンドランプロット(ϕ-ψプロット)によるコンホメーションエネルギー地図.(a)アラニンの側鎖を剛体球として描いたもの.ラマチャンドランプロット上の許容領域;α_L:左回りのαヘリックス,α_R:右回りのαヘリックス,3:右回りの3_{10}ヘリックス,π:右回りのπヘリックス,○:逆平行β構造,●:平行β構造.△:コラーゲンヘリックス(図3・9とその説明を参照).(b)アラニン側鎖間にファンデルワールス力が働くとして,力のポテンシャルエネルギーを等高線で描いたもの.等高線の数字は小さいほど低いエネルギー,したがって安定な領域であることを示す.〔G.N.Ramachandran, V.Sasisekharan, *Adv.Protein Chem.*, **23**, 283(1968)〕

ンプロット(Ramachandran plot,またはラマチャンドラン図)という(図3・3).

ϕもψも単結合の回りの回転なので回転できるが,実際にはβ炭素やペプチド結合の立体障害のために,許容される角度の組合わせは意外と少ない.図3・3(a)はアラニンの側鎖を剛体球として可能なコンホメーションの領域を調べたものである.また,図3・3(b)では,アラニン側鎖間に働く力のポテンシャルを用いてエネルギーの等高線を描いてある.アラニンでは完全許容領域は7.5%であり,多少のひずみを許す許容領域は22.5%である.なお,プロリンでは,ϕが$-60°$と固定されている.

3・1・3 αヘリックス

αヘリックスは図3・4に示すように,1残基当たりヘリックスの中心軸に沿って1.5 Å進み,3.6残基で1回転する(したがって,1回転で5.4 Å進む)らせん構造である.n番目の残基の主鎖のカルボニル基と$n+4$番目の残基の主鎖のアミド

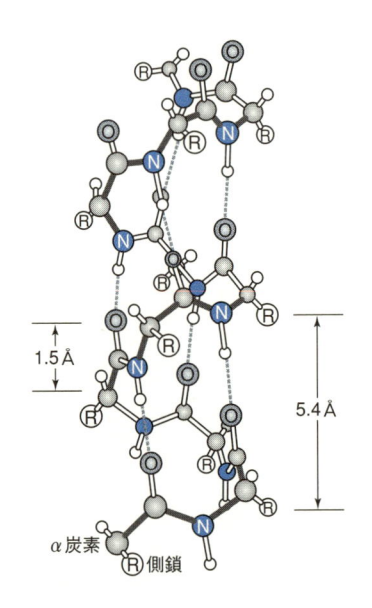

基がらせん軸にほぼ平行の水素結合をつくり，O--N間の距離は2.8 Åで構造を安定化している．らせんの内部はヘリックスをつくる原子が密に詰まり，水分子の入る隙間もほとんどない．アミノ酸側鎖はヘリックスから外に向かって突き出ている．αヘリックスには右巻きと左巻きの2種類がありうるが，天然のタンパク質には右巻きらせんのもののみが見いだされている．右巻きαヘリックスの二面角は$\phi=$

図3・4　**αヘリックス**．Rはアミノ酸側鎖を示す．図の下側がアミノ末端側，上側がカルボキシル末端側である．

$-57°$，$\psi=-48°$の近傍にある．$\phi=+57°$，$\psi=+48°$のらせんは左巻きαヘリックスであるが，右巻きに比べ不安定である．

αヘリックスではペプチドの双極子モーメントが同一方向に並んでいる．その結果，αヘリックスは全体としてかなりの強さの双極子となり，アミノ末端が正で，カルボキシル末端が負のモーメントをもつことになる．

αヘリックスでは，片側の面に疎水性のアミノ酸残基が多く，他方の面に親水性残基が並ぶ構造がよく見られる．

αヘリックス以外に，まれではあるがタンパク質に見られるヘリックス構造として，**3_{10}ヘリックス**と**πヘリックス**がある（図3・5）．3_{10}ヘリックスの名前は，ヘリックスにおいて主鎖が1回転したところで形成される水素結合によってできる環状構造の中に含まれるアミノ酸残基数が3であり，原子数は10であることを示す．

この表示によれば，αヘリックスは4_{13}ヘリックスであり，πヘリックスは5_{16}ヘリックスである．3_{10}ヘリックスはαヘリックスをさらに強く巻いて1残基分少なくなる位置で水素結合をかけ直したもの，逆にπヘリックスはαヘリックスを弛緩させて1残基分環に多く含まれるように水素結合をかけ直したものである．両ヘ

3_{10}ヘリックス　　αヘリックス　　πヘリックス

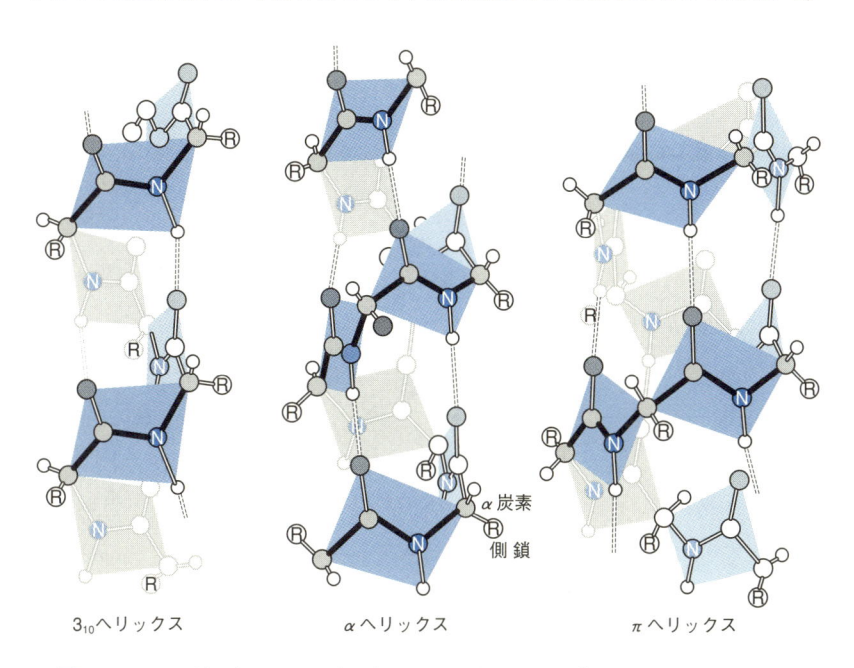

図 3・5　3_{10}ヘリックス，αヘリックス，πヘリックス　〔R.E. Dickerson, I. Geis, "Hemoglobin", Benjamin / Cummings Publishing Company, Meulo Park, CA (1983)〕

リックスともαヘリックスより不安定であり，タンパク質中では短いものしか見いだされていない．

3・1・4　β 構 造

β構造（βシート構造ともいう）は，ポリペプチド鎖がほぼ完全に伸びた構造であるβストランドが，平行または逆平行に並んでシート状構造を形成したものである．β構造のシートは多くの場合平面的でなく，いろいろな程度にねじれている．図3・6から明らかなように，ペプチド主鎖のカルボニル基とアミド基は，それぞれ隣のペプチド鎖の主鎖のアミド基とカルボニル基と水素結合し，シート構造を安

定化している．側鎖は互い違いにシートの両側に出ている．β構造ではシートの片側に疎水性側鎖が，もう一方の側には親水性側鎖が並ぶ構造がよく見られる．**平行β構造**（図3・6b）では1残基あたり3.2Å，**逆平行β構造**（図3・6c）では3.4

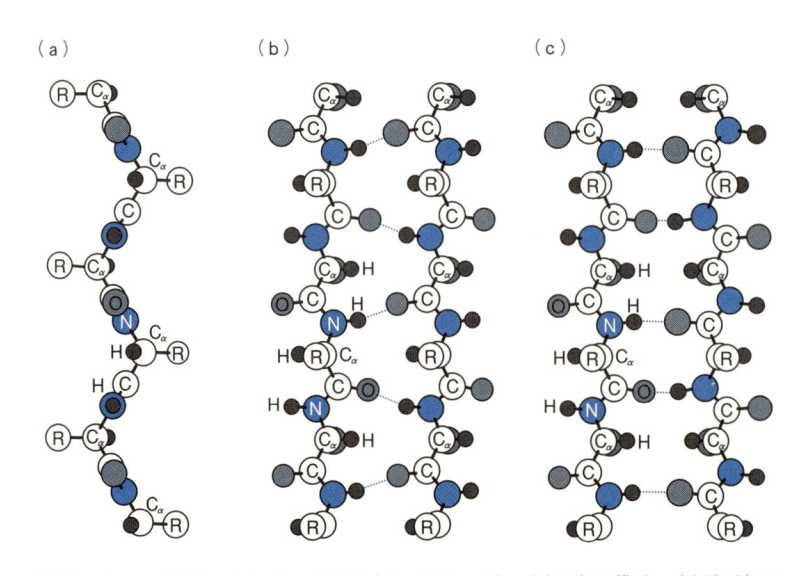

図3・6 β 構 造．(a)1本のβ構造（βストランド）．(b)平行β構造．(c)逆平行β構造．β構造は2本以上，数本のβストランドからなる．

Åであり，前者では形成される水素結合が互い違いに角度をなしているのに対し，後者では形成される水素結合がほぼ平行である．逆平行β構造の方が平行β構造より若干安定である．平行β構造の二面角は$\phi = -119°$，$\psi = +113°$であり，逆平行β構造では$\phi = -139°$，$\psi = +135°$である．平行・逆平行のほかに，両者結合型の**混合β構造**も存在する．

3・1・5 βターン

逆平行β構造の折返し部分は**βターン**とよばれ，βストランドの向きは180°反対になる．βターンは4残基から構成され，1番目の残基のカルボニル基と4番目の残基のアミド基の間に水素結合が形成され，Ⅰ型とⅡ型が知られている（図3・7）．Ⅱ型の場合，残基3の位置にはグリシンが必要とされる．これは他のアミノ酸をおいたのでは残基2のカルボニル基の酸素と残基3のC_βとの間に立体障害が生

じるためである．その場合，2番目にはプロリンが特に多く見られる．βターンにはプロリン，グリシンのほかにアスパラギン酸，アスパラギンが多く見られる．

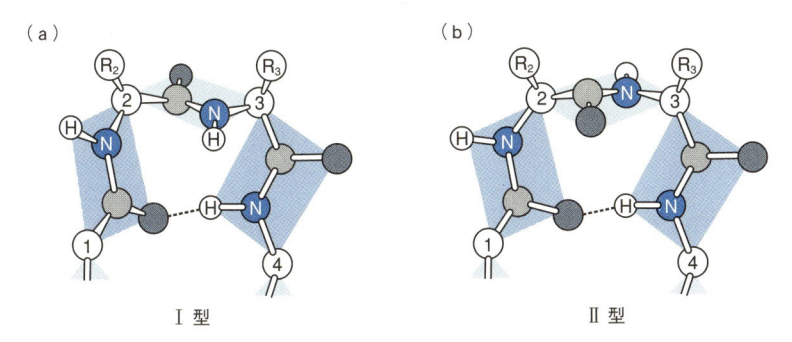

図 3・7 βターン．残基2と残基3の間のペプチド結合のコンホメーションがⅠ型とⅡ型で違うことに注意．Ⅱ型の3番目の残基はふつうグリシンで，R_3 はH．

3・1・6 ル ー プ

αヘリックスやβストランドが向きを大きく変える部分などには，βターンとは異なる折返し構造が存在し，まとめて**ループ**とよばれる．ループは短い 3_{10} ヘリックスやπヘリックス（図3・5）を含むことがある．変性タンパク質は不規則な動きやすい構造をもち，ランダムコイルとよばれるが，ループはそのループ特有の規則構造をもつ点が異なる．ループはタンパク質分子の表面に存在することが多い．

3・1・7 超 二 次 構 造

数個の二次構造が組合わさってできる単純な構造を**超二次構造**（または**構造モチーフ**）という．超二次構造はより大きな構造体（ドメインまたは三次構造）の一部を構成し，特異な機能をもつことがある．モチーフの安定化には**水素結合**のほかに，二次構造間に働く**疎水性相互作用**，**ファンデルワールス力**が重要な役割を果たしている．いくつかのモチーフについて説明する．

a. ヘアピンβモチーフ　ヘアピンβモチーフは**βヘアピン**（図3・8a）ともよばれ，2本のβストランドがつくる逆平行β構造がループにより連結した形である．βヘアピンは数個集まって逆平行β構造（図3・6c）をつくるだけでなく，シートが閉じた**βバレル**（樽形）**構造**（図3・8b）をとることもある．一次構造において隣接したβストランドはβヘアピンをつくることが多い．

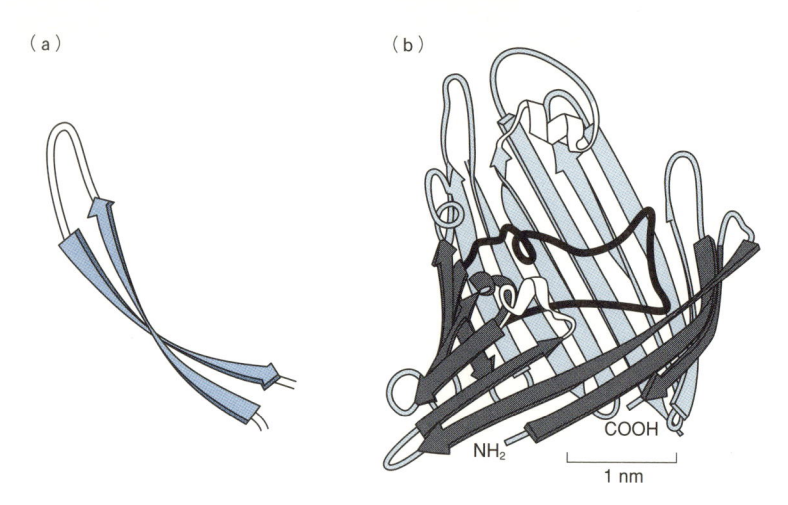

図 3・8　βヘアピンとβバレル． (a) βヘアピン．(b) 単量体ポーリンのβバレル構造．リボンはβストランド．

b. βαβモチーフ　βαβモチーフは2本のβストランドからなる平行β構造に1本のαヘリックスが2本のループで通常右巻きに連結した形である．βαβモチーフが数個集まって形成される構造体に**α/βドメイン**がある．典型的なものに，平行β構造が樽状に配列した**α/βバレル構造**（第11章参照）とシート状に配列した**オープンα/βシート構造**（第8章参照）が知られている．前者はそれぞれ8本のαヘリックスとβストランドからなるとき，$(\beta/\alpha)_8$ **バレル**とよばれる．後者はNADやATPなどのヌクレオチド結合活性をもつことから**ヌクレオチド結合ドメイン**，または発見者の名前から **Rossmann フォールド**とよばれる．

c. ヘリックス・ループ・ヘリックスモチーフ　2本のαヘリックスがループ（またはターン）で連結した形のヘリックス・ループ・ヘリックス（または**ヘリックス・ターン・ヘリックス**）は特定の機能が認められる最も単純な構造モチーフである．その機能は当然のことながら特徴的な（保存された）アミノ酸配列により発揮され，カルモジュリンやトロポニンCなどにみられる**カルシウム結合モチーフ**（**EFハンド**とよばれる）と，原核生物の転写調節にかかわる種々のリプレッサータンパク質などにみられる **DNA結合モチーフ**が知られている．

d. その他　2本の逆平行αヘリックスがループにより連結し隣り合ってつくる**ααモチーフ**（**コイルドコイル，coiled coil**）と，これがさらに連続し4本の

αヘリックスからなる**αバンドル**などがある．

3・2　タンパク質の三次構造

タンパク質はポリペプチド鎖としてリボソーム上で合成された後，二次構造，三次構造を含む高次構造を形成することによってはじめて機能をもつタンパク質となる．三次構造は種々の非共有結合力によって安定化している．

3・2・1　三次構造の多様性とタンパク質機能の特異性

代謝，遺伝，情報伝達，筋肉の収縮，免疫などの生命現象は，いずれも分子レベルではタンパク質が主要な役割を果たしている．表3・1は機能によりタンパク質を分類したものである．このような広範囲の機能に対応してタンパク質には大きさも形もさまざまなものが存在する．

表3・1　機能によるタンパク質の分類

タンパク質	機　　能
酵素タンパク質	生物における化学反応を触媒する
輸送タンパク質	種々の分子を運ぶ（酸素を運ぶヘモグロビンなど）
構造タンパク質	生体内で構造・形態などを形成・保持する（コラーゲンなど）
調節タンパク質	遺伝子の転写を活性化または抑制する（それぞれアクチベーター，リプレッサーという）
ホルモンタンパク質	標的細胞の活性を調節する，外来性のシグナルタンパク質（インスリンなど）
受容体タンパク質	生理活性物質と結合し，その作用を伝達，発現する
運動タンパク質	動きをつくり出す（アクチン，ミオシンなど）
免疫タンパク質	生体が非自己を排除し，自己を守るときに働く（抗体など）

タンパク質は大きく分けて，球状タンパク質，繊維状タンパク質，膜タンパク質に分類される．**球状タンパク質**の特徴は，ほぼ球形で内部に疎水性のコアをもつことで，外部表面は親水性残基で覆われている．**繊維状タンパク質**の代表はヒトの皮膚，骨，血管などの構成タンパク質であるコラーゲン（図3・9）で，体の総タンパク質の30％近くを占める．髪や爪を構成するケラチン，絹のフィブロイン，筋肉のトロポミオシンなども繊維状タンパク質である．繊維状タンパク質はその名のとおり細長い形をもつタンパク質で，疎水性のコアをもたないのが特徴である．**膜

タンパク質は，疎水性のアンカーペプチド部分で膜に結合するもの，膜タンパク質を介して膜に結合するものなども含むが，ここでは膜内在性のタンパク質，すなわちそれ自身が膜に埋め込まれているものをさすことにする．膜タンパク質の特徴は可溶性球状タンパク質とは異なり，表面が疎水性の残基で覆われていることである．種々の原子や分子の膜透過にかかわるチャンネル（カリウムチャンネルなど）を形成するタンパク質では，内部が親水性である．

三次構造については第7章以降で詳細に説明する．

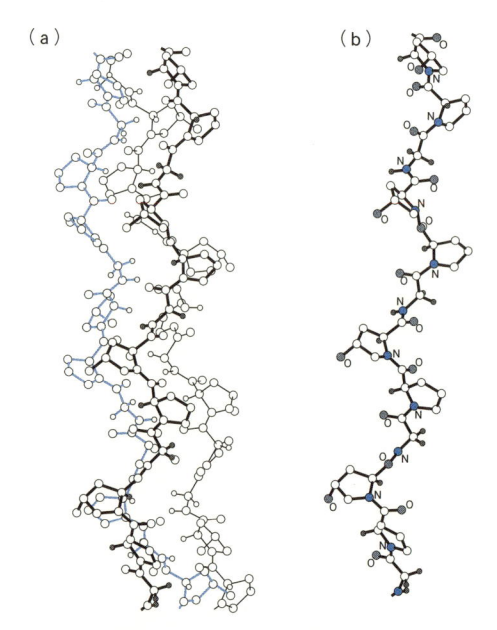

図 3・9　コラーゲン三本鎖ヘリックスの立体構造(a)とそのうちの1本を取出したもの(b)．コラーゲン分子は3本の左巻きのポリペプチド鎖(b)からなり，それらが互いによじれて1本のゆるい右巻きの超らせん構造（コイルドコイル）(a)となっている．コラーゲン1分子の直径はわずか15Åで，約3000Åの長さをもつ．コラーゲンは3残基ごとにグリシンが存在する規則的なアミノ酸配列をもち，$(Gly-X-Y)_n$と書くことができる．XとYはそれぞれプロリン，4-ヒドロキシプロリン（プロリン側鎖が翻訳後修飾されたもの）であることが多い．コラーゲンヘリックスといわれるポリペプチド鎖の規則構造については図3・3を参照．
〔R.D.B. Fraser, *et al.*, *J. Mol. Biol.*, **129**, 463 (1979)〕

3・2・2　ドメイン

タンパク質の基本的な構造単位として"ドメイン"という概念が重要である．タ

ンパク質は約50個以上のアミノ酸からなるポリペプチドが折りたたまれて機能をもったものである．タンパク質のアミノ酸の数を増やしていくと，300残基程度までは球状を保つことができるが，それ以上大きなものは球状からはずれ，多くの場合複数の安定に存在するコンパクトな構造単位，すなわちドメインがつなぎ合わされた構造となる．これは，タンパク質の表面積と，内部の容積のバランスという物理的要因に起因する．タンパク質は大きくなることによる不安定化のエネルギーを，ドメイン構造によって解消していると考えられる．

他方，後述するように小さなタンパク質は二状態間の協同的な変性・再生転移（中間状態の存在が無視できるような天然状態Nと変性状態Dの間の平衡関係）を行うが，ドメインはこの変性・再生の構造単位でもある．

3・3 タンパク質の四次構造

タンパク質は1本のポリペプチドからなる単量体としてそのまま機能をもつものが多いが，さらにオリゴマー，繊維重合体，超分子複合体など種々の会合体を形成することによって新たな機能を獲得するものもある．このように複数のポリペプチド鎖が非共有結合的に会合して形成されるタンパク質分子の構造を**四次構造**という．四次構造はサブユニット間相互作用により安定化している．

3・3・1 サブユニットとオリゴマータンパク質

四次構造を構成する個々のタンパク質分子は**サブユニット**とよばれる．**オリゴマータンパク質**は複数のサブユニットからなる．サブユニットの数はさまざまで，二量体，三量体，四量体から数十，数百のサブユニットからなる構造体もある．サブユニット構成も多様で，たとえば二量体にはα_2，$\alpha\beta$，四量体にはα_4，$\alpha_2\beta_2$，$\alpha_2\beta\gamma$，$\alpha\beta\gamma\delta$などがある．なお，大きな集合体を形成するタンパク質のなかには，微小管のように$\alpha\beta$という二量体タンパク質が単位になって大きな構造体を形成するような超分子もある．この場合，$\alpha\beta$二量体は**プロトマー**とよばれる．1種類のサブユニットからなる複合体ではプロトマーすなわちサブユニットということになる．

オリゴマータンパク質は，つねに安定にオリゴマーであるものもあるが，核タンパク質ラミンのように細胞周期によってリン酸化，脱リン酸が起こり，解離・会合するものや，Gタンパク質のように細胞外情報分子の受容体への結合に共役して解離・会合が制御されるものもある．

多種類の酵素が集合した多機能タンパク質複合体も存在する．細胞内のタンパク質分解に関与する**プロテアソーム**（図 3・10），DNA 複製酵素複合体，脂肪酸合成酵素，光合成中心など，関連した機能をもつ複数のタンパク質・酵素が協同的に効率よく働く酵素複合体もある．

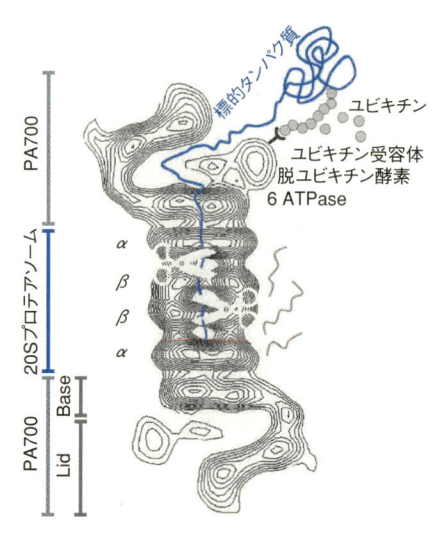

図 3・10 **26S プロテアソーム**．PA700 は分子量 70 万のタンパク質複合体で，20S プロテアソームに結合することによってプロテアーゼを活性化する．この複合体はユビキチン受容体および脱ユビキチン酵素を含むふた（Lid）の部分と，リング状構造を形成する 6 個の ATP アーゼサブユニットを含み，20S プロテアソームとの結合部位をもつ基盤（Base）から成る．〔提供：東京都臨床医学総合研究所 田中啓二博士〕

3・3・2 アロステリック酵素

オリゴマー酵素のなかには，そのすべてではないが，低分子のリガンドの結合により反応速度が変化するアロステリック酵素が知られている．アロステリック酵素の示すアロステリック効果にはホモトロピック効果とヘテロトロピック効果があり，いずれも四次構造のコンホメーション変化によりもたらされる．

a. ホモトロピック効果　ホモトロピック効果は基質による酵素の活性化であり，オリゴマー酵素の一つのサブユニットに基質が結合すると構造変化が起こり，他のサブユニットにも構造変化がひき起こされ，基質が結合しやすくなる．その結果，酵素-基質複合体の濃度が加速度的に増加し，反応速度も加速度的に上昇するので**基質飽和曲線**はS字形となるのである（図 3・11 のエフェクターなしの場合）．

b. ヘテロトロピック効果
ヘテロトロピック効果は基質以外の物質（**アロステリックエフェクター**）が酵素の特定の部位（**アロステリック部位**）へ結合することによってもたらされる．反応速度を上昇させるエフェクターは**アロステリック活性化剤**，逆に低下させるエフェクターを**アロステリック阻害剤**といい，それらの添加により反応速度が変化する（図3・11）．

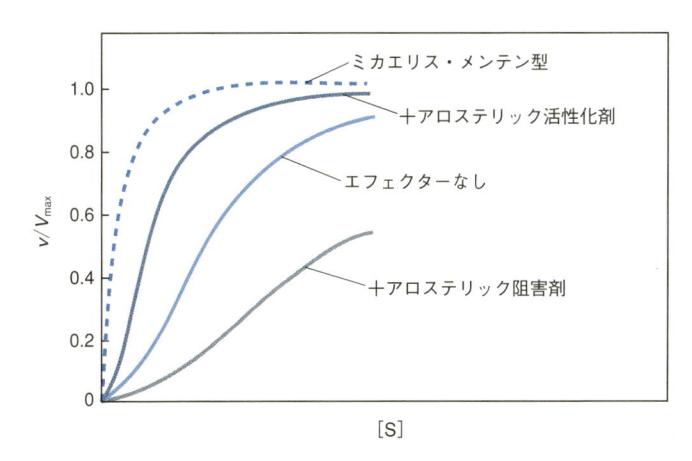

図3・11 **アロステリック酵素の反応速度と基質濃度の関係**．通常の酵素の基質飽和曲線はミカエリス・メンテン型とよばれる双曲線となり，アロステリック酵素のS字形曲線と異なる．

アロステリックタンパク質（酵素）の動力学的解析（第5章参照）ならびに構造と機能の解析（第8章参照）については，それぞれの章で詳細に述べられている．

3・4 タンパク質の立体構造の形成，折りたたみ

タンパク質はアミノ酸の線状重合体としてリボソーム上で合成されるが，そのままでは機能をもたず，折りたたまれて特定の立体構造（三次構造，四次構造）をもつことによって初めて機能をもつようになる．

タンパク質の高次構造はどのようにして形成されるのだろうか．球状タンパク質の構造を調べてみると，内部は原子が非常によく充填されて空隙は非常に少ないことがわかる．高次構造の形成に関しては，一般的にはまず二次構造が形成され，それがさらに折りたたまれてコンパクトな天然の構造ができあがると考えられている．試験管内でタンパク質を変性状態から折りたたませると，一般的にまず速い反

応で"モルテングロビュール"という状態が生じ，これが徐々にさらに折りたたまれて活性のあるタンパク質となる（式 3・1）．モルテングロビュール状態は，二次

$$D(\text{変性状態}) \xrightleftharpoons{\text{速い}} I(\text{モルテングロビュール}) \xrightleftharpoons{\text{遅い}} N(\text{天然状態})$$

(3・1)

構造はほぼ形成されているが，まだ天然のコンパクトな構造に達していない中間状態だと考えられる．

3・4・1 アンフィンセン・ドグマ

タンパク質の一次構造はDNAの塩基配列によって規定されているが，立体構造を形成するには何か別の因子が必要なのだろうか．この疑問に答えたのがアンフィンセン（C. B. Anfinsen）だった（1963年，図 3・12）．彼は，還元剤存在下でリボ

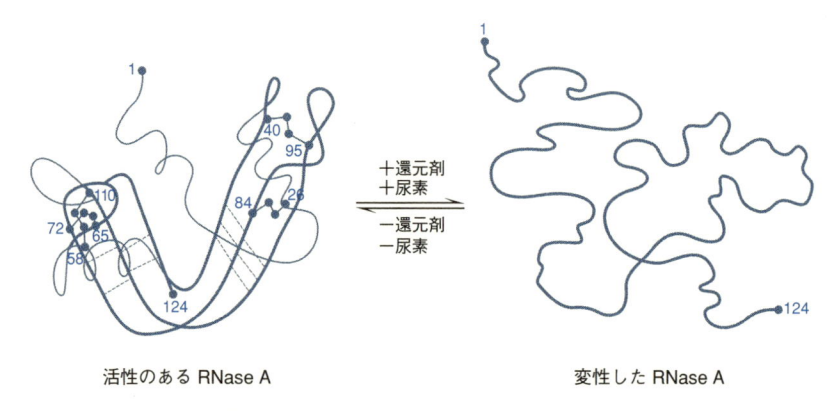

図 3・12 リボヌクレアーゼAの変性と再生．左図にジスルフィド結合とその残基番号を示す．

ヌクレアーゼAを尿素で変性させた後，還元剤非存在下で徐々に尿素を取除くことによってポリペプチドを再び折りたたませ，酵素活性を再生させることに成功した．この実験は"タンパク質の立体構造は一次構造によって規定されており，そのほかの因子は必要ない"（アンフィンセン・ドグマ）ことを示すものであった．細胞内では折りたたみを助ける分子シャペロン（§3・4・5参照）という1群のタンパク質が存在することが近年明らかにされてきたが，この考えは現在でも基本的に正しい．

3・4・2 タンパク質の変性

　タンパク質は加熱したり，酸やアルカリを加えたりすると簡単に変性する．これはタンパク質が安定化と不安定化の相互作用のほんのわずかな差によって，微妙に安定化されていることを示している．実際，タンパク質はコンホメーションのエントロピー（変性した状態は天然の状態に比べて状態の数が多いので，熱力学的にはエントロピー的に安定である）や折りたたみに伴うひずみなどによる 1000 kJ/mol（数百 kcal/mol）にのぼる不安定化の自由エネルギーを，水素結合，疎水性相互作用，塩結合（静電的相互作用）などの安定化の自由エネルギーによって打消すことによって，たかだか 10 kJ/mol（数 kcal/mol）の微妙な差で安定化されている．

　タンパク質がほんのわずかな自由エネルギーで安定化されているのにはそれなりの意味がある．すなわち，細胞はつねに環境の変化に応じて新たなタンパク質を合成しなければならないが，その際，不要になったタンパク質は速やかに除去する必要がある．そこで，生体はつねに新たにタンパク質を合成しては壊すということを行っている．こうしておけば合成を止めることによってそのタンパク質は速やかに除去されることになる．つまり，タンパク質は機能を十分発揮できる程度には安定でなくてはならないが，不要になったら容易に壊すことができる程度に不安定でなければならない，と考えることができる．

　タンパク質は種々の方法によって変性する．昔から，酵素を失活させるために**熱処理**をすることが行われている．これはタンパク質である酵素を変性させるためである．タンパク質はまた**酸**や**アルカリ**のほか，ドデシル硫酸ナトリウム（SDS）のような**界面活性剤**，**尿素**や**塩酸グアニジン**などの変性剤でも変性する．酸やアルカリで変性するのは主として静電的な反発によると考えられる．すなわち，通常，タンパク質の**等電点**は中性付近（pH 5～9）であるが，等電点から大きく離れた酸性領域ではタンパク質は正に帯電し，アルカリ領域では負に帯電する．尿素や塩酸グアニジンは疎水性側鎖と主鎖のペプチド結合に結合し，疎水結合と水素結合を切断する．その結果，内部の疎水性残基が露出し，タンパク質は変性する．

　ゆで卵から連想されるタンパク質の熱変性は不可逆で，確かに元に戻らない場合が多い．しかし，元に戻らない（再生しない）のは，ほとんどの場合，変性タンパク質が凝集してしまったり，目に見えなくても数分子の多量体を形成することによる．そこで，濃度を低くし，適当な塩を加えたり，pH を沈殿・凝集しやすい等電点からできるだけ遠ざけると，分子量1万～2万程度の球状タンパク質では多くの場合変性は可逆的になる．

3・4・3 タンパク質の変性の測定と解析

タンパク質はそれが含む二次構造によって遠紫外部に特異的な**円二色性**（CD: circular dichroism, 円偏光二色性ともいう）**スペクトル**を示す．図3・13にαヘリックス，β構造と不規則構造それぞれの円二色性スペクトルを示した．したがっ

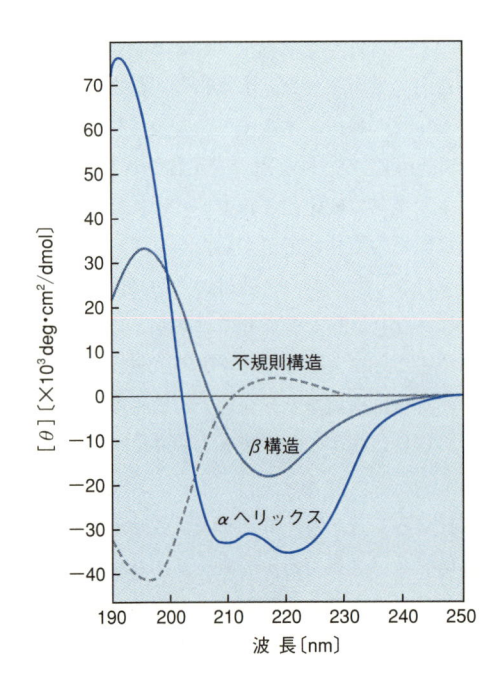

図3・13 タンパク質の二次構造と不規則構造の円二色性スペクトル

て，タンパク質の変性，すなわち二次構造の崩壊を 222 nm 付近の円二色性を測定することにより解析することができる．

図3・14(a)は 220 nm の CD の実測値から得られた，塩酸グアニジンによるホスホグリセリン酸キナーゼの変性曲線である．この変性曲線を式(3・2)に基づいてプロットし直したものが図3・14(b)であり，縦軸に変性状態のタンパク質の割合 f_D をとった変性曲線に変換することができる．図3・14(a)の直線aと直線bはそれぞれ天然状態と変性状態の CD 値，すなわち $[\theta]_N$ および $[\theta]_D$ であり，$[\theta]$ が CD の実測値である．

$$f_D = \frac{[\theta]_N - [\theta]}{[\theta]_N - [\theta]_D} \tag{3・2}$$

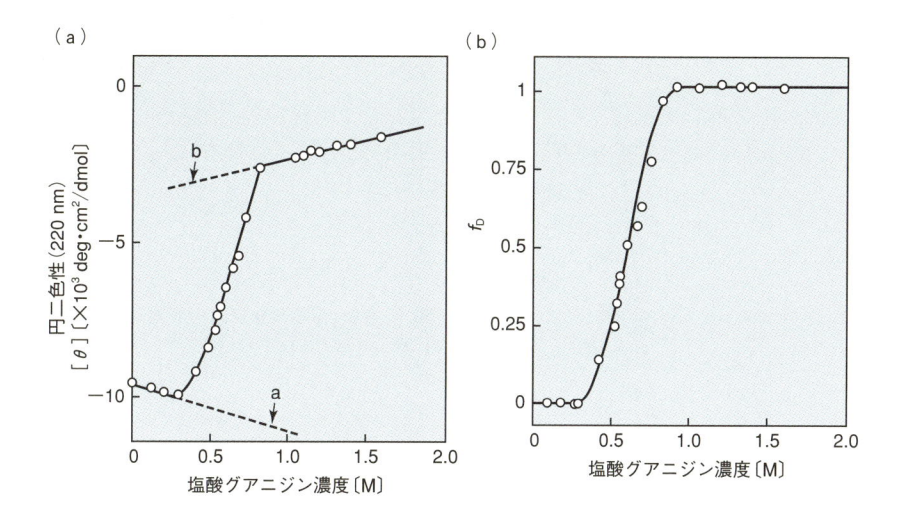

3・4 タンパク質の立体構造の形成，折りたたみ

図 3・14 **タンパク質の変性の円二色性による解析**. (a) ホスホグリセリン酸キナーゼの塩酸グアニジンによる変性. (b) (a) のデータから (3・2) 式によって得られる変性曲線. 縦軸の f_D はタンパク質中の変性タンパク質の割合を示す. 〔H.Nojima et al., J.Mol.Biol., **116**, 429 (1977)〕

変性が協同的で変性の途中でもN状態とD状態のみ存在し，中間状態が無視できる場合，すなわち二状態変性

$$\text{N} \xrightleftharpoons{K_D} \text{D} \quad (3・3)$$

では，変性曲線の各点において変性の平衡定数 K_D が求められる.

$$K_D = \frac{[\text{D}]}{[\text{N}]} = \frac{f_D}{f_N} = \frac{f_D}{1-f_D} \quad (3・4)$$

ここで，$f_N + f_D = 1$ である.

図3・15はリボヌクレアーゼAの熱変性曲線で，リボヌクレアーゼAの熱による変性が協同的で，また完全に可逆的であることを示している. 変性中点，すなわちN状態とD状態のタンパク質の濃度が等しい点における温度を**変性温度**とよび，T_m と書く.

タンパク質によっては変性が可逆的でなく，その結果 T_m が昇温速度により変化することがある. 変性が可逆的でない場合には当然のことながら熱力学的な解析は

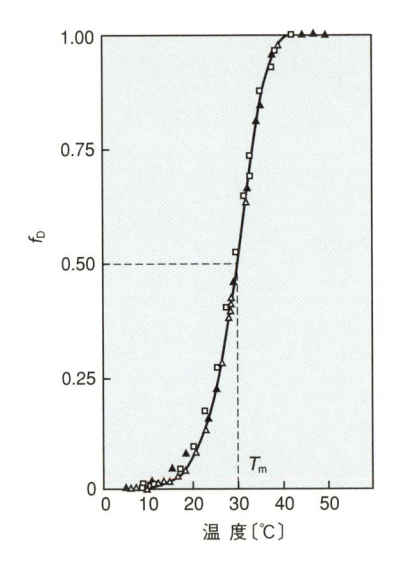

図 3・15 リボヌクレアーゼ A の熱変性曲線．縦軸の f_D はタンパク質中の変性タンパク質の割合を示す．粘度(□), 278 nm における吸収(△), いったん 41 ℃で変性後, 16 時間徐冷してから再加熱後の 278 nm における吸収(▲)による熱変性曲線がすべて一致している．〔A.Ginsburg, W.R.Carroll, *Biochemistry*, 4, 2159 (1965) より改変〕

できない．熱力学的な解析ができると，後述のようにタンパク質の安定性を定量的に評価できるだけでなく，安定化の自由エネルギーがエンタルピーに由来しているのか，エントロピーに由来しているのかを決定でき，その結果，安定性がどんな物理的な相互作用によって成り立っているかの知見を得ることができる．

3・4・4 タンパク質の変性の熱力学

前項のようにして求められたタンパク質の熱変性曲線から変性の自由エネルギー変化 ΔG_D°, エンタルピー変化 ΔH_D°, エントロピー変化 ΔS_D°, 比熱の変化 ΔC_p° など変性反応の熱力学的パラメーターを求めることができる．変性の自由エネルギー変化と平衡定数 K_D の間には式 (3・5) の関係がある．ただし，R は気体定数，T は絶対温度である．

$$\Delta G_D^\circ = -RT \ln K_D = \Delta H_D^\circ - T\Delta S_D^\circ \tag{3・5}$$

$$\therefore \ \ln K_D = -\frac{\Delta H_D^\circ}{RT} + \frac{\Delta S_D^\circ}{R} \tag{3・6}$$

式 (3・6)，または式 (3・6) を $1/T$ で微分した

$$\frac{d \ln K_D^\circ}{d(1/T)} = -\frac{\Delta H_D^\circ}{R} \tag{3・7}$$

はファントホッフの式とよばれる．すなわち，二状態変性の場合にはK_Dの温度依存性を測定し，$\ln K_D$ を $1/T$ に対してプロットすると，傾きからファントホッフのエンタルピー変化ΔH_D°を求めることができる．

熱変性を観測するもう一つの方法に**示差走査型微小熱量計**（DSC: differential scanning microcalorimeter）がある．方法の詳細は成書にゆずるが，この方法によって，温度の上昇に伴うタンパク質溶液の比熱の変化を測定することができ，そこから変性温度T_m，変性温度での変性のエンタルピー変化ΔH_D°および比熱の変化ΔC_p°を直接測定することができる（図3・16）．これらの値を用いて，変性の熱力学量ΔH_D°，ΔS_D°，ΔG_D°の温度関数が得られる．ファントホッフの式から変性のエンタルピーを計算する場合には，式の導出から明らかなように二状態変性が仮定されている．しかし，DSCでは直接ΔH_D°を測るので，二状態変性を仮定する必要はない．タンパク質の比熱が変化するのは変性によって内部に埋もれていた疎水性の残基が露出し，水和の状態が変化することによる．

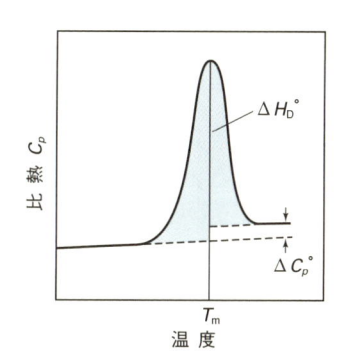

図3・16 **示差走査型微小熱量計による球状タンパク質の熱変性の測定**．変性温度T_mは比熱の変化の最大値での温度，変性温度での変性のエンタルピー変化ΔH_D°は図の青色部分の面積，変性による比熱の変化ΔC_p°は図の破線と実線の間の差となる．

図3・17には，これらの測定から求めた変性の自由エネルギー変化ΔG_D°，エンタルピー変化ΔH_D°，エントロピー変化ΔS_D°，比熱の変化ΔC_p°が温度の関数としてプロットしてある．ここでは変性状態Dから天然状態Nの方向への反応をプロットしていることに注意されたい．この図からまず，タンパク質の変性の自由エネルギーは温度に対して上に凸であって，最も安定な温度が存在することがわかる．すなわち，その温度から高くなっても低くなってもタンパク質は不安定になること

になる．実際，アポミオグロビンなどいくつかのタンパク質で低温変性が観測されている．ただし，図3・17(d)からもわかるように，ほとんどのタンパク質では低温側の変性温度の中点（変性が50％起こる温度）は0℃以下なので，ふつうは溶液状態では低温変性は観測されない．

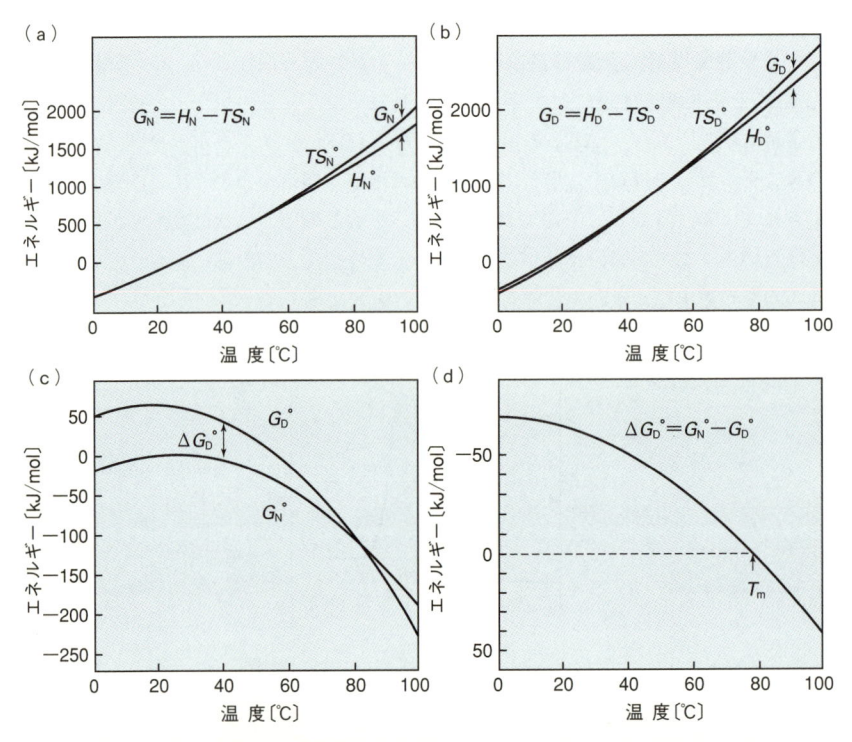

図3・17 **タンパク質変性の自由エネルギー，エンタルピー，エントロピー．** (a)天然状態のエントロピーとエンタルピーの温度依存性．(b)変性状態のエントロピーとエンタルピーの温度依存性．(c)(a)および(b)からそれぞれ求められる天然状態および変性状態の自由エネルギー．(d)(c)から求められる変性の自由エネルギー変化 ΔG_D°．$\Delta G_D^\circ = 0$ となる温度が変性温度 T_m である．〔W. Pfeil, P.L. Privalov, *Biophys. Chem.*, **4**, 41 (1976) より改変〕

3・4・5 分子シャペロンとタンパク質の折りたたみ

分子量1万〜2万程度の球状タンパク質では，尿素や塩酸グアニジンで変性させたタンパク質を比較的効率よく巻戻すことが可能なことが多い．しかし，分子量が

大きくなってくると変性したタンパク質を再生することは困難になってくる.また,タンパク質工学で大量発現したときに,封入体(inclusion body)といって,菌体内で大きな凝集体をつくってしまうことも多い.細胞の中ではこのようなタンパク質も特に困難もなく折りたたまれている.これはなぜなのだろうか.この問題に解答を与えたのが R. J. Ellis らで,彼らは細胞内では**分子シャペロン**という一群のタンパク質があってタンパク質の折りたたみを助けていることを明らかにした.分子シャペロンの多くは**熱ショックタンパク質**(heat shock protein)で,常温より高い温度に置かれたときに,合成が誘導される.

その代表的なものが Hsp60(分子量6万)と Hsp10(分子量1万)からなる**シャペロニン**(図3・18)で,Hsp60 の七量体からなるリングが二つ合体して樽状の構造をなしている.シャペロニンはタンパク質の折りたたみ中間体を樽内に結合し,疎水性の面がまだ表面に露出している中間体同士の凝集を防ぐ.折りたたみ中間体を結合した Hsp60 複合体には Hsp10 の七量体が結合してふたをするが,その後折りたたまれたタンパク質は ATP の加水分解のエネルギーによってシャペロニンから解離する.

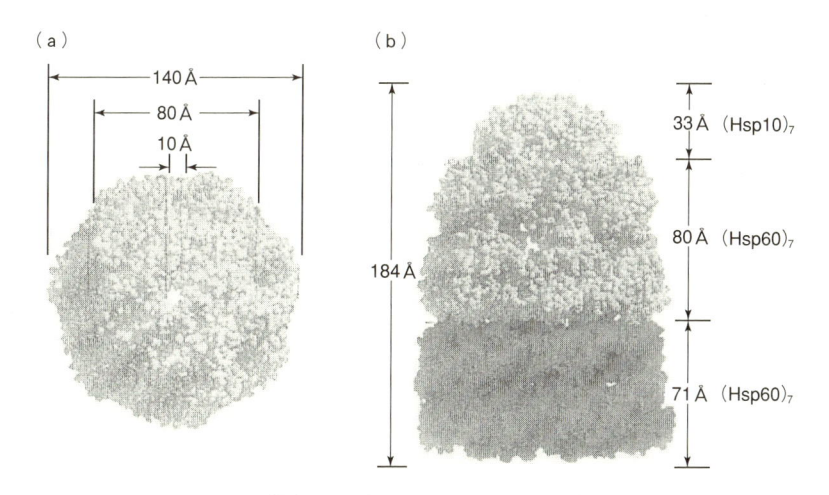

図3・18 シャペロニンの構造. 七量体が二つ重なった樽形の構造$(Hsp60)_7 \times 2$ 内の空洞にタンパク質の折りたたみ中間体が収納されると,七量体のふた$(Hsp10)_7$ が結合する.全体の分子量は約 80 万である.(a)真上から見た図.(b)側面から見た図.(b)から明らかなように,ふたの結合した側のリングの高さは他方のリングより大きく,空洞の容積も大きくなる.これらの構造解析には X 線結晶解析と低温電子顕微鏡が使われた.

分子シャペロンはタンパク質の折りたたみを助けるだけでなく，細胞内のタンパク質輸送など，そのほかにもいろいろな機能をもつことが明らかになってきている．

3・5　一次構造に基づく高次構造の予測

さて，高次構造は一次構造によって規定されるので，もし，高次構造構築の原理が理解できれば二次構造や三次構造は一次構造から予測できるはずである．このような考えに基づいて，多くの研究者が折りたたみの原理を理解することを目的としてさまざまな二次構造予測法を提案してきたが，予測精度は現在でも70%程度で，今後も飛躍的に予測精度が向上することはないだろうといわれている．その主要な原因は，一次構造上で隣り合う，あるいは近傍の残基同士の相互作用だけでなく，一次構造上は遠く離れた残基間の相互作用が立体構造決定に重要なためであろう．

他方，X線結晶解析によって決定されたタンパク質の立体構造の数は近年指数関数的に増加し，2013年10月の段階で9万5千件を超えている．これら既知の構造を利用した**ホモロジーモデリング**という方法が有力視されている．まず，タンパク質の一次構造を比較したときに，25%以上が同一のアミノ酸であれば，ほぼ同じ折りたたみ構造（骨格構造）をとると考えられている．一次構造の全長にわたって似ていなくても，局所的によく似ている箇所が同じコンホメーションをとっている可能性は高い．このような考え方に基づいて，主鎖のコンホメーションを推定し，さらに側鎖のコンホメーションを推定した後，エネルギー最小化などによって構造を推定するというものである．このほかにもいくつかの方法が提案され，発展が続いている．

4

タンパク質の高次構造の決定法

　近年，欧米を中心として，また日本でも，遺伝子産物が機能を発現するメカニズムを立体構造の観点から解明するという構造生物学が標準となりつつある．その背景として，1990年代に入って，ハードウエアならびにソフトウエアのめざましい発展により，タンパク質の高次構造解析が加速され身近なものになってきたことがあげられる．さらに，最近では，さまざまな生物のゲノム配列が明らかになり，機能より先に遺伝子（登場人物）が同定され，まずすべての遺伝子産物の高次構造を

表4・1　生体高分子の構造解析法の比較

手法	X線結晶構造解析	電子線回折	核磁気共鳴
原理	電子によるX線回折	電子による電子線回折	核スピンの共鳴
解析に適した分子量	限界はない	限界はない	3万程度まで
データから構造への導出原理	分子置換法 重原子同形置換法 多波長異常分散法	画像処理による分子の方位の決定	核オーバーハウザー効果（NOE）強度に基づく三角測量
生体高分子への適用	タンパク質，核酸，両者の複合体	膜タンパク質	タンパク質，核酸
長所	結晶さえできればあらゆる試料が解析でき，分解能も高い	二次元結晶は作製が比較的容易．特に膜タンパク質の解析に有利	すぐに測定にもち込め，解析が速い

決定し，それに基づいて機能を推定するという構造ゲノム科学が熾烈な国際的競争を巻き起こしている．

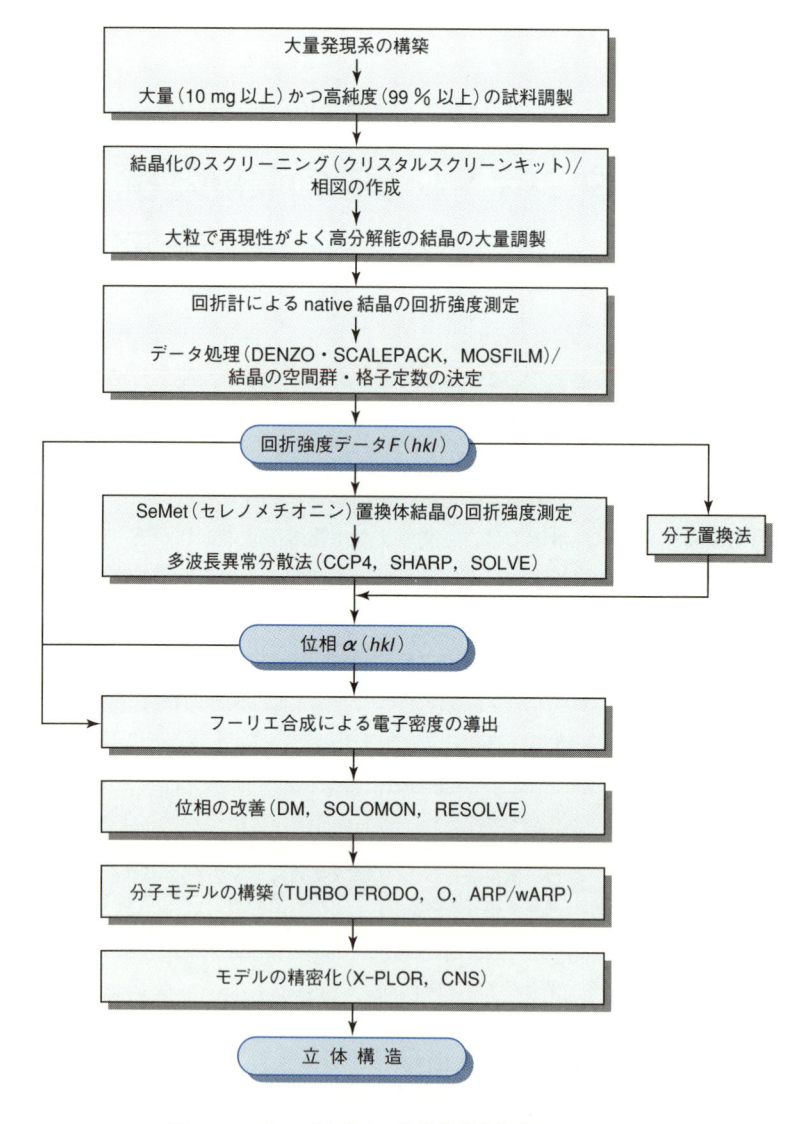

```
            大量発現系の構築
                 ↓
     大量(10 mg 以上)かつ高純度(99 % 以上)の試料調製
                 ↓
     結晶化のスクリーニング(クリスタルスクリーンキット)/
                 相図の作成
                 ↓
        大粒で再現性がよく高分解能の結晶の大量調製
                 ↓
           回折計による native 結晶の回折強度測定
        データ処理(DENZO・SCALEPACK, MOSFILM)/
              結晶の空間群・格子定数の決定
                 ↓
            回折強度データ F(hkl)
                 ↓
    SeMet(セレノメチオニン)置換体結晶の回折強度測定       分子置換法
        多波長異常分散法(CCP4, SHARP, SOLVE)
                 ↓
              位相 α(hkl)
                 ↓
          フーリエ合成による電子密度の導出
                 ↓
        位相の改善(DM, SOLOMON, RESOLVE)
                 ↓
      分子モデルの構築(TURBO FRODO, O, ARP/wARP)
                 ↓
           モデルの精密化(X-PLOR, CNS)
                 ↓
                立 体 構 造
```

図 4・1　タンパク質の X 線結晶構造解析の流れ

4・1 X線結晶構造解析

表4・1に生体高分子の構造解析におもに用いられるX線結晶解析，電子線回折，核磁気共鳴の三つの手法を比較してある．これらの手法は，得られる情報が本質的に異なり，一つの短所を他の長所が補うという点で相補的である．

本章では，X線結晶構造解析法と核磁気共鳴（Nuclear Magnetic Resonance, NMR）法について原理・解析法を概説する．

4・1 X線結晶構造解析
4・1・1 結晶構造解析の手順

X線結晶構造解析のおよその流れを図4・1に示す．X線結晶構造解析には四つのハードルがある．すなわち，試料の大量調製，高分解能結晶の作製，位相決定，構築モデルの精密化である．近年，ハードウエア（第3世代シンクロトロン，検出器，コンピューター）ならびにソフトウエア（各種プログラム）の普及により，後半二つのハードルは急速に低くなりつつある．したがって，今日では，試料の調製，結晶化がX線結晶構造解析の律速段階になっている．以下図4・1の流れに沿って，実践的な解析法を述べる．

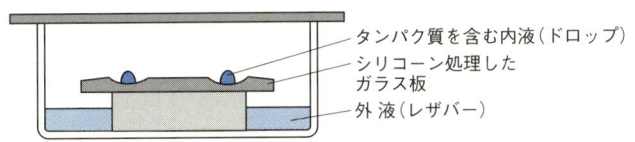

4・1・2 タンパク質の結晶化

タンパク質の結晶化には基本的に蒸気拡散を用いる．すなわち，タンパク質を含み沈殿剤（親水性の高い，あるいは水分子の配向を変える性質の試薬）の濃度が低いドロップを，沈殿剤が濃い溶液（レザバー）と密閉空間に混在させる．すると蒸

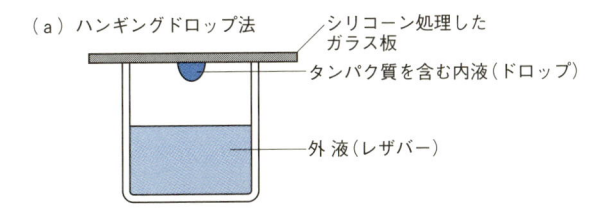

（a）ハンギングドロップ法
　シリコーン処理したガラス板
　タンパク質を含む内液（ドロップ）
　外液（レザバー）

（b）シッティングドロップ法
　タンパク質を含む内液（ドロップ）
　シリコーン処理したガラス板
　外液（レザバー）

図4・2　タンパク質の結晶化

気拡散によって水がドロップからレザバーに移り,ドロップ内のタンパク質からは徐々に水が除かれつつ濃縮される.その結果,タンパク質は沈殿あるいは結晶になる.図4・2に示すように,**ハンギングドロップ**（hanging drop）**法**と**シッティングドロップ**（sitting drop）**法**がある.ドロップの容量が大きかったり,表面張力が低くてドロップが流れてしまったりする場合にはシッティングドロップ法が便利である.

近年,経験的に結晶化の確率の高い組合わせの溶液を用いた各種スクリーニングキットが販売されている.第一次スクリーニングの結果,結晶が得られたら,その溶液に一定の比率で他の溶液を混ぜ合わせて第二次スクリーニングを行ったり,さまざまな付加物や界面活性剤を加えるスクリーニングを展開することは有効である.

4・1・3 タンパク質結晶の対称性と空間群

a. 単位胞と結晶系 タンパク質の立体構造を原子レベルで決定するには,大粒で結晶性のよい結晶を得る必要がある.良質な結晶においては,タンパク質分子は正確に周期性をもって配列しているので,個々の分子からの散乱X線が互いに干渉して強度の強い散乱X線を観測できるようになる.

結晶は8個の格子点をもつ**単位胞**（または単位格子,unit cell）が規則的に三次元的に積み重なったものである.単位胞は図4・3の三斜格子に見るように,3軸の長さa, b, cとそれらの間の角度α, β, γの六つのパラメーター（**格子定数**）で表され,7種類の**結晶系**,すなわち三斜晶系,単斜晶系,斜方（または直方）晶系,正方晶系,立方晶系,三方（または菱面体）晶系,六方晶系に分類される（表4・2）.

b. 回転軸とらせん軸 単位胞が規則的に三次元的に積み重なると結晶に対称性が現れる.結晶の対称性とは,ある対称操作を行ったときにその操作前と操作後の結晶構造が等しくなることである.タンパク質のような光学活性な分子の結晶内では,許される対称要素は回転軸とらせん軸に限定され,その軸に関する対称性をそれぞれ回転対称,らせん対称という.

回転対称とは,ある軸（回転軸）の回りにn分の360（$360/n$）度回転すると元の結晶構造と同じになることで,nとしては1, 2, 3, 4, 6の5種類が許され,**n回回転対称**（**軸**）という.したがって,2回回転対称（$n=2$）では,2回回転軸の回りに180（$360/2$）度回転すると元と同じ結晶構造になる.

一方,**らせん対称**とは,ある軸の回りでの回転操作にさらに並進が加わると元の

結晶構造と同じになる対称性で，その軸をらせん軸という．あるらせん軸の回りに $360/n$ 度右回転させると同時に p/n 周期並進させるとき，この軸を n_p と表記し（ただし，p は n より小さい整数），**n 回らせん軸**という．結晶の対称要素としては，2_1，3_1，3_2，4_1，4_2，4_3，6_1，6_2，6_3，6_4，6_5 の11種類が可能である．

c. ブラベ格子と空間群

単位胞の3辺 a, b, c は結晶の格子（結晶格子）を

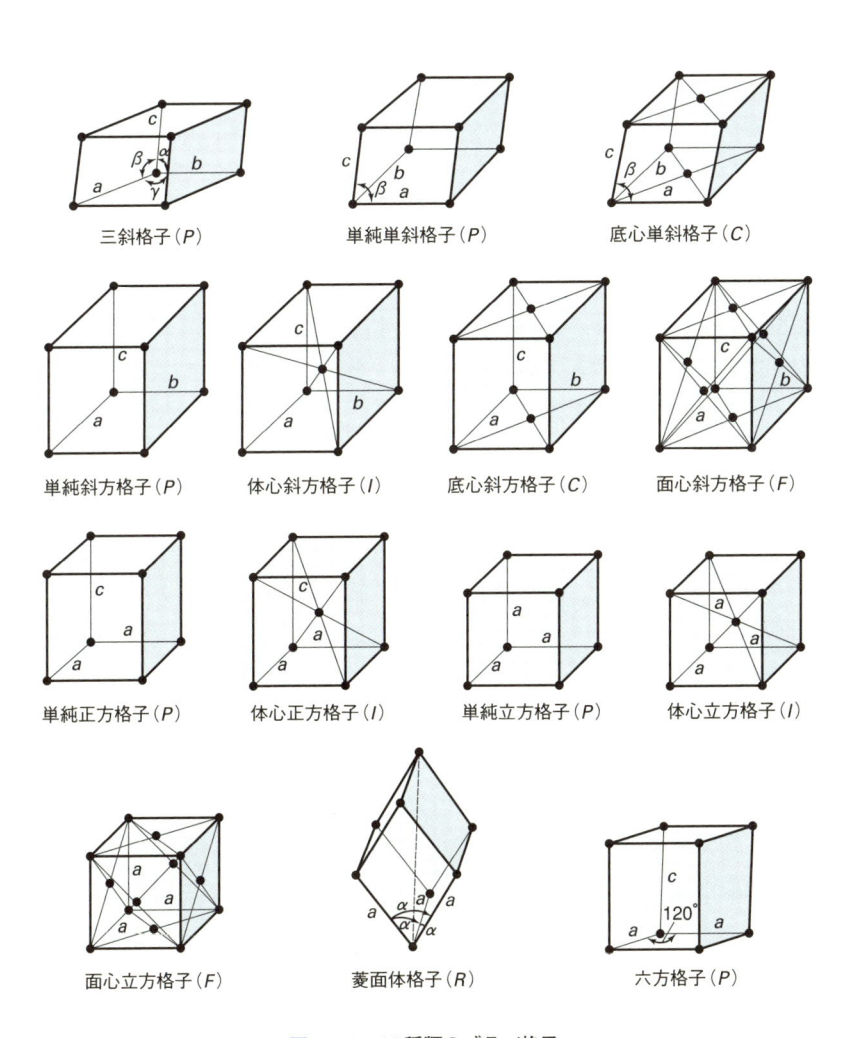

図 4・3　14種類のブラベ格子

つくると考えることができる．なるべく高い対称性をもつ最小の単位胞となるように格子点を選ぶと，結晶格子は単純格子（記号は P. 菱面体格子の場合は R）だけでなく，複合格子とよばれる体心格子（I），底心格子（C），面心格子（F）を取ることもある．複合格子は単位胞の隅以外に，それぞれ単位胞全体の中心（体心），相対する底面の中心（底心），すべての面の中心（面心）にも格子点をもっている．結晶格子は図4・3に示すように各結晶系に属する7種類の単純格子と7種類の複合格子の計14種類があり，これらは**ブラベ**（Bravais）**格子**とよばれている．

　結晶中の原子配列の対称性は結晶構造における対称要素の集合によって230種類の**空間群**（space group）に分類される．しかし，タンパク質結晶では対称要素は回転軸とらせん軸に限定されるので，タンパク質結晶の可能な空間群は表4・2の65種類になり，ブラベ格子の型と対称要素により記される．なお，三方晶系に属する空間群は，単純六方格子 P を基本とするものと，菱面体格子 R を基本とするものに分けられる（表4・2）．

　X線結晶構造解析では，その結晶の空間群を決定することが第一歩である．かつては，プレセッションカメラで，回折パターンを碁盤の目のように展開し，直接目で見ることによって，各軸方向の対称性などから判断することが常道であったが，

表4・2　結晶系とタンパク質結晶の空間群

結晶系	対称性	単位胞の軸と角	ブラベ格子の型	空間群
三斜晶系	1回回転軸，1本	$a \neq b \neq c$ $\alpha \neq \beta \neq \gamma \neq 90°$	P	$P1$
単斜晶系	2回回転軸，1本	$a \neq b \neq c$ $\alpha = \gamma = 90° \neq \beta$	P, C	$P2, P2_1, C2$
斜方（直方）晶系	2回回転軸，3本	$a \neq b \neq c$ $\alpha = \beta = \gamma = 90°$	P, I, C, F	$P222, P222_1, P2_12_12, P2_12_12_1, I222,$ $I2_12_12_1, C222, C222_1, F222$
正方晶系	4回回転軸，1本	$a = b \neq c$ $\alpha = \beta = \gamma = 90°$	P, I	$P4, P4_1, P4_2, P4_3, P422, P42_12, P4_122,$ $P4_122, P4_322, P4_12_12, P4_22_12, P4_32_12,$ $I4, I4_1, I422, I4_122$
立方晶系	3回回転軸，4本	$a = b = c$ $\alpha = \beta = \gamma = 90°$	P, I, F	$P23, P2_13, P432, P4_132, P4_232,$ $P4_332, I23, I2_13, I432, I4_132, F23,$ $F432, F4_132$
三方（菱面体）晶系	3回回転軸，1本	$a = b \neq c$ $\alpha = \beta = 90°, \gamma = 120°$	P	$P3, P3_1, P3_2, P312, P3_112, P3_212,$ $P321, P3_121, P3_221$
		$a = b = c$ $\alpha = \beta = \gamma \neq 90°$	R	$R3, R32$
六方晶系	6回回転軸，1本	$a = b \neq c$ $\alpha = \beta = 90°, \gamma = 120°$	P	$P6, P6_1, P6_2, P6_3, P6_4, P6_5, P622,$ $P6_122, P6_222, P6_322, P6_422, P6_522$

現在では，指数付けの自動化に優れたデータ処理プログラムがいくつもあり，たとえば DENZO と SCALEPACK を用いて，収集したデータを処理・スケーリングすることによって，かなり高い確率で空間群を決定することができる．

4・1・4 X線回折の原理
a. ラウエの反射条件とブラッグの法則
結晶中の電子に X 線（電磁波）が照射されると，電子はこの波と同じ振動数で振動し，今度はこの振動電子が波源となって，入射線と同じ振動数の X 線を発散する．これが電子による X 線の散乱である．

図 4・4(a)のように，入射ビームと散乱ビームの方向の単位ベクトルをそれぞれ s_0 および s とすると，s/λ，s_0/λ は，結晶 C を中心とする半径 $1/\lambda$ の球面上にあると考えることができる．この仮定上の球を**エワルド**(Ewald)**の回折球**とよぶ．ここで散乱ベクトル $k=(s-s_0)/\lambda$ を定義すると，k は O とエワルド球上の点とを

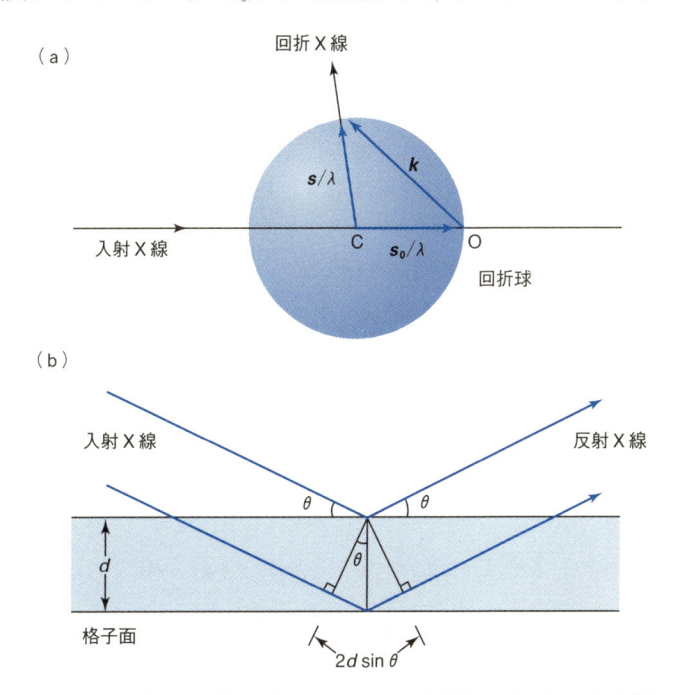

図 4・4 エワルドの回折球と散乱ベクトル(a)および結晶格子面での反射(b)．(a)半径 $1/\lambda$ の回折球と，入射ビームの方向の単位ベクトル s_0 および散乱ビームの方向の単位ベクトル s が示してある．(b)相隣り合う面からのビームの経路差を図示してある．

結ぶベクトルに相当することになる．ここで，a, b, c を格子ベクトルとすると，

$$a \cdot k = h, \quad b \cdot k = k, \quad c \cdot k = l \quad (h, k, l \text{は整数}) \tag{4・1}$$

の条件が満たされるときにのみ反射（あるいは回折）が観測される．この条件を満たさない方向では，散乱の和はゼロとなる．これを**ラウエ**（Laue）**の反射条件**という．ラウエの条件に現れる h, k, l をその結晶からの**反射の指数**とよぶ．

結晶に含まれる原子群の構造によって決まる散乱の度合いは**構造因子**とよばれる．結晶の単位胞あたりの構造因子は，それぞれの反射に対して $F(hkl)$ と表される．

散乱あるいは回折をなぜ反射とよぶのかといえば，結晶中のある仮想的な面（$a/h, b/k, c/l$ を通る面）からの反射と考えられるからである．ラウエの反射条件から，

$$a/h \cdot k = 1, \quad b/k \cdot k = 1, \quad c/l \cdot k = 1 \tag{4・2}$$

と書けるが，この式は，三つのベクトル $a/h, b/k, c/l$ の先端が決定する面に対し，散乱ベクトル k が法線である（直交する）ことを意味する．すなわち，入射波は面（hkl）によって反射されて散乱波を生じると考えることができる（図 4・4 b）．図 4・4 (b) で，相隣り合う面からのビームの経路差は $2d\sin\theta$ であり，この経路差が 1 周期分（λ）であると，この相隣り合う面上の点は位相をそろえて散乱する．すなわち，

$$2d\sin\theta = \lambda \tag{4・3}$$

という**ブラッグ**（Bragg）**の法則**が導かれる．

b. 電子密度の導出 $F(hkl)$ は電子密度 $\rho(xyz)$ のフーリエ変換であるので，逆に $F(hkl)$ をフーリエ変換してやると $\rho(xyz)$ が求まる．

$$\rho(xyz) = \frac{1}{V}\sum_h\sum_k\sum_l F(hkl) \times \exp[-2\pi i(hx+ky+lz)] \tag{4・4}$$

ただし，$F(k)$ はベクトルであるので，

$$\rho(xyz) = \frac{1}{V}\sum_h\sum_k\sum_l |F(hkl)| \times \exp[-2\pi i(hx+ky+lz) + i\alpha(hkl)] \tag{4・5}$$

と書ける．$|F(hkl)|^2$ が $I(hkl)$ と比例するので，$|F(hkl)|$ は $|I(hkl)|$ から求

めることができるが,各回折点の位相 $\alpha(hkl)$ は,回折パターンから直接求めることはできない.位相の決定法に関しては,§4・1・7で述べる.

c. 温度因子による構造因子の補正 反射面 (hkl) 内の原子の振動は,反射の強度に影響しない.しかし,反射面に垂直な振動は影響がある.振動成分がすべての方向で同じ(等方性)であると考えると,観測される構造因子 $F(hkl)$ は温度因子 B を用いて,次式で表される.

$$F(hkl) = F_0(hkl)\exp[-B(\sin^2\theta/\lambda^2)] \qquad (4\cdot 6)$$

4・1・5 X線源と検出器

a. X 線 源 X線を発生する仕組みには大きく分けて,実験室で使われる回転対陰極管と,大型施設で利用可能なシンクロトロン放射光の二つがある.

回転対陰極管においては,高い電圧によって加速された電子が対陰極(陽極)の金属(ターゲット)に衝突したときに発生するX線を利用する.対陰極の金属には銅板が用いられることが多く,1.5418 Å のX線が放出される.また,実験室系で,1.0 Å 以下の短波長X線を発生させるときは,銅板の代わりにモリブデン板を用いる.

シンクロトロン放射光施設では,電子あるいは陽電子を円形加速器(蓄積リング)に入射し,光速度に近い速度で周回させることにより,軌跡の接線方向にX線が放出される.これを**シンクロトロン放射光**(synchrotron radiation)という.このX線の特徴は,白色多波長のX線であり,対陰極管のX線より強度が3~4桁強く,偏光していることである.このような強いX線が得られるようになり,これまで回折X線が検出できなかった微小結晶でもデータ収集が可能となり,重原子同形置換法に代わる新しい位相決定法が適用できるようになった.

b. 回折の検出 最近の二次元検出器を用いる測定においては,単純に結晶を回転させて**振動写真**を撮る.この際に重要なことは,カメラ距離,振り角,X線の波長や照射時間の設定である.シンクロトロン放射光で **CCD**(charge coupled detector)を検出器として用いた場合,1枚の振動写真を撮るのに要する時間はせいぜい 20 秒程度なので,振り角 1°で 1 枚ずつ,合計 180°分のデータを取ってしまうことが多い(撮影時間は通常 1 時間程度).

実験室系においてもシンクロトロンにおいても,最近普及している検出器は**イメージングプレート**と **CCD** である.イメージングプレートは高感度であり,ダイナミックレンジも広く,読み取りにかかる時間も数分であるため,第2世代,第3

世代のシンクロトロンを長い間支えてきた．しかし，最近はさらにノイズが低く，より優れた位置分解能をもち，読み取り時間も数秒しかかからないCCDに取って代わられつつある．図4・5にCCDによって測定した回折データの一例を示す．

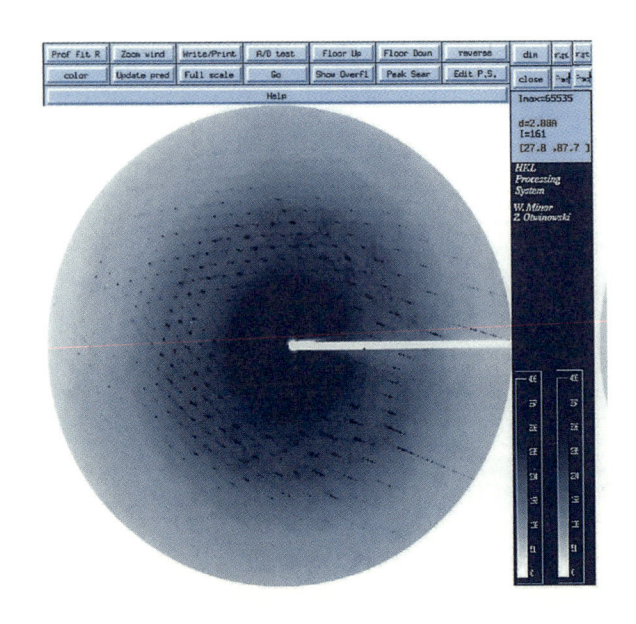

図4・5 CCDによって観測した回折データ

4・1・6 回折強度データの処理

振動写真として記録された回折強度データから回折強度$I(hkl)$さらには構造因子$F(hkl)$を求めるためには，プログラムDENZOおよびSCALEPACKを用いることが多い．

まず，結晶の結晶系，格子定数，方位を決定する．つぎに，測定したそれぞれのデータについて回折点の指数付け，積分強度測定を行い，180枚の$I(hkl)$データを1枚のファイルにまとめる．この結果，R_{sym}（空間群ごとの対称性により同じ強度をもつと考えられる回折点同士の強度のずれの平均値）が0.1以下程度で十分に低く，またデータの完全性（completeness）が100％近くであれば，仮定した空間群は正しいと考えられる．

得られた$I(hkl)$ファイルから構造因子ファイル$F(hkl)$が算出され，これが後の

結晶構造解析の基本データとなる．

4・1・7 位相問題

位相決定は，従来は重原子同形置換法＊によるのが一般的であったが，最近では**多波長異常分散法**（Multiple wave length Anomalous Dispersion method：MAD）で行うことが主流である．MADでは，重原子置換体結晶のnative結晶に対する同形性は必要ない．一方，多くの立体構造情報が蓄積されていることから，分子置換法による位相決定もますます有効となっている．

a. 多波長異常分散法　ある原子によるX線の吸収を波長の関数としてプロットすると，曲線が鋭く変化する波長がある．このような波長は**吸収端**とよばれ，吸収端付近の波長のX線が照射される場合，波長と原子に固有な位相差が起こる．これを**異常分散**とよび，重い原子ほどその効果は強くなる．異常分散効果を用いると，一つの重原子置換体でも位相を解くことが，原理上は可能である．これをSingle Isomorphous Replacement augmented with Anomalous Scattering (SIRAS)とよぶ．放射光では複数の波長のX線を用いて回折実験を行うことができるために，多波長で異常分散の解析を行うことができる．多波長異常分散法は，原理的には波長の数と同じ数の重原子置換体を用いた多重同形置換法と同じである．なお，重原子位置の決定にはつぎのようなパターソン（Patterson）関数が用いられる．

$$\rho(uvw) = \frac{1}{V}\sum\sum\sum |F(hkl)|^2 \cos 2\pi(hu + kv + lw) \quad (4\cdot7)$$

パターソン関数は，2点の電子密度の積を積分したものであり，重原子同士を結ぶベクトルの末端にピークをもつ．これを用いて，重原子の位置を決定することができるのである．$|F(hkl)|^2$は回折強度から求まるので，パターソン関数は位相が決定されていなくても計算できる．さらに重原子位置の数が多い場合は，直接法による重原子位置の決定が有効である．

b. 重原子置換体の調製　メチオニン（Met）の代わりにセレノメチオニン（SeMet）を加えた最少培地で大腸菌を培養し，すべてのMet残基がSeMetに置換されたタンパク質を調製することは容易である．最近はSeのMADを用いて，分子

＊ 結晶構造を変化させることなく，重原子を特異的に結合させた置換体をつくり，その回折強度ともとの結晶（native結晶）の回折強度と比較することにより，各回折点の位相を決定することができる．ただし一つの置換体だけでは正しい位相が得られないので，複数の重原子同形置換体を用いる必要がある．

量数十万のタンパク質の結晶構造解析も可能になっている．また，DNAとの複合体であれば，チミン（T）を5-ブロモウラシルに置換することで占有率100％の重原子置換体を得ることができ，BrのMADを用いて位相決定をすることができる．

c. 分子置換法　今構造解析をしているタンパク質分子とアミノ酸配列の相同性が30％以上の高い相同性を有する分子の構造が既知である場合，分子置換法による位相決定が有効である．分子置換法では，相同分子の既知構造を，目的分子の初期構造として借用し，のちに精密化する．具体的には，目的分子の回折データから，"分子領域内"のパターソン関数（self Patterson）と"分子領域外"のパターソン関数（cross Patterson）を計算する．このself Pattersonを任意に回転して，既知構造から計算したパターソン関数との重なりが最も大きくなる回転角（回転関数）を見つける．さらに，そのうえで，cross Pattersonが最大になる並進関数を見つける．この2種類の変換を施した既知構造を目的分子の回折データに対して精密化していく．実際には，CCP4プログラムパッケージに含まれる，AMOREやMOLREPなどのプログラムが有効である．

4・1・8　位相の改良とモデル構築

a. 位相の改良　多波長異常分散法あるいは分子置換法によって決定された位相を用いて導出した電子密度は，ポリペプチド鎖をあてはめる作業（chain trace）に十分な質をもっていないことが多い．したがって，**溶媒領域平滑化**（solvent flattening），**分子平均化**（molecular averaging），**ヒストグラムマッチング**（histogram matching）などによって，位相の改良を行う必要がある．

位相の改良は，CCP4パッケージ中のプログラムであるDMやSOLOMON，あるいはプログラムRESOLVEで行うことができる．これらの位相（あるいは電子密度）の改良によって，近年構造解析が飛躍的に進んだといっても過言ではない．

b. モデルの構築　chain traceが可能な質のよい電子密度が得られたら，プログラムOなどを用いて原子モデルの構築を行う．なるべくαヘリックスやβシート構造が多くなるようにしながら，各アミノ酸の電子密度分布の特徴を頼りに，モデル構築を行う．この際，Seの位置や芳香族アミノ酸などがよい目印になる．

c. モデルの精密化　モデルが構築されたら，プログラムX-PLORやCNSを用いてモデルの改良を行う．モデルの精密化では，**エネルギー精密化**と**分子動力学法**がある．エネルギー精密化では，結合距離，結合角，結合のまわりのねじれ角，二面角のエネルギーを最小二乗法により最小化する．分子動力学法ではNewtonの

運動方程式に従って粒子系の動的挙動をシミュレートする．これを応用したsimulated annealing法では，エネルギー障壁を乗り越えるのに必要な高い温度に上げ，つぎにエネルギーが最小に近づくようにゆっくり冷やしていくことで，エネルギー最小点に達することができる．

エネルギーを最小化すると同時に，**R因子**

$$R = \frac{\sum_{hkl}||F_{\text{obs}}|-|F_{\text{calc}}||}{\sum_{hkl}|F_{\text{obs}}|} \times 100\ \% \tag{4・8}$$

も最小にするように精密化は進められる．ここで，F_{obs}は観測された構造因子，F_{calc}はモデルから計算した構造因子を示す．近年では，式(4・8)の分子のF_{obs}は全体の5～10％の反射のみを用い，分母のF_{obs}はそれを除いた反射を用いて計算する，free R因子が精密化の基準として用いられる．すなわち，分解能とデータの質にも大きく依存するが，2.5 Åの分解能の場合，R因子とfree R因子の差が5％程度（大きくても8％程度）であり，R因子が25％を切る程度であれば精密化を終了とすることができる．

モデルの精密化がうまくいっているかどうかは，ラマチャンドラン（Ramachandran）プロットを計算することで最もよく評価できる．CCP4パッケージ中のPROCHECKというプログラムを用いると，ラマチャンドランプロットをはじめ，さまざまな理想構造からのずれを評価してくれる．

4・2 核磁気共鳴（NMR）
4・2・1 NMRの原理とタンパク質立体構造の決定

^{1}Hや^{13}Cあるいは^{15}Nなどの原子核は，スピン量子数が$\frac{1}{2}$であり，NMR現象を観測することができる．すなわち，静磁場におかれたこれらの原子核はスピンに関して二つのエネルギー状態をとり，その状態間のエネルギー差に相当する電磁波の共鳴吸収が起こる．原子核の周りに存在する電子によって原子核が受ける磁場が少しだけ弱められる（しゃへいされる）ため，電子密度によって状態間のエネルギー差が異なる．すなわち分子中のそれぞれの原子核の化学的環境のわずかな違いを反映して，共鳴周波数が変わる．このことが，時には数千個もある^{1}H核のNMRシグナルをそれぞれ独立に観測することを可能にしている．この周波数の変化は**化学シフト**とよばれ，与えた静磁場強度との相対比を用いてppm単位（1 ppm = 10^{-6}）で示される．

原子核のスピン状態の違いは，逆に周辺の電子のエネルギーに影響を与え，間接

的に近接する原子核の化学シフトを変化させることがある．この現象を**スピン結合**とよぶ．その大きさを表す**スピン結合定数**は，記号 J で表され，Hz 単位で示される．スピン結合は，主として三つ以内の共有結合によって結びつけられた原子核間において観測されるため，化学構造の解析のために有用な情報を与える．また，その大きさがコンホメーションに依存するため，立体構造の解析にも利用できる（図 4・6 a）．

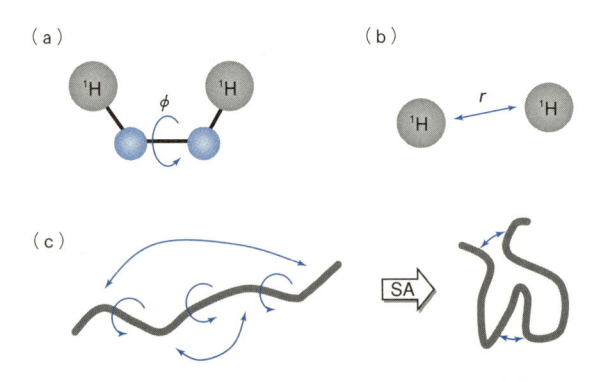

図 4・6　**NMRによって得られる構造情報**．（a）スピン結合定数 J から共有結合の回りのねじれ角 ϕ を推定することができる．（b）観測された核オーバーハウザー効果の強度からプロトン間距離 r（5 Å 以下）が計算できる．（c）立体構造決定の模式図．構造計算は，伸びた構造から始めることが多い．もし，二つの距離情報と三つの角度情報があったとき，これらを満足する折りたたみを simulated annealing（SA）法によって計算すると，たとえば右側のような構造になる．

一方，**核オーバーハウザー効果**（nuclear Overhauser effect, NOE）は，距離の 6 乗分の 1 に比例した強度で観測される現象で，後述の NOESY においてクロスピークとして観測される．これが観測された場合，一組のプロトン間距離は 5 Å 以下であることがわかる（図 4・6 b）．NOE は，空間的距離にのみ依存し，共有結合しているかどうかとは無関係である．

図 4・7 に NMR によるタンパク質の立体構造解析の流れを示した．このなかで方法論的に重要なステップは，シグナルの帰属と立体構造計算である．

タンパク質の NMR シグナルの帰属の基本的戦略は，K. Wüthrich らによって開発された**連鎖帰属**である．これは，タンパク質が化学的には複数種のユニットからなる直鎖状高分子であることを利用し，その化学構造に沿って NMR シグナルの連鎖を解析し，シグナルの帰属を行うものである．

次のステップでは，NMRスペクトルからプロトン間の距離や，化学結合の回りのねじれ角などの情報を抽出する．最後に，得られた距離およびねじれ角の情報

```
        ┌─────────────────────┐
        │ 安定同位体標識試料の調製 │
        └─────────┬───────────┘
                  ↓
        ┌─────────────────────┐
        │  NMRスペクトルの測定  │
        └─────────┬───────────┘     ┌──────────┐
                  ↓  ←──────────── │ 一次構造情報 │
        ┌─────────────────────┐     └──────────┘
        │ NMRシグナルの連鎖帰属 │
        └─────────┬───────────┘     ┌──────────┐
                  ↓  ────────────→ │ 二次構造情報 │
        ┌─────────────────────┐     └──────────┘
        │  距離と角度の情報の抽出 │
        └─────────┬───────────┘
                  ↓
        ┌─────────────────────┐
        │     立体構造計算     │
        └─────────────────────┘
```

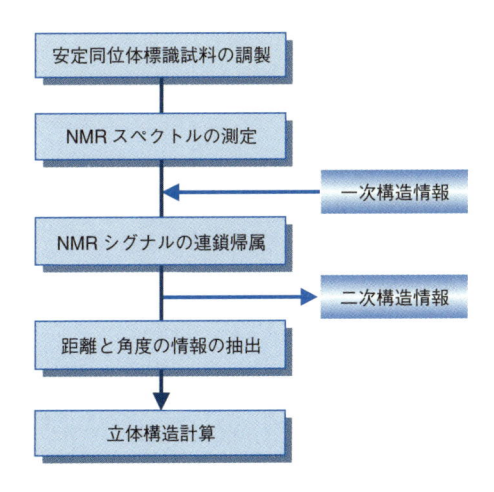

図 4・7　**NMRによるタンパク質の立体構造解析の流れ**

に基づいて，立体構造を構築する（図4・6c）．この作業は多くの場合，X線結晶構造解析におけるモデルの精密化と基本的に同様な，simulated annealingの手法によって行われる．

　タンパク質のNMRスペクトルを帰属するためには，^{13}Cや^{15}Nなどの安定同位体によって標識することが必須である．これは，天然に多く存在する^{12}Cと^{14}NがNMRシグナルの測定に向かないためである．これらの安定同位体を導入することによって，新しい周波数軸が加わることになり，分解能や感度を向上させることができる．図4・8は，約150残基からなるタンパク質の^{15}N-^{1}Hシフト相関（^{15}N-^{1}H SQC）スペクトルである．^{15}Nの化学シフト（縦方向）を利用することによって，^{1}Hの化学シフト（横方向）では重なっているシグナルが平面上に展開されていることがわかる．

4・2・2　NMR測定用の試料調製

　安定同位体標識を行ったタンパク質試料を調製するためには，大腸菌による大量発現系を利用する方法が最も簡便であり，広く用いられている．方法は単純であり，

培地に¹⁵N標識された塩化アンモニウムや¹³C標識されたグルコースを加えることによって標識を行う．最近では，無細胞タンパク質生合成系を利用して標識タンパク質を調製することも可能になった．実際に，高効率の無細胞合成キットが市販されており，また種々の標識アミノ酸も入手可能である．

十分な感度でスペクトルの測定を行うためには，試料濃度 1 mM の溶液が 0.3 ml 程度必要である．緩衝液のpHや塩濃度などを調整しても十分な溶解度が得られない場合には，アミノ酸置換などによって溶解度を向上させることを検討する必要がある．また，ひと通りのデータを測定するには，2〜3週間の測定を行うことが必要であり，タンパク質の安定性も重要である．

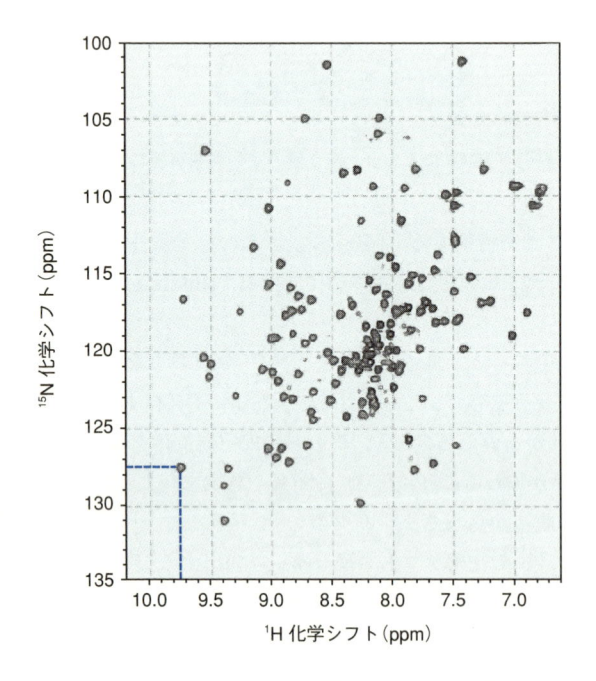

図 4・8　**タンパク質の ¹⁵N-¹H シフト相関スペクトル．** 横軸がプロトンの化学シフト，縦軸が¹⁵Nの化学シフトとなっている．たとえば，あるアミノ酸残基の主鎖のNH基において，その窒素（¹⁵N）の化学シフトが 127.5 ppm，プロトン（¹H）の化学シフトが 9.75 ppm である場合，それに対応して図中の青い破線で示した位置にシグナルが観測される．

4・2・3 NMRスペクトルの測定と解析

NMRスペクトルの測定には，二つのサブステップがあり，一つは試料の確認，そしてもう一つは構造解析用データの収集である．タンパク質の立体構造解析のためには，^{1}H核の周波数として600 MHz以上の装置を用いることが多い．用いる超伝導磁石の磁場強度が高いほど共鳴周波数が高く，分解能，感度ともに良好である．

表4・3 タンパク質の立体構造解析に用いられる基本的な二次元NMR測定法

名 称	特 徴
(a) スピン結合を利用してシグナルを関連づける手法	
COSY（コージー） correlation spectroscopy DQF-COSY double quantum filtered COSY	最も基本的な二次元NMR測定法である．二次元スペクトルにおいて対角線上のシグナル（対角ピーク）の線形がよいことから，DQF-COSYが使われることが多い．一つのスピン結合のみを利用するため，たとえばアミドプロトン（H_N）からは残基内のC_αに結合したプロトン（H_α）のみが関連づけられる
HOHAHA（ホハハ） homonuclear Hartmann-Hahn spectroscopy TOCSY（トクシー） total correlation spectroscopy	COSYタイプの方法と異なり，複数のスピン結合を介した関連づけが可能．すなわち，H_NからH_αだけでなくH_βやH_γなどを直接関連づけることができる
(b) NOEを利用してシグナルを関連づける手法	
NOESY（ノエジー） nuclear Overhauser effect spectroscopy	残基内，残基間を問わず，空間的に近いプロトン対（およそ5Å以内）を見つけることができる．NOEの強度は，距離の6乗分の1に比例するため，距離を計算することも可能である
(c) プロトンシグナルを^{13}Cや^{15}Nの化学シフトを利用して展開する方法	
SQC single quantum coherence spectroscopy	^{13}Cや^{15}Nを利用する基本的な測定法．たとえば主鎖のアミド基については，^{15}N-^{1}H SQCによってきわめてよく分離したスペクトルを得ることができる．この測定では，直接の共有結合（たとえば ^{15}N-^{1}H）を介した大きなスピン結合を利用して磁化の移動を行うことによって，シフト相関スペクトルを得る
TROSY（トロジー） transverse relaxation-optimized spectroscopy	SQCによるシグナルは，タンパク質の分子量が大きくなったり，用いる静磁場が強くなったりするにつれて，線幅が広くなり感度が低下する．TROSYでは，このようなことが起こらず，800 MHzを超えるような超高磁場の装置においても高分子量のタンパク質の良好なスペクトルを得ることが可能である．TROSYは，SQCと基本的には同じメカニズムで磁化の移動を行うが，磁化の緩和が遅い成分を選択的に利用することによって，鋭いシグナルが得られるように改良されている

これらの二次元測定法を組合わせて三次元スペクトルを測定することも多い．

実際の測定には**パルスフーリエ変換法**とよばれる手法が用いられる．これは，共鳴吸収そのものを測定するのではなく，短く強いパルス状の電磁波によって核スピンの状態を制御することによって検出コイルに誘導電流を発生させ，これを記録して得られる自由減衰誘導（free induction decay, FID）とよばれるデータをフーリエ変換（Fourier transform, FT）することによってスペクトルを得る方法である．このとき，与えるパルスをさまざまに工夫することによって表4・3に示したような種々の測定を行うことができる．

前述のように，タンパク質のNMRスペクトルの解析は，基本的にはWüthrichらの開発した連鎖帰属法によって行う．この方法は，タンパク質の主鎖に沿ってNMRシグナルを関連づけることによって，一つ一つのシグナルを分子中の原子に対応づける（帰属する）操作であり，二つのステップからなる．まず，スピン結合Jを利用して化学結合的に近い関係にあるプロトン対を探し出す手法であるCOSY（実際には，DQF-COSYが用いられる）あるいはTOCSY（あるいはHOHAHA）スペクトルを測定し，解析することによって，それぞれのシグナルについてアミノ酸残基の種類を推定する．図4・9(a)には，ポリペプチド鎖の構造が示してある．この図において括弧で囲んである部分，すなわち各アミノ酸残基に由来するシグナルを見つけだす作業がこのステップに相当する．この例においては，それぞれアルギニン（R），グリシン（G）およびチロシン（Y）であることが解析によってわかるはずである．ただし，この段階ではその順序はわからない．

つぎに，NOEによって空間的に（つまり距離が）近い関係にあるプロトン対を探し出す手法であるNOESYによって，隣り合うアミノ酸残基を探し出す．図4・9(a)においては，括弧で囲まれたアミノ酸残基同士を結びつける作業がこのステップに相当する．これらの情報を合わせると，あるシグナルがどのようなアミノ酸配列に含まれているかがわかる．図4・9(b)に，実際にNOESYシグナルを関連づけている例を示してある．この例の場合は，N末端側からRGYAKVLLGというアミノ酸配列である．これと実際の一次構造を比較することによって，シグナルの帰属を確定させることができるのである．

この連鎖帰属の出発点としては，他に比べてシグナルの分散が良好な主鎖のアミドプロトン（H_N）が用いられる．このアミドプロトンは，アミド窒素の化学シフトで展開した二次元スペクトルとして観測されることになる．図4・8がその一例である．このスペクトルには，プロリンを除くアミノ酸残基の主鎖のNHおよび側鎖のNH_2に由来するプロトンおよび^{15}Nのシグナルが観測される．したがって，こ

こに残基数と同程度の数のシグナルが観測されているはずであり，また，連鎖帰属が終了した段階では，ほぼすべてのシグナルに残基番号が割当てられることになる．この ^{15}N-^1H シフト相関スペクトルが良好であるかどうかは，その後の解析が進められるかどうかの判断基準となる．

連鎖帰属を終了した段階で，二次構造についての情報を得ることができる．これは，主鎖のコンホメーションの違いによって，隣り合う残基のプロトン間の距離関係が変わるため，NOE の強度が変化することを利用している．したがって，NOE

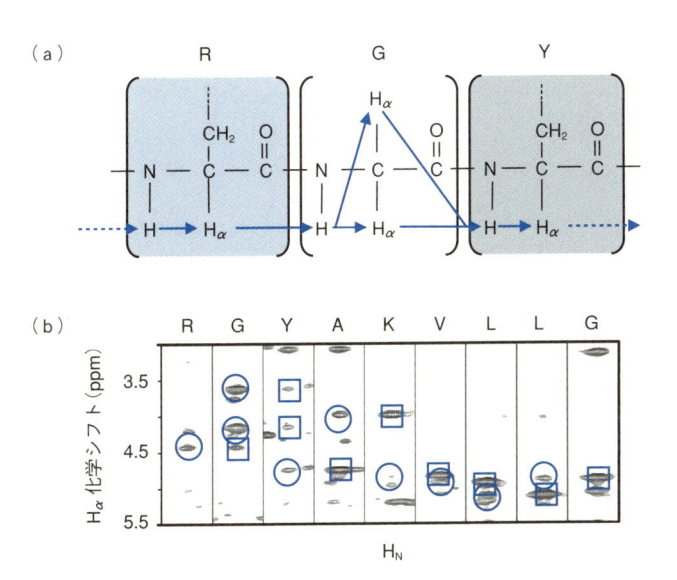

図 4・9 **タンパク質における連鎖帰属**．(a) ポリペプチド鎖の模式図．(b) NOESY スペクトルの解析例．スペクトルの横方向はそれぞれのアミドプロトン（H_N）の化学シフトの位置で抜き出して並べてある．縦方向は C_α に結合したプロトン（H_α）が観測される領域が示してある．左端のパネル中の〇で示したクロスピークは，残基内の H_N と H_α の NOE シグナルを示している．このシグナルは，(a) の R 残基の括弧内の H_N と H_α の間の矢印に相当する（二次元 NMR スペクトル上のシグナルは，二つのプロトンの関係を示すものである）．つぎに，その右隣のパネルを見ると，最初のパネルの H_α と同じ化学シフト（縦方向の位置）に□で示したシグナルが観測されている．これは，先ほどの R 残基の H_α と次の G 残基の H_N との関係を示している．この G 残基のパネルには，〇で示したシグナルが二つあり，これらは (a) の G 残基の括弧内の H_N と H_α の関係を示している（G 残基の場合には H_α が二つあるため，シグナルも二つ観測されている）．このような作業を繰返すことによって，アミノ酸配列に従って NMR シグナルを帰属することができる．この図では，わかりやすいように配列順に並べてあるが，実際の解析では，対応するシグナルを探し，このような順番を決めていくことになる．

の強度を検討することで，αヘリックスやβシート構造あるいはβターン構造であるかどうかを推定できる．αヘリックス構造の場合には，配列上3残基先のアミノ酸残基が空間的には近くに位置するため，n番目と$n+3$番目の残基間にNOEが観測される．また，βシート構造の場合には，一次構造上は離れたペプチド鎖の間でNOEが観測される．

4・2・4 立体構造の計算

連鎖帰属が終了したら，つぎはNOESYスペクトルを側鎖のプロトンを含めて解析する．できるだけ多くのシグナルを解析することによって，多くの空間的に近いプロトン対（図4・6b）を探し出す．一方，DQF-COSYスペクトルを解析し，スピン結合定数Jを決定することなどによって，結合のまわりのねじれ角を推定する（図4・6a）．NMRによる立体構造決定は，これらのすべての情報を満足する原子配置をsimulated annealingで算出することによって行う（図4・6c）．計算プログラムとしては，X-PLORが最もよく用いられており，タンパク質の立体構造計算のためのプロトコルはほぼ確立されている．通常は，同じ条件での計算を100回程度繰返し，NMR法で得られたすべての条件を満足し，また化学的にも問題のない構造を選び出す．選ばれた構造が互いによく似ていれば，計算が収束したと判断し，その構造を決定された構造とする．

4・2・5 より大きな分子を解析する手法

TROSYは，NMRによるタンパク質の立体構造解析の可能性を大きく広げた画期的なものである．Wüthrichらは，TROSY法によって分子量9万のタンパク質複合体においても良好なNMRスペクトルを観測することに成功している．

最近開発されたもう一つの重要な手法は，**残余双極子相互作用**（residual dipolar coupling, RDC）を用いる手法である．NMR法の弱点の一つは，得られる情報が図4・6(a)，(b)に示したような局所的なものに限られることであった．RDC法では，分子全体に対する部分構造の相対角度という新しいタイプの情報を得ることができるため，全体構造の精密化にきわめて重要である．

4・2・6 分子間相互作用の解析手法

NMRは，局所的な変化に敏感に反応するため，相互作用の解析に有利である．相互作用する相手の分子の存在下および非存在下において^{15}N-^{1}Hシフト相関スペ

クトルを測定し，それらを比較することによって迅速に相互作用の有無を調べることができる．さらに，主鎖のシグナルの帰属が終了していれば，どの残基が相互作用に関与しているかについての情報を得ることができる．

相互作用部位の立体構造を解析するためには，分子間の NOE を観測することがポイントとなる．このためには half‐filter 法や TRNOE（transferred NOE）法が有用である．

4・3 結 び

より強力なシンクロトロン放射光の普及，より迅速なコンピューターの開発，より効率的な位相計算や電子密度改良のためのプログラム，分子生物学的手法の開発により，ほとんどすべての生体高分子は X 線結晶構造解析の対象になり，数箇月の単位で結晶化からモデルの精密化まで終了する時代になった．一方，NMR 法の技術革新もまた，めざましいものがある．このような時代において，何を研究の対象とするか，構造を解くことでどのような生命現象を解明することが期待されるか，を深慮することが重要になってきている．そのようなアプローチも，一方で着実に進められている構造ゲノム科学（ゲノムにコードされているタンパク質を機能はともかく片端から構造解析する）と，いつかは統合される日が来るのかもしれない．

参 考 図 書

1) 森田雄平，三井幸雄，"タンパク質の化学 III（生化学実験講座 1）"，日本生化学会編，p.7，東京化学同人 (1976)．
2) J. Drenth 著，竹中章郎，勝部幸輝，笹田義夫訳，"タンパク質の X 線結晶解析法"，シュプリンガー・フェアラーク東京 (1998)．
3) K. Wüthrich 著，京極好正，小林祐次訳，"タンパク質と核酸の NMR —二次元 NMR による構造解析"，東京化学同人 (1991)．
4) 白川昌宏，嶋田一夫，"構造生物学とその解析法（シリーズ・ニューバイオフィジックス 3）"，京極好正，月原冨武編，p.100，共立出版 (1997)．
5) 西村義文，"タンパク質 I．検出・構造解析法（基礎生化学実験法 3）"，日本生化学会編，p.203，東京化学同人 (2001)．
6) 阿久津秀雄，嶋田一夫，鈴木榮一郎，西村善文編，"NMR 分光法 —原理から応用まで（日本分光学会測定法シリーズ 41）"，学会出版センター (2003)．

5

タンパク質の機能と酵素反応

　タンパク質のもつさまざまな機能は，分子レベルで見ると二つの微視的な"機能"によって実現されている．一つはタンパク質が他の物質分子と結合することである．しかも多くの場合，特定のタンパク質が結合する分子は決まっていて，他の分子は結合できない．このことを**特異的に結合する**という．もう一つはその結合によって，タンパク質分子の立体構造が変化することである．このことを**タンパク質のコンホメーション変化**という．これによって，タンパク質は効率よく化学反応を触媒したり，情報を伝達したり，運動を起こしたりできるのである．このような特定の分子との結合と，それに伴うコンホメーション変化は，酵素の場合に最も典型的に見ることができる．本章では，酵素タンパク質と他の分子との結合と，コンホメーション変化について述べる．

5・1 酵素の活性

　化学反応を触媒するタンパク質を**酵素**という．このため酵素は生体触媒ともよばれる．酵素の触媒としての作用を**活性**（activity）という．触媒は反応速度（p.97，➡ 解説 5・1 参照）を速める物質であるから，活性は反応速度を測定することによって求められる．活性の SI 単位は**カタール**（katal）で 1 秒間に 1 mol の物質を変化させる活性量を 1 kat と表すが，大きすぎるため µkat や nkat が用いられている．しかし，従来の国際単位（1 分間に 1 µmol の物質を変化させる活性量．U または I. U. という．1 I. U. は 16.67 µkat に相当する）もいまだに用いられている．活性は酵素量に比例するため，活性で酵素量を表すことができる．しかし，活性は

以下に述べるように種々の要因で変化するため、一定の温度, pH, 十分な濃度の基質の存在下など特定の条件下で測定した活性値を用いる．このようにして測定した活性を実際のタンパク質量で割ったものを**比活性**（specific activity）という．比活性は酵素標品に不純物が含まれていれば低く，純品であれば高い一定の値をとる．このため酵素標品の純度の目安となる．

5・2 酵素の特異性

酵素は化学反応なら何でも触媒するというわけではない．一つの酵素が触媒する反応は一つに決まっている．このことを**反応特異性**という．たとえば我々の膵臓からはトリプシンという酵素が分泌される．トリプシンはタンパク質を加水分解するが，酸化やリン酸化などは行わない．また同じ膵臓からはリボヌクレアーゼという酵素も分泌されるが，リボヌクレアーゼはRNAだけを加水分解する．トリプシンがRNAに出合っても何もしないし，リボヌクレアーゼはタンパク質に出合っても何もしない．このように反応物が決まっていることは酵素の大きな特徴で**基質特異性**という．基質とは酵素反応における反応物のことで，基質特異性とは酵素が反応する物質が決まっていることをいう．

5・3 酵素の分類と名称

酵素は反応特異性に基づき表5・1に示す6群に分類される．各群の酵素は基質特異性や反応特異性などに基づきさらに細かく分類され，各酵素には**EC**（Enzyme Code）**番号**とよばれる4個の数字からなる番号が付けられている．たとえば，アルコールデヒドロゲナーゼのEC番号はEC 1.1.1.1で，4個の数字はそれぞれ，属す

表5・1 酵素の分類と名称

EC番号	酵素名	触媒する反応
1	オキシドレダクターゼ（酸化還元酵素）	酸化還元反応
2	トランスフェラーゼ（転移酵素）	基（原子団）の転移反応
3	ヒドロラーゼ（加水分解酵素）	加水分解反応
4	リアーゼ（除去付加酵素）	ある基を除いて二重結合を残す反応（脱離反応）とその逆反応（付加反応）
5	イソメラーゼ（異性化酵素）	異性化反応
6	リガーゼ（合成酵素）	ATPやGTPの加水分解に伴い二つの分子を結合させる反応

る群の数字，サブクラス，サブサブクラス，サブサブクラス中の通し番号である．
　酵素には推奨名（慣用名）と系統名がある．**推奨名**は国際生化学分子生物学連合により推奨された名前である．**系統名**では基質名（基質が2種類以上ある場合は間を：で結ぶ）と酵素反応名を書き，語尾を-aseで結ぶ．たとえば，アルコールデヒドロゲナーゼは推奨名で，その系統名は alcohol: NAD$^+$ oxidoreductase であり，アルコールと NAD$^+$ を基質として酸化還元反応を行う酵素であることがわかる．系統名は基質特異性と反応特異性を明確に示す点で優れているが，煩瑣なのでより簡単な推奨名が使われることが多い．
　加水分解酵素では，基質名の語尾を-aseに変えて推奨名として用いるのが一般的である．たとえば，上で述べたRNAを加水分解するリボヌクレアーゼはその一例である．タンパク質（protein）を加水分解する酵素の総称名はプロテアーゼ（protease）であるが，プロテアーゼではトリプシン（trypsin），パパイン（papain）のように-inを付けた推奨名が使われることもある．

5・4 酵素の活性部位

　酵素分子に結合する基質は酵素表面の特定の場所に結合する．この酵素の表面の特定の場所を**活性部位**または**活性中心**という．活性部位は実際に化学反応を行う**触媒部位**と基質が結合する**基質結合部位**に分けて考えることができる．多くの場合，活性部位はドメインあるいはサブユニットの界面にある深い溝（クレフト）にある．

5・5 活性化エネルギー

　化学反応の進行は図5・1(a)のようなエネルギー図で説明される．図の横軸は反応の進行の程度を表していて，これを**反応座標**とよぶ．たとえば図5・1(b)のように分子A-Bの結合が切れ，分子B-Cが生じるような場合を考える．原子A-B間の距離は反応前には決まった結合距離をとっているが，反応の進行に従って増大し，B-C間の距離は近づいてくる．その中間の状態，すなわち，一対の電子が原子A，Bに共有されている状態から原子B，Cに共有されている状態に変化する臨界的な状態を想定することができ，その状態を**遷移状態**という．このような状態はふつう，反応系，生成系のどちらよりも起こりにくく，エネルギー的には高い状態にある．反応が進行するためにはこのエネルギー的な障壁を乗り越える必要がある．反応の起こりやすさ，すなわち**反応速度**は単位時間当たりのこの障壁を乗り越えてゆく分

子の数に比例するので，エネルギー的な障壁が低ければ反応速度は速くなる（§5・10・1参照）．この障壁の高さを**活性化エネルギー**といい（図5・1 a），E_a で表す．酵素の高い触媒能は活性化エネルギーを低下させることによって発揮されてい

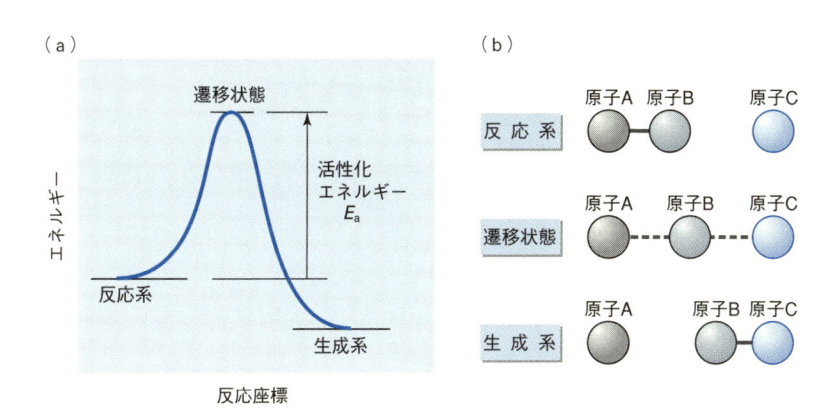

図 5・1　**反応座標と活性化エネルギー**．(a)反応の進行度は反応座標で表され，反応の際に反応系，生成系のどちらよりもエネルギーの高い状態（遷移状態）を経る．それに要するエネルギーを活性化エネルギーという．(b)遷移状態は反応の起こる臨界的な状態である．

る．酵素が活性化エネルギーを低下させている方法には以下のことが考えられている．
1) 酵素は遷移状態の基質に対して結合しやすい．
2) 基質が酵素表面上の反応を受けやすい決まった場所に正確に結合する．
3) 基質の結合によって酵素にコンホメーション変化が起こり，反応を起こしやすい形に変化する（酵素誘導適合説）．

5・6　酵素反応速度論

　酵素反応速度は種々の要因によって影響されるが，最も重要なのは基質の濃度による変化である．アンリ（Henri, 1903）は酵母インベルターゼによるスクロースの分解反応を測定して，酸触媒との重要な違いに気づいた．図5・2に示すように酸触媒では基質濃度に比例して反応速度が増加し，一次反応（p.97，➡ 解説5・1参照）に従う．ところが，酵素反応では基質濃度の低いときは基質濃度が高くなるに従って酵素反応速度は速くなるが，基質濃度をいくら高くしてもある程度以上は反

応速度が上がらなくなる．この現象を**飽和**とよび，**最大反応速度**をV_{max}あるいはV_mと表す．また，この曲線を**基質飽和曲線**とよぶ．酵素反応は図5・2に破線で示

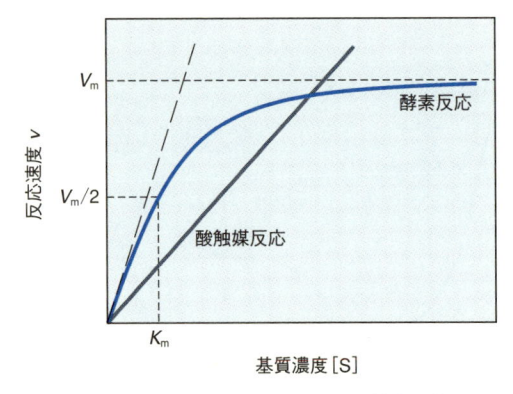

図5・2　酵素反応と酸触媒反応

したように，基質濃度の低いところでは一次反応に，基質濃度の高いところでは0次反応に似ている．つまり単純な一次反応，0次反応のようにはならない．

基質飽和曲線は

$$v = \frac{V_m[S]}{K_m + [S]} \quad (5\cdot 1)$$

の実験式で表される．ここで[S]は基質濃度を表す．K_mは$v = V_m/2$を代入してみるとわかるように，$v = V_m/2$となるときの基質濃度に相当し，**ミカエリス定数**とよばれている．

5・6・1　ミカエリス・メンテンの式

上の(5・1)式は**ミカエリス・メンテンの式**とよばれている．ミカエリスとメンテン(Michaelis & Menten, 1913)は，酵素と基質とが結合した**酵素基質複合体**を考えると，この式が導き出されることを示した．すなわち，

　[仮定1]　酵素Eは決まった数（仮に一つ）の基質Sと酵素基質複合体ESを形成する．

　[仮定2]　酵素基質複合体ESは壊れて生成物Pを生成し，何も結合していな

い酵素Eを再生する．
　すなわち E + S ⇌ ES ⟶ E + P の2段階で反応が進行すると考えた．
　[仮定3]　　後半の反応は十分に遅いので，前半では**平衡**が成り立つ．平衡と平衡定数についてはp.98（➡解説5・2）を参照のこと．
　前段の E + S ⇌ ES の平衡定数（解離定数）を K_S とすると，

$$K_S = \frac{[E][S]}{[ES]} \qquad (5・2)$$

$$[E_0] = [E] + [ES] \qquad (5・3)$$

の関係が成り立つ．ここで，[E]，[S]，[ES] はそれぞれ酵素，基質，酵素基質複合体の濃度を表し，[E_0] は全酵素濃度を表す．この二つの式から [E] を消去し，[ES] について整理すると，[ES] = [E_0]/(1 + K_S/[S]) すなわち，[ES] = [E_0][S]/(K_S + [S]) となる．
　後段の ES ⟶ E + P の反応速度定数を k_{cat} とすると，

$$v = k_{cat}[ES] = \frac{k_{cat}[E_0][S]}{K_S + [S]} \qquad (5・4)$$

　ふつう [S] は [E_0] に比べると十分に大きいので [S] の濃度変化は無視できる．(5・4)式を (5・1)式と比べると $K_S = K_m$，$V_m = k_{cat}[E_0]$ である．
　酵素基質複合体の概念は飽和の現象を説明するために考えられたものであるが，現在ではその存在が多くの酵素で実験的に確かめられている．ミカエリスとメンテンの取扱いで重要なことは，ミカエリス定数 K_m，最大反応速度 V_m の意味がはっきりしたことである．K_m は酵素基質複合体の**解離定数**であり，酵素と基質のつきやすさ（親和性）を表し，小さいほどつきやすく，大きいとつきにくい．V_m は酵素の示す最大反応速度で，酵素濃度によって変わるが，$k_{cat} = V_m/[E_0]$ という量は一定で，単位時間当たり1分子の酵素が何分子の基質を生産物に変えるかを表し，**分子活性**とよばれる．大きければ大きいほど活性の高い酵素であるということになる．両方を考慮した k_{cat}/K_m という量は大きければ大きいほど酵素の働きがよいことを表すので，酵素の働きを表す指標としてよく用いられ，**触媒効率**とよばれる．

5・6・2　定常状態

　ブリッグスとホールデン（Briggs & Haldane, 1925）は"仮定3"はなくてもよいと考えた．その代わり定常状態というものを考えた．つまり，反応が始まってから

ある程度時間が経つと酵素基質複合体の濃度は変化しなくなると考え，この状態を**定常状態**とよんだ．つまり，

$$E + S \underset{k_{-1}}{\overset{k_1}{\rightleftharpoons}} ES \overset{k_2}{\longrightarrow} E + P$$

という反応式で表せば，前半を平衡とみなすのではなく全体が定常状態になると考えた．

すると，ESの濃度変化は

$$\frac{d[ES]}{dt} = k_1[E][S] - (k_{-1} + k_2)[ES] \qquad (5 \cdot 5)$$

と表されるが，定常状態ではESの濃度は変化しないので $= 0$ とおける．これから，$k_1[E][S] - (k_{-1} + k_2)[ES] = 0$ すなわち，$[E] = (k_{-1} + k_2)[ES]/k_1[S]$

ところが，全酵素濃度は $(5 \cdot 3)$ 式で表される．これに代入すると，

$$[E_0] = [ES]\left\{\frac{(k_{-1} + k_2)}{k_1[S]} + 1\right\} = [ES]\left\{\frac{(k_{-1} + k_2) + k_1[S]}{k_1[S]}\right\}$$

すなわち，

$$[ES] = \frac{k_1[S]}{(k_{-1} + k_2) + k_1[S]} \cdot [E_0] = \frac{[S]}{(k_{-1} + k_2)/k_1 + [S]} \cdot [E_0]$$

ところで反応速度 v は

$$v = k_2[ES] = \frac{k_2[S][E_0]}{(k_{-1} + k_2)/k_1 + [S]} \qquad (5 \cdot 6)$$

と $(5 \cdot 1)$ 式と同じ形になり，比べると，$K_m = (k_{-1} + k_2)/k_1$，$V_m = k_2[E_0]$ となることがわかる．

すなわち定常状態という仮定でも同じ形の式を導き出すことができるが，このときにはもはや K_m は $E + S \rightleftharpoons ES$ の解離定数 K_S ではない．k_2 が十分に小さければ，解離定数 K_S と等しくなるが，一般にはそれより大きくなる（$K_S = k_{-1}/k_1$ に注意）．

ミカエリスとメンテンの平衡論的な考え，あるいはブリッグスとホールデンの定常状態の考えのどちらの考えに沿っても，酵素反応の重要なパラメーターは K_m と V_m（または k_{cat}）であり，酵素反応速度論ではこれらのパラメーターが他の因子によってどのように変化するかを調べることによって，酵素の反応機構を明らかにしようとするのである．

5・6・3 ミカエリス・メンテンの式の書き換え

ミカエリス・メンテンの式（5・1）は簡単であるが非線形である．これを何とか線形の形に表す試みがなされてきた．

a. ラインウィーバー・バークプロット　（5・1）式の両辺の逆数をとると，

$$\frac{1}{v} = \frac{K_m + [S]}{V_m [S]} = \frac{K_m}{V_m [S]} + \frac{1}{V_m}$$

ここで $x = 1/[S]$, $y = 1/v$ と考えると，

$$y = \frac{K_m}{V_m} x + \frac{1}{V_m} \tag{5・7}$$

となって横軸に $1/[S]$，縦軸に $1/v$ をプロットすると，図5・3(b)のように直線になり，y 切片が $1/V_m$，傾きが K_m/V_m，x 切片が $-1/K_m$ となる．このようなプロットの仕方を**ラインウィーバー・バーク**（Lineweaver‐Burk）**プロット**（または両逆数プロット）という．基質濃度が低く，反応速度も小さい右上の方が誤差が大きくなるという欠点はあるが，わかりやすいのでよく使われる．

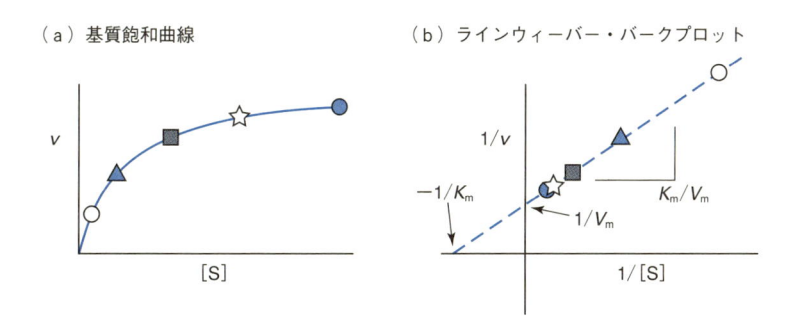

（a）基質飽和曲線

（b）ラインウィーバー・バークプロット

（c）イーディー・ホフステープロット

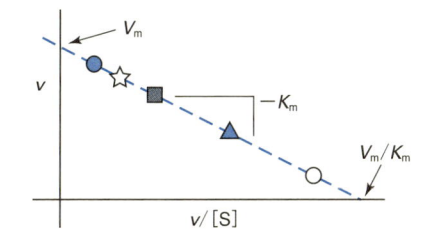

図 5・3　基質飽和曲線とそれを直線化したプロット

b. イーディー・ホフステープロット　　(5・1)式の分母を払い，さらに両辺を[S]で割って整理すると，

$$v = V_m - K_m \frac{v}{[S]} \tag{5・8}$$

となる．横軸に$v/[S]$，縦軸にvをプロットすると，図5・3(c)のように直線になり，縦軸の切片がV_m，傾きが$-K_m$となる．この**イーディー・ホフステー**（Eadie-Hofstee）**プロット**は直線からのずれや誤差に対して敏感なのでV_mやK_mを求めるのに適している．縦軸と横軸を入替えたものは**スキャッチャード**（Scatchard）**プロット**（p.99, ➡ 解説5・3）と同一である．昔はこのようなプロットによってV_m，K_mを求めていたが，今では非線形の最小二乗法を使うのが普通である．

c. 飽和度の概念　　(5・1)式の両辺をV_mで割ると$v/V_m = [S]/(K_m+[S])$，さらに右辺の分母，分子をK_mで割ると，

$$\frac{v}{V_m} = \frac{[S]/K_m}{1+[S]/K_m} \tag{5・9}$$

ここで$v/V_m = \overline{Y}$，$[S]/K_m = \alpha$とおくと，

$$\overline{Y} = \frac{\alpha}{1+\alpha} \tag{5・10}$$

と非常に簡単になってしまう．$\overline{Y}$は0から1の値をとり，結合部位に基質が結合している割合を表すので**飽和度**とよばれる．αはK_mの何倍に相当するかで表した基質の濃度である．

もう一つ，(5・9)式の右辺の分母，分子に[E]を掛けると，

$$\frac{v}{V_m} = \frac{[E][S]/K_m}{[E]+[E][S]/K_m}$$

となる．いまK_mがミカエリスとメンテンが考えたようにE+S $\rightleftharpoons$ ESの解離定数であるとすると，$K_m = [E][S]/[ES]$であるから，$[E][S]/K_m = [ES]$　すなわち，$v/V_m = [ES]/([E]+[ES])$と書き換えることができる．分母は(5・3)式から全酵素濃度，分子は生産物Pを生産しうる分子種ESの濃度だから，

$$\frac{v}{V_m} = \frac{[ES]}{[E_0]} = \frac{\text{生産物をつくりうる酵素分子種の濃度}}{\text{全酵素濃度}} \tag{5・11}$$

という式に書き表すことができる．この式はとても便利で後にまたふれる．

5・7 酵素の阻害

酵素の活性が，ある物質が結合することによって低下することを**阻害**といい，そのような物質を**阻害剤**という．多くの薬物や毒物は何らかの酵素の阻害剤である．たとえば，ペニシリンは細菌の細胞壁に必要なペプチドグリカンを合成する酵素の架橋反応を阻害する．ヒトには細胞壁がないので困らないが，細菌は生育できなくなる．猛毒な農薬であるパラチオンはシナプスで働くアセチルコリンエステラーゼを阻害する神経毒である．阻害は図5・4に示すように分類され，可逆的な阻害と不可逆的な阻害がある．ここでは可逆的な阻害のみを取りあげる．図5・4に示す種々の可逆的な阻害は速度論的に区別できる．

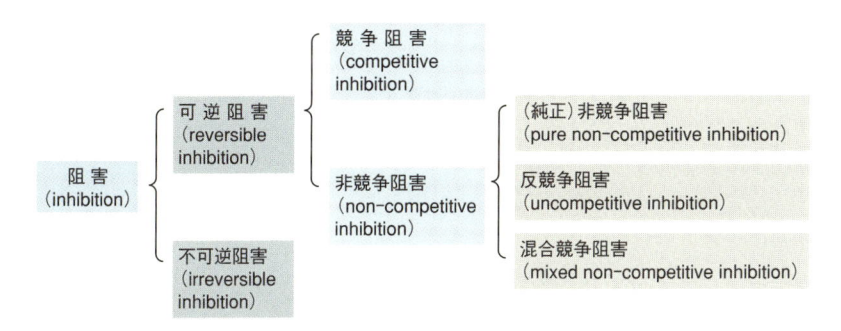

図5・4 阻害の分類とその形式

5・7・1 競争阻害

コハク酸脱水素酵素はクエン酸回路（TCAサイクル）の酵素で，基質コハク酸（HOOC-CH$_2$-CH$_2$-COOH）に構造のよく似たマロン酸（HOOC-CH$_2$-COOH）で阻害される．これは酵素の活性中心にマロン酸が結合し，基質が結合できなくなるからである．このような阻害を**競争阻害**という．基質結合部位を取合うという意味である．この場合の速度式を求めてみる．図5・5(a)に見るように基質結合部位は一つで，それを基質Sと阻害剤Iが取合うので一番右のようにSとIが同時に結合したものは存在しない．すると，図5・5(b)の反応機構になる．ここでK_iは酵素と阻害剤との解離定数で**阻害定数**とよばれる．

ミカエリスとメンテンの扱いと同様に平衡が成り立っているとすると，解離定数の定義より$K_m = [E][S]/[ES]$, $K_i = [E][I]/[EI]$. これより，

(a) 競争阻害ではE-S-I複合体は存在しない

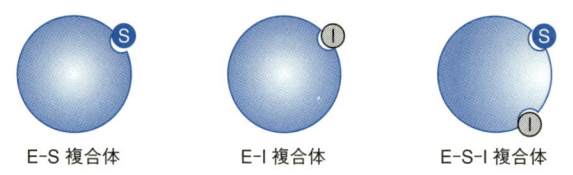

E-S複合体　　E-I複合体　　E-S-I複合体

(b) 競争阻害での反応機構

$$E + S \underset{}{\overset{K_m}{\rightleftarrows}} ES \xrightarrow{k} E + P$$

$$E + I \underset{}{\overset{K_i}{\rightleftarrows}} EI$$

図 5・5　競争阻害で存在する分子種とその機構

$$[ES] = \frac{[E][S]}{K_m}, \quad [EI] = \frac{[E][I]}{K_i} \tag{5・12}$$

存在するすべての酵素分子種は $[E_0] = [E] + [ES] + [EI]$ であり，生産物を生産しうる分子種はESであるから (5・11)式より，

$$v = \frac{V_m[S]}{K_m(1 + [I]/K_i) + [S]} \tag{5・13}$$

となる．

これを (5・1)式と比べると，阻害剤があることによって，見掛けの K_m 値が大きくなるが，V_m 値は変わらないことがわかる．

5・7・2　ディクソンプロット

(5・13)式の逆数を取り，整理すると，

$$\frac{1}{v} = \frac{K_m}{V_m[S]}\left(1 + \frac{[I]}{K_i}\right) + \frac{1}{V_m} \tag{5・14}$$

と書き直せるので，$[I]$ に対して $1/v$ をプロットすると図5・6(a)の右のグラフのように直線になる．$[S]$ を変えたときすべての直線は $(-K_i, 1/V_m)$ で交わり，K_i 値を求めることができる．このように $[I]$ に対して $1/v$ をプロットするのを**ディクソン (Dixon) プロット**といい，阻害の解析にはよく用いられる．

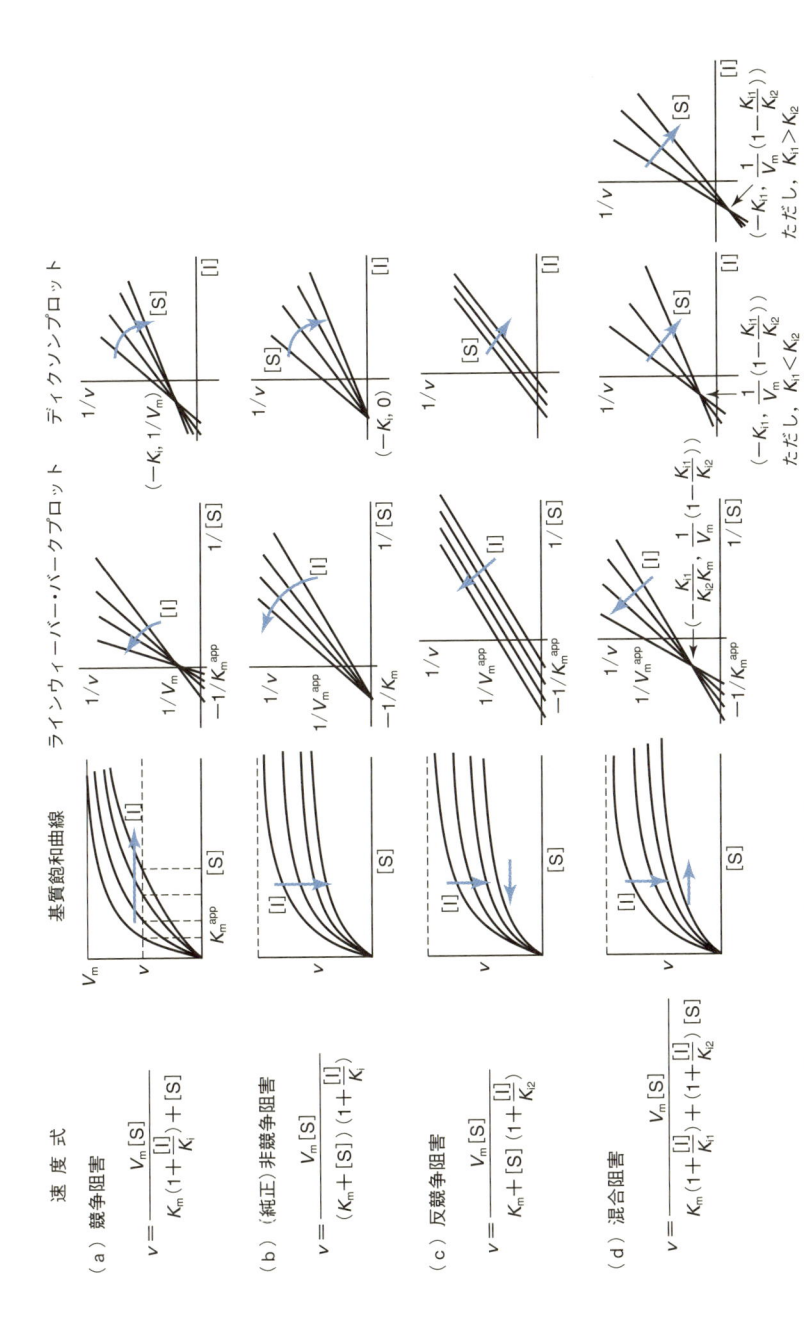

図 5・6 可逆阻害における基質飽和曲線の変化およびラインウィーバー・バークプロットとディクソンプロット

青矢印はそれぞれの曲線または直線が [I] または [S] が増加したときに移動する向きを表す。

	速度式	基質飽和曲線	ラインウィーバー・バークプロット	ディクソンプロット
(a) 競争阻害	$v = \dfrac{V_m[S]}{K_m(1+\frac{[I]}{K_i})+[S]}$			$(-K_i, 1/V_m)$
(b) (純正) 非競争阻害	$v = \dfrac{V_m[S]}{(K_m+[S])(1+\frac{[I]}{K_i})}$			$(-K_i, 0)$
(c) 反競争阻害	$v = \dfrac{V_m[S]}{K_m+[S](1+\frac{[I]}{K_{i2}})}$			
(d) 混合阻害	$v = \dfrac{V_m[S]}{K_m(1+\frac{[I]}{K_{i1}})+(1+\frac{[I]}{K_{i2}})[S]}$		$(-\frac{K_{i1}}{K_{i2}K_m}, \frac{1}{V_m}(1-\frac{K_{i1}}{K_{i2}}))$ ただし, $K_{i1} < K_{i2}$	$(-K_{i1}, \frac{1}{V_m}(1-\frac{K_{i1}}{K_{i2}}))$ ただし, $K_{i1} > K_{i2}$

5・7・3 非競争阻害

競争阻害以外の可逆的な阻害をすべて**非競争阻害**という．非競争阻害ではESI（図5・5 a）のような分子種も存在する．いま，最も一般的に表すと，図5・7のように表される．K_{i1}はEへのIの解離定数で，K_{i2}はESへのIの解離定数を表す．

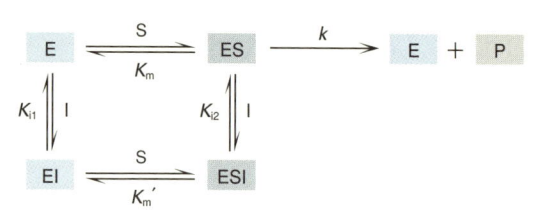

$$E \underset{K_m}{\overset{S}{\rightleftharpoons}} ES \xrightarrow{k} E + P$$

$$K_{i1} \updownarrow I \qquad K_{i2} \updownarrow I$$

$$EI \underset{K_m'}{\overset{S}{\rightleftharpoons}} ESI$$

図 5・7 非競争阻害における反応機構

ここで解離定数の定義から$K_m = [E][S]/[ES]$ すなわち，$[ES] = [E][S]/K_m$．また，$K_{i1} = [E][I]/[EI]$であるから，$[EI] = [E][I]/K_{i1}$．$K_{i2} = [ES][I]/[ESI]$から，$[ESI] = [ES][I]/K_{i2} = [E][S][I]/K_m K_{i2}$であるが，[ESI]にくる経路は下側にもあるので$[ESI] = [E][S][I]/K_m' K_{i1}$となる．すなわち，$K_m' K_{i1} = K_m K_{i2}$の関係がある．生産物を生成するのはESのみだから，(5・11)式を使って，

$$\frac{v}{V_m} = \frac{[S]}{K_m(1+[I]/K_{i1}) + (1+[I]/K_{i2})[S]} \qquad (5 \cdot 15)$$

となる．

a. (純正)非競争阻害　もし，$K_{i1} = K_{i2} (= K_i)$ であれば，(5・15)式の分母はくくれて

$$\frac{v}{V_m} = \frac{[S]}{(K_m + [S])(1+[I]/K_i)}, \quad \text{つまり} \quad v = \frac{V_m[S]/(1+[I]/K_i)}{K_m + [S]}$$

となる．(5・1)式と比べると，V_mが$V_m/(1+[I]/K_i)$になっている．このような阻害形式を(純正)非競争阻害という．(純正)非競争阻害では阻害剤があってもK_mは変わらずに，見掛けのV_m (V_m^{app}) だけが変化する（図5・6 b）．

b. 反競争阻害（または不競争阻害）　$K_{i1} = \infty$のとき，阻害剤はEには結合せずにESにのみに結合し阻害することになる．このような阻害の仕方を反競争阻害（または不競争阻害）という．この速度式は(5・15)式より

$$\frac{v}{V_m} = \frac{[S]}{K_m + (1+[I]/K_{i2})[S]} \text{ となるので，} v = \frac{V_m[S]/(1+[I]/K_{i2})}{K_m/(1+[I]/K_{i2}) + [S]}$$

となる.すなわち,阻害剤が存在すると V_m, K_m いずれも減少する. V_m/K_m は阻害剤の有無によって変化しない.逆数をとると,

$$\frac{1}{v} = \frac{K_m}{V_m[S]} + \frac{1}{V_m}\left(1+\frac{[I]}{K_{i2}}\right)$$

となるので,ラインウィーバー・バークプロット,ディクソンプロットいずれも平行な直線群となる(図5・6c).

c. 混合阻害 $K_{i1} \neq K_{i2}$ で $K_{i1} \neq \infty$, $K_{i2} \neq \infty$ のときの阻害を混合阻害という.(5・15)式の逆数をとり,[I]を含む項と含まない項に分けると,

$$\frac{1}{v} = \frac{[I]}{V_m}\left(\frac{K_m}{[S]}\frac{1}{K_{i1}}+\frac{1}{K_{i2}}\right) + \frac{1}{V_m}\left(1+\frac{K_m}{[S]}\right)$$

になるので,ラインウィーバー・バークプロットは,$(-K_{i1}/(K_{i2}\cdot K_m)$, $(1-K_{i1}/K_{i2})/V_m)$ を通る.

ディクソンプロットは上の式を$1/[S]$を含む項と含まない項に分けて,

$$\frac{1}{v} = \frac{K_m}{V_m[S]}\left(1+\frac{[I]}{K_{i1}}\right) + \frac{1}{V_m}\left(1+\frac{[I]}{K_{i2}}\right)$$

から,$(-K_{i1}, (1-K_{i1}/K_{i2})/V_m)$ を通ることがわかる(図5・6d).なお,$K_{i2}=\infty$のときは,ESIが存在しない場合なので,先に述べた競争阻害になる.

以上をまとめて図5・6に示す.

5・7・4 阻害形式と実際の阻害機構

以上の阻害形式は速度論的に決められるもので,実際の阻害機構とは必ずしも一致しない.たとえば基質結合部位と阻害剤結合部位が異なっていても阻害剤が結合することによって基質結合部位に構造変化が起こり,基質が結合できなくなることも考えられる.この場合には,ESI複合体は存在しないので速度論的には競争阻害を示す.

また,基質結合部位に強固に結合する競争阻害剤は見掛け上,(純正)非競争阻害になる.ダイズブチリシンインヒビターのようなタンパク質性のプロテアーゼ阻害剤は酵素の活性中心を覆うように結合し,阻害する.この結合は非常に強固なので,事実上解離しない.このため,酵素のうちの一部が働かなくなるのと同じことになるので,速度論的には(純正)非競争阻害になる.

5・8 二基質反応

これまでは基質が一つしかない場合だけを扱ってきた．しかし，酵素には二つ以上の基質をもつものがある．この場合には基質の結合する順番が問題になる．3基質のものも知られているが，個々の反応を見ると2基質とみなすことができる．2基質以上の反応形式はクリーランド（Cleland）の方法で名付けられる．

5・8・1　クリーランドの表示法

クリーランド（Cleland）の表示法を乳酸デヒドロゲナーゼ（乳酸脱水素酵素，系統名はL-lactate：NAD$^+$ oxidoreductase）を例に説明する．図5・8(b)のように

(a) 定序（Ordered）Uni Bi

(b) 定序（Ordered）Bi Bi

(c) ピンポン（Ping Pong）Bi Bi

(d) ランダム（Random）Bi Bi

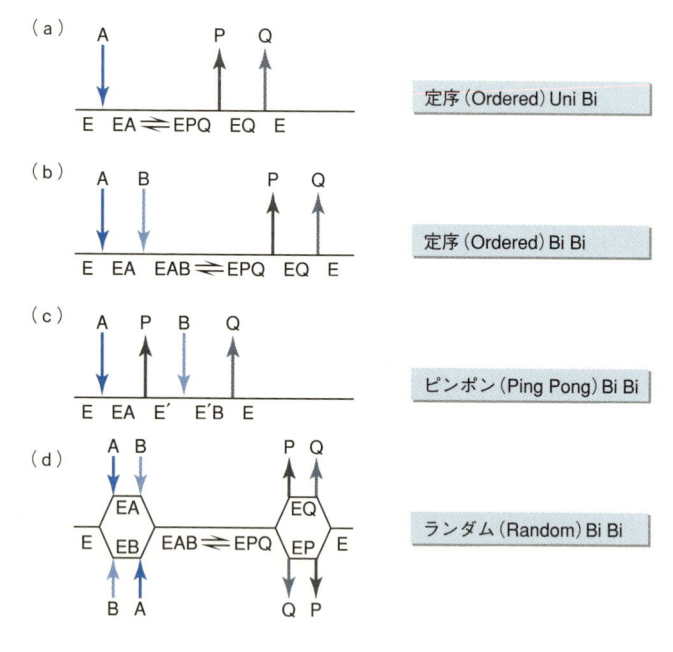

図5・8　クリーランドによる反応形式の図式法と命名法

まず1本の横線を引く．これは酵素を表す．最初は何もついていないからEである．最初にNADH（A）がつきEAになる．つぎにピルビン酸（B）がついて三者複合体EABができる．酵素表面でこれがEPQに変わる．さらに反応産物の乳酸（P）が離れてゆき，最後にNAD$^+$（Q）が脱離する．このときに以下の規則で反応形式を

5・8 二基質反応

命名する（図5・8）.
1) 基質は A, B, C, …，反応産物は P, Q, R, … で，酵素は E, F, … で表す.
2) 基質および反応産物の数を Uni, Bi, Ter, Quad で表す.
3) 反応形式は図5・9に示すように分類される.

```
                    ┌ 定序機構
          ┌ 逐次機構 │   (Ordered mechanism)
          │ (Sequential mechanism) 
          │         └ ランダム機構
          │             (Random mechanism)
          │
          └ ピンポン機構
              (Ping Pong mechanism)
```

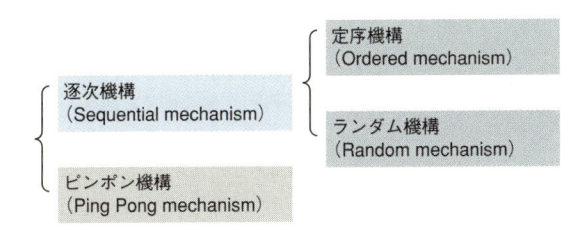

図 5・9　**二基質酵素反応の反応形式**. 逐次機構：すべての基質が結合し終えてから初めて反応産物が遊離する. ピンポン機構：すべての基質が結合しないうちに反応産物が遊離する. 定序機構：基質の結合する順番が決まっているもの. ランダム機構：基質の結合する順番が決まっていないもの. ランダム機構のなかで，律速段階が反応物から生産物への変換の段階にあって，他の部分が完全な平衡にあるものを特にrapid equilibrium random mechanism という.

乳酸デヒドロゲナーゼの場合は基質のつく順番が決まっていて，すべての基質が結合し終わってから反応産物が遊離するので定序機構であり，基質，生産物とも二つなので定序（Ordered）Bi Bi 反応機構になる.

5・8・2　二基質での反応速度式

図5・9にある種々の反応形式は速度論的に区別することができるが，反応速度式はふつう，非常に複雑になる. 普通は King‑Altman の図式解法で求める. 詳しくは章末の参考文献[1]を参照のこと. ここでは特別に簡略化したときの速度式を求めてみる.

a. ランダム機構（迅速平衡）の場合　　図5・10のようにランダムに基質がつくが，EAB → EPQ が非常に遅く，左側では事実上平衡とみなせる場合は迅速平衡とよばれている. この場合の速度式は，今までの取扱いと同様にして

$$v = k[\text{EAB}] = \frac{k[\text{E}_0][\text{A}][\text{B}]}{K_A K_{AB1} + K_{AB1}[\text{A}] + K_{AB2}[\text{B}] + [\text{A}][\text{B}]} \quad (5・16)$$

となる. (5・16)式は逆数をとり整理すると，少し複雑ではあるが，

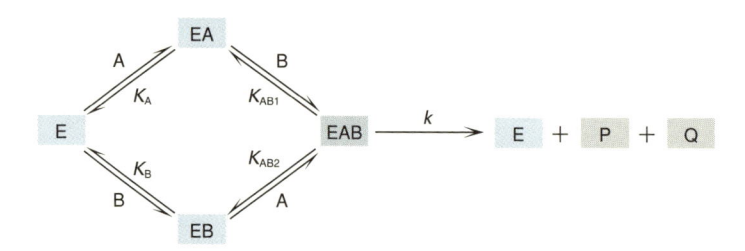

図 5・10 ランダム機構（迅速平衡）の場合の反応機構

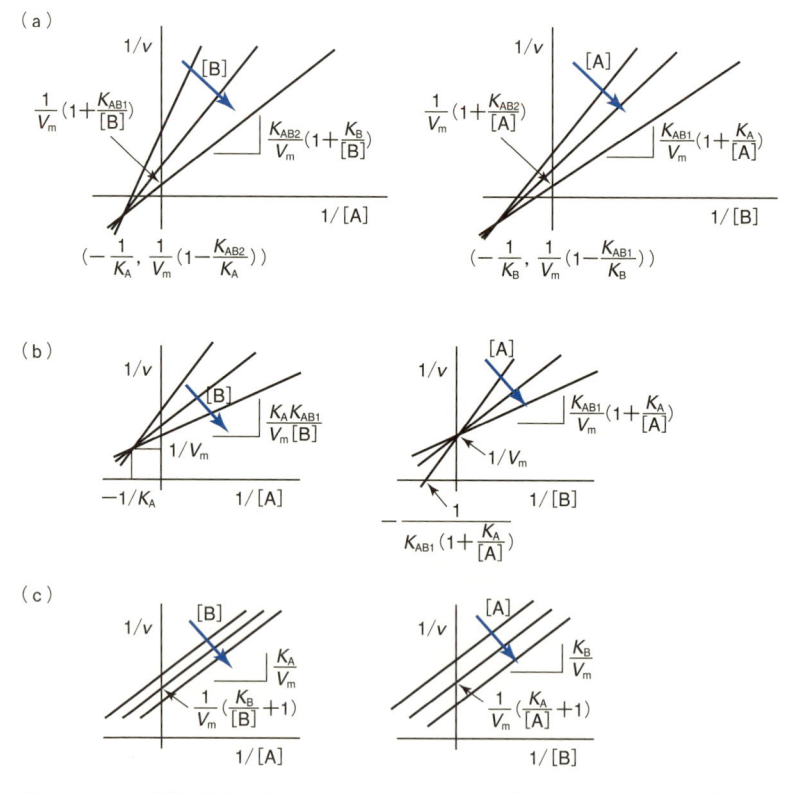

図 5・11 二基質の場合のラインウィーバー・バークプロット．(a) ランダム機構，(b) 定序機構，(c) ピンポン機構の場合のラインウィーバー・バークプロット．いずれも左側は A を変化させた場合で右側は B を変化させた場合．青矢印は他の基質濃度を増加させたときに直線の移動する向きを示す．

$$\frac{1}{v} = \frac{1}{V_\mathrm{m}} \frac{K_\mathrm{AB1}}{[\mathrm{B}]} \left(\frac{K_\mathrm{A}}{[\mathrm{A}]} + 1 \right) + \frac{1}{V_\mathrm{m}} \left(1 + \frac{K_\mathrm{AB2}}{[\mathrm{A}]} \right)$$

と書き直すことができる.

この式は $1/[\mathrm{B}]$, すなわち B がどのように変化しても, $1/[\mathrm{A}]$ 対 $1/v$ のプロットが $(-1/K_\mathrm{A}, (1-K_\mathrm{AB2}/K_\mathrm{A})/V_\mathrm{m})$ を通ることを示す (図5・11a).

b. 定序機構の場合　図5・10の反応機構でEBが存在しないときは通路が片側しかないのと同じである. このとき (5・16)式は $K_\mathrm{AB2}=0$ であるから

$$v = k[\mathrm{EAB}] = \frac{V_\mathrm{m}}{K_\mathrm{A}K_\mathrm{AB1}/[\mathrm{A}][\mathrm{B}] + K_\mathrm{AB1}/[\mathrm{B}] + 1} \tag{5・17}$$

となる. これは

$$\frac{1}{v} = \frac{1}{V_\mathrm{m}} \frac{K_\mathrm{AB1}}{[\mathrm{B}]} \left(1 + \frac{K_\mathrm{A}}{[\mathrm{A}]} \right) + \frac{1}{V_\mathrm{m}}$$

と書き換えられるので, 図5・11(b)に示すように, 2番目につく基質Bに対しては両逆数プロットは y 軸上 $1/V_\mathrm{m}$ で交わる.

c. ピンポン機構の場合　ピンポン機構の場合の速度式は

$$v = \frac{V_\mathrm{m}[\mathrm{A}][\mathrm{B}]}{K_\mathrm{A}[\mathrm{B}] + K_\mathrm{B}[\mathrm{A}] + [\mathrm{A}][\mathrm{B}]} = \frac{V_\mathrm{m}}{K_\mathrm{A}/[\mathrm{A}] + K_\mathrm{B}/[\mathrm{B}] + 1}$$

となる. 求め方については p.100 (➡ 解説5・4) を参照のこと. 上の速度式の逆数をとると,

$$\frac{1}{v} = \frac{1}{V_\mathrm{m}} \left(\frac{K_\mathrm{A}}{[\mathrm{A}]} + \frac{K_\mathrm{B}}{[\mathrm{B}]} + 1 \right) \tag{5・18}$$

となり, 図5・11(c)のようにラインウィーバー・バークプロットは平行な直線群となる.

このように二つの基質がある場合, それぞれの濃度を変えて酵素反応速度を測ることにより, ランダム機構か定序機構かピンポン機構かを決めることができる. 図5・11に示したことをまとめると, ピンポン機構の場合は逆数プロットは平行な直線群, 定序機構の場合は一方の基質に対する逆数プロットは y 軸 ($1/v$ 軸) 上で交わる. ランダム機構ではそれ以外, ということになり, それぞれの直線の傾き, 切片から速度論的パラメーターを求めることができる.

5・9　pHの影響

一般に極端に高いpHや低いpHでは酵素反応は低下する．このため図5・12のようにpHに対して反応速度をプロットすると多くの場合ベル形の曲線になる．このため活性の最も高いpHが存在し，**最適pH**または至適pHとよばれる．最適pH

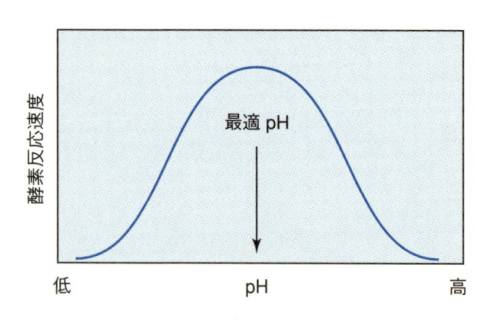

図 5・12　酵素反応速度のpH依存性と最適pH

は酵素によって異なり，中性のものが多いが，胃の中で働くペプシンのように酸性のもの（pH 2.0）や，トリプシンのように弱アルカリ性のもの（pH 8）もある．ここではどうしてベル形になるのか，それから何がわかるのかを説明する．ここでの議論には弱酸の解離平衡（p.101，➡解説5・5）の知識が必要である．

5・9・1　酵素の場合の簡単なモデル

酵素表面に図5・13のように二つの解離しうる基（たとえばカルボキシル基とアミノ基）があると考えたときのE，EH，EH_2の存在量を求めてみる．

$EH_2 \rightleftharpoons EH + H^+$ の平衡定数をK_{a1}とすると，

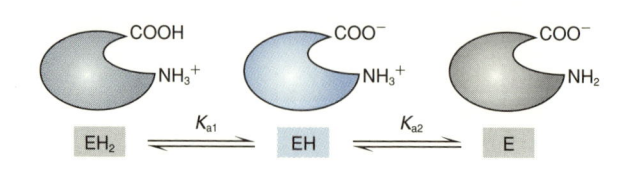

図 5・13　酵素表面の解離しうる基

5・9 pH の影響

$$K_{a1} = \frac{[EH][H^+]}{[EH_2]} \quad \text{これから,} \quad \frac{[EH]}{[EH_2]} = \frac{K_{a1}}{[H^+]} \tag{5・19}$$

また,EH $\rightleftharpoons$ E + H$^+$ の平衡定数を K_{a2} とすると,

$$K_{a2} = \frac{[E][H^+]}{[EH]} \quad \text{これから,} \quad \frac{[E]}{[EH]} = \frac{K_{a2}}{[H^+]} \tag{5・20}$$

また,$[E_0] = [EH_2] + [EH] + [E]$ であるが,(5・19)式,(5・20)式より

$$[E_0] = [EH_2]\left(\frac{[EH_2]}{[EH_2]} + \frac{[EH]}{[EH_2]} + \frac{[E]}{[EH_2]}\right)$$

$$= [EH_2]\left(1 + \frac{K_{a1}}{[H^+]} + \frac{K_{a1}K_{a2}}{[H^+]^2}\right)$$

$$= [EH]\left(\frac{[EH_2]}{[EH]} + \frac{[EH]}{[EH]} + \frac{[E]}{[EH]}\right) = [EH]\left(\frac{[H^+]}{K_{a1}} + 1 + \frac{K_{a2}}{[H^+]}\right)$$

$$= [E]\left(\frac{[EH_2]}{[E]} + \frac{[EH]}{[E]} + \frac{[E]}{[E]}\right) = [E]\left(\frac{[H^+]^2}{K_{a1}K_{a2}} + \frac{[H^+]}{K_{a2}} + 1\right)$$

と書き表せるので,酵素の全体量に対するそれぞれの分子種の存在量は

$$\frac{[EH_2]}{[E_0]} = \frac{1}{1 + K_{a1}/[H^+] + K_{a1}K_{a2}/[H^+]^2} = \frac{1}{f} \tag{5・21}$$

$$\frac{[EH]}{[E_0]} = \frac{1}{[H^+]/K_{a1} + 1 + K_{a2}/[H^+]} = \frac{1}{f^-} \tag{5・22}$$

$$\frac{[E]}{[E_0]} = \frac{1}{[H^+]^2/K_{a1}K_{a2} + [H^+]/K_{a2} + 1} = \frac{1}{f^=} \tag{5・23}$$

と表される.これらの f をミカエリス (Michaelis) の **pH 関数**という.これを図 5・14 (a) に示す.変曲点がそれぞれ,pK_{a1} と pK_{a2} を与える.図 5・13 の場合,pK_{a1} は $[EH_2]$ と $[EH]$ の濃度比が 1 になる pH に等しく,そして pK_{a2} は $[EH]$ と $[E]$ の濃度比が 1 になる pH に等しい.したがって,この例でいえば,pK_{a1} と pK_{a2} はそれぞれカルボキシル基またはアミノ基のイオン化状態と非イオン化状態の濃度比が 1 のときの pH である.$\log(1/f^-) = -\log f^- = \text{p}f^-$ とおき,pf^- を pH に対してプロットすると (5・22) 式から低 pH では傾きが 1 の直線,高 pH では傾きが -1 の直線となるので平坦部との交点より図 5・14 (b) のようにより正確に pK_{a1} と pK_{a2} を求めることができる.

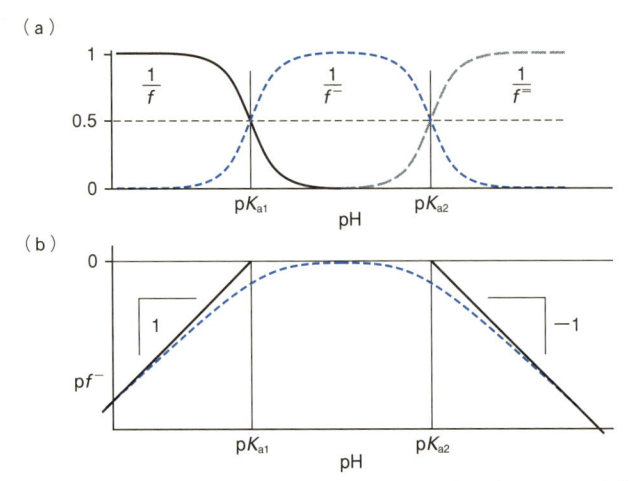

図 5・14　pH によるミカエリスの pH 関数の変化 (a) と pf^- の変化 (b)

5・9・2　pH による V_m と K_m の変化

イオン化した分子種が活性に影響するものとしては，1) 遊離の酵素，2) 酵素基質複合体，3) 基質の3者がありうるが，ここでは前2者のみの図5・15(a)のような平衡を考える．このとき反応速度は，$v = k\,[\text{EHS}]$ と表される．基質が十分に多いと，平衡は右に動き，[E]，[EH]，[EH$_2$] は無視できるので，$V_m = k\,[\text{E}_0]/f^-_{es}$ となる．対数をとると，$\log V_m = \log k\,[\text{E}_0] + \text{p}f^-_{es}$ となる．右辺の第1項はpHに影響されないので図5・14(b)と同様に図示すると図5・15(b)のようになる．最適 pH は $(\text{p}K_{a\,es1} + \text{p}K_{a\,es2})/2$ で，もし，p$K_{a\,es1}$ と p$K_{a\,es2}$ が十分に離れていれば，図から p$K_{a\,es1}$ と p$K_{a\,es2}$ を求めることができる．表1・1 (p.9) は酵素表面上の解離しうるアミノ酸側鎖の pK_a 値であるが，この値は解離基のおかれている環境によって大きく変化するので，pK_a 値の測定により活性に必須の解離基を特定することは難しいが，推定することはできる．

pH による K_m の変化は複雑になるので，結果だけを示す．$-\log K_m = \text{p}K_m$ を pH に対してプロットすると，図5・15(c)のようになる．この特徴は

1) カーブはいくつかの傾きが整数 $(0, 1, 2, \cdots, -1, -2, \cdots)$ の直線で近似できる．
2) 直線の交点で傾きは1だけ変わる．この交点は pK_a 値を与える．
3) ES 複合体に由来する pK_a 値に対応する曲がりは下に凸，E に由来する pK_a 値に対応する曲がりは上に凸になる．

(a) 遊離の酵素, 酵素基質複合体のイオン平衡

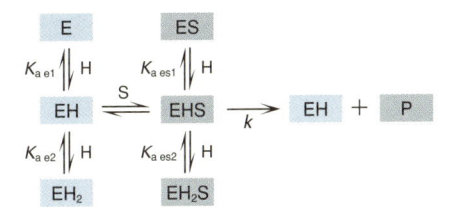

$$\begin{array}{ccc} E & & ES \\ K_{a\,e1}\updownarrow H & & K_{a\,es1}\updownarrow H \\ EH & \underset{}{\overset{S}{\rightleftarrows}} & EHS \xrightarrow{k} EH + P \\ K_{a\,e2}\updownarrow H & & K_{a\,es2}\updownarrow H \\ EH_2 & & EH_2S \end{array}$$

(b) pH による V_m の変化

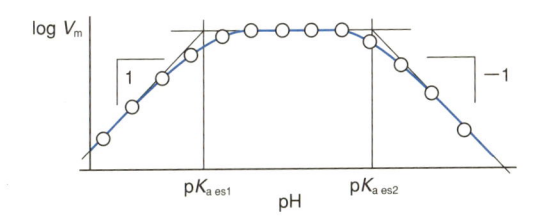

(c) pH による K_m の変化

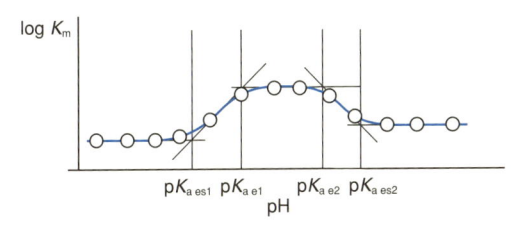

図 5・15 遊離の酵素, 酵素基質複合体のイオン平衡と pH による V_m, K_m の変化

5・10 温度の影響
5・10・1 活性に対する影響

一般に化学反応は温度が高いと速くなる. 酵素反応も温度が上がれば上昇するが, ある温度以上では低下してくる. そのため最も活性の高い温度が存在し, **最適温度**または至適温度とよばれる (図5・16 a).

アレニウス (Arrhenius) は反応速度定数 k の温度依存性は

$$k = A e^{-E_a/RT} \tag{5・24}$$

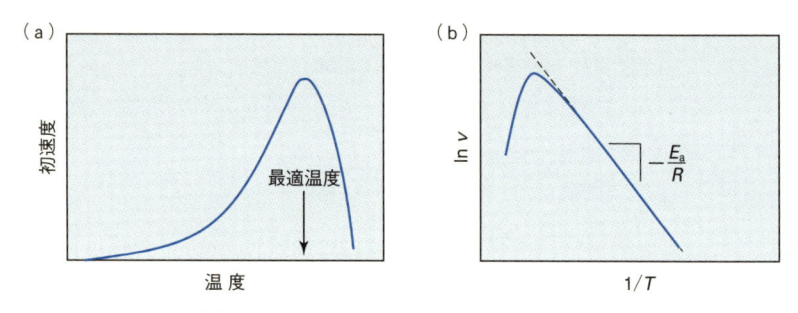

図 5・16　**酵素活性の温度による変化**(a)**とそのアレニウスプロット**(b)

の実験式で表されることを示した（アレニウスの式，1889）．ここで T は絶対温度（K，ケルビン），R は気体定数で，8.3145 J/K・mol（1.9872 cal/K・mol）である．A は頻度因子とよばれる量である．E_a はエネルギーの次元をもち，**活性化エネルギー**とよばれる．なぜなら，統計力学によれば分子はマクスウェル・ボルツマン分布に従うさまざまな速さで飛び回っており，そのエネルギーが E_a より大きいものの割合は $e^{-E_a/RT}$ で与えられるからである．つまり，あるエネルギーより大きなエネルギーをもつ分子だけが，A なる頻度で生産物に変わっていくというイメージと合うのである．

(5・24)式から，$\ln k = \ln A - E_a/RT$ なので，$1/T$ に対して，$\ln k$ をプロットすると直線になる．これを**アレニウスプロット**とよぶ．傾きから E_a が求まる．実際に酵素反応速度 v をアレニウスプロットしてみると，多くの場合図5・16(b)のように高温で直線からはずれることが多い．これは次項で詳しく述べる熱変性によるものである．

5・10・2　タンパク質の変性と耐熱性

　タンパク質の一次構造は変化しなくても，高次構造が破壊されるとタンパク質の物性には大きな変化が起こる．これを"変性"といい，変性に対する抵抗性を"安定性"という．タンパク質の変性は加熱や変性剤（尿素，塩酸グアニジンなど）の添加などによって起こる．変性には可逆的な変性と，不可逆的な変性とがある．

　a. 可逆変性と変性の熱力学　　通常タンパク質の変性は可逆的である．温度を下げたり，変性剤を希釈するなどすると変性タンパク質は自発的にもとの立体構造に戻り機能を回復する．これからの議論では変性していない状態の酵素を**天然の**

5・10 温度の影響

（a）温度変化による変性と変性曲線

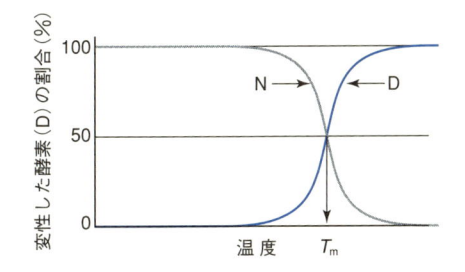

（c）Kの温度変化から変性の
エンタルピー変化が求まる

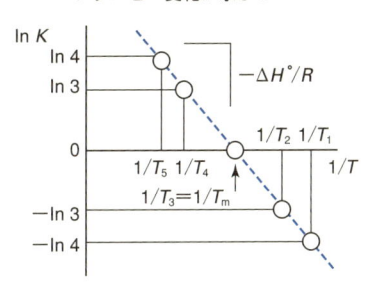

（b）変性曲線からKを求める

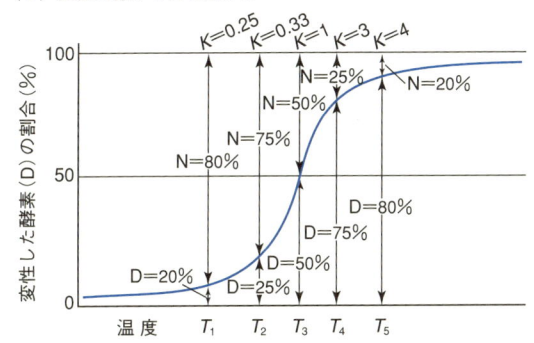

図 5・17　熱変性曲線とその解析

(native) 酵素とよびNで表し，**変性した** (denatured) 酵素をDで表すことにする．ここではNとDのみを考慮した二状態モデルを考えることにする．熱変性の場合に温度を変化させたときのDの割合をプロットすると図5・17(a)のような曲線が得られる．これを**変性曲線**とよぶ．温度による変性ではDが（そしてNも）50％になる温度を**融解温度**（変性温度）T_mとよぶ．可逆変性ではNとDとが平衡にあると考えられるので，平衡定数$K=[\mathrm{D}]/[\mathrm{N}]$が定義できる．温度が低いとき$K$は小さく，温度が高いと$K$が大きくなり，そのため[D]が増加すると考えることができる．変性曲線はこの平衡定数の温度変化によってもたらされる．それぞれの温度で変性曲線からN, Dそれぞれの量を図5・17(b)のように求めれば，Kの温度依存性がわかる．平衡定数の温度変化は熱の出入りと密接な関係があり**ファントホッフ** (van't Hoff) **の式**で表される．すなわち，

$$\frac{d \ln K}{dT} = \frac{\Delta H°}{RT^2} \tag{5・25}$$

Rは気体定数，Tは絶対温度，$\Delta H°$は**標準エンタルピー変化**〔標準状態（普通には25℃，1気圧で系のすべての物質が通常は1 mol/lで存在する状態）での変性状態と天然状態とのエンタルピーの差〕である．(5・25)式は$d \ln K/d(1/T) = -\Delta H°/R$と書き直せるので，$1/T$に対して，$\ln K (= 2.303 \log K)$ をプロットすると，傾きが$-\Delta H°/R$になる．これから$\Delta H°$を求めることができる（図5・17 c）．

ふつうタンパク質の変性では$\Delta H°$はほとんど温度に依存しない．また平衡定数Kはギブズ（Gibbs）の標準自由エネルギー変化$\Delta G°$と$\Delta G° = -RT \ln K$の関係があるので（p.98，➡ 解説5・2参照），各温度における**標準自由エネルギー変化**$\Delta G°$を求めることができる．また，$\Delta G° = \Delta H° - T \Delta S°$という関係から$\Delta S°$も求めることができる．エントロピーは系の乱雑さ（無秩序さ）を表す状態量で系のとりうる微視的状態の数をΩとすると$S = k \ln \Omega$ の関係がある．ただしkはボルツマン（Boltzmann）定数である．

いくつかの二状態モデルが当てはまるとされているタンパク質の変性の熱力学的パラメーターを表5・2にあげる．特徴は$\Delta H°$の大きいこと，すなわち吸熱の大きいことで，このことは変性が高度に協同的な現象であることを示している．また，$\Delta S°$も非常に大きい．すなわち変性に伴う**エントロピー変化**（乱雑さの増大）は大きい．これはタンパク質分子の立体構造が壊れ，分子の内部回転の自由度が増大することと，タンパク質に結合していた水分子が自由に動けるようになることなどによる．しかし，総計としての$\Delta G°$は小さい．普通20〜60 kJ/mol（5〜15 kcal/mol）である．これは水素結合一つのエネルギーが12 kJ/mol（3 kcal/mol）程度であることを考えると，水素結合数個分のエネルギーでタンパク質の安定性が

表5・2 いくつかのタンパク質の変性の熱力学的パラメーター

	$\Delta G°$〔kJ/mol〕	$\Delta H°$〔kJ/mol〕	$\Delta S°$〔J/K·mol〕
リボヌクレアーゼ(pH 2.5, 30℃)	+ 4 （+ 0.9）	+240 （+57）	+774 （+185）
キモトリプシノーゲン(pH 3, 25℃)	+31 （+ 7.3）	+160 （+39）	+439 （+105）
ミオグロビン(pH 9, 25℃)	+57 （+13.6）	+180 （+42）	+400 （+ 95）
リゾチーム(pH 3〜11)	+41 （+ 9.7）	+280 （+66）	+791 （+189）

括弧内はカロリー換算の数値（$\Delta G°$, $\Delta H°$, $\Delta S°$の単位はそれぞれkcal/mol, kcal/mol, cal/K·mol）

大きく変わりうることを示している．

b. 不可逆変性と変性の速度論　不可逆変性の場合には上のような熱力学的な取扱いはできず，速度論的な取扱いしかできない．変性の反応速度定数 k の温度依存性を調べれば，(5・24)式より変性の活性化エネルギーが得られる．その活性化エネルギーが大きければ変性しにくく，小さければ変性しやすいことになる．

c. タンパク質の安定化　タンパク質の安定化は現在最も広く研究されている分野である．変性に対する抵抗性がタンパク質の安定性であるから，N 状態を安定化するか，D 状態を不安定化するとタンパク質の安定性は増すことになる．

N 状態の安定化はタンパク質の構造を丈夫にしてやることで実現できる．S-S 結合や金属イオンの結合部位の導入，タンパク質分子内の疎水性相互作用の強化やタンパク質分子内の隙き間（cavity とよばれる）を埋めるなどの不安定要因の除去などで安定性が増すことが報告されている．D 状態はすでに構造が壊れているので構造をそれ以上不安定にすることはできない．そこで，変性タンパク質のとりうる状態の数を少なくする，すなわち自由度を減らすことでエントロピー的に不利にし，不安定化する．架橋の導入，プロリン残基の導入（プロリン残基は環状構造のため，$N-C_\alpha$ 結合の自由回転ができない），グリシン残基の除去（グリシン残基は側鎖が H だけのため，主鎖の回転の自由度が大きい）が行われている．

5・11 アロステリック酵素

5・11・1 アロステリック酵素とアロステリック効果

いままで述べてきた酵素は基質飽和曲線が双曲線になる，いわゆるミカエリス・メンテン型の酵素であった．ところが基質飽和曲線が双曲線にならずに，図 5・18 (a) のように S 字形になる酵素（**アロステリック酵素**とよばれる）がある．S 字形になるのは基質濃度が高くなると，活性がさらに上昇する，いわば基質による活性化と考えることができる．それゆえ基質飽和曲線が S 字形になることを**協同性**という．協同性は酵素がスイッチの役割をしていることを連想させる（図 5・18 b）．

このような性質を示す酵素は代謝経路上の重要な部分にある．たとえば**アスパラギン酸カルバモイルトランスフェラーゼ**はピリミジン合成系の初発酵素であるが，この経路の最終産物のシチジン 5′-三リン酸（CTP）はこの反応を阻害する（図 5・19）．このように，代謝系の最終生産物が初発反応を阻害することを**フィードバック阻害**という．CTP はどちらの基質にも似ていないので，基質の結合部位とは異なる場所に結合すると考えられる．このため，このような阻害を**アロステリッ**

(a) S字形の飽和曲線

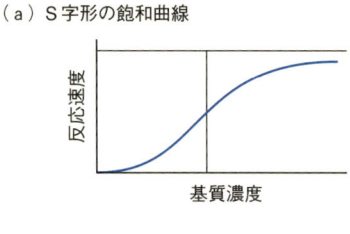

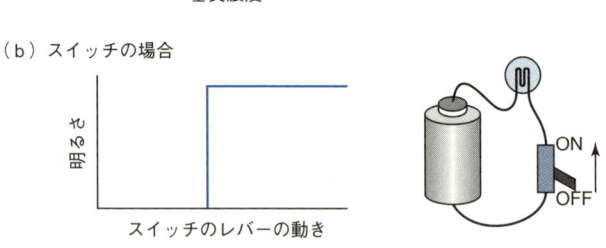

縦軸: 反応速度 / 横軸: 基質濃度

(b) スイッチの場合

縦軸: 明るさ / 横軸: スイッチのレバーの動き

図 5・18　S字形の基質飽和曲線とスイッチとの類推

ク (allo-異なる, steric 立体的な) 効果という．

　ヘモグロビンは赤血球の中にあるタンパク質で，酸素を運ぶ働きをしている．ヘモグロビンは酵素ではないが，肺で酸素を結合して，他の組織ではそれを離すので酵素的な役割をしているともいえる．また，COが結合すると酸素が結合できなく

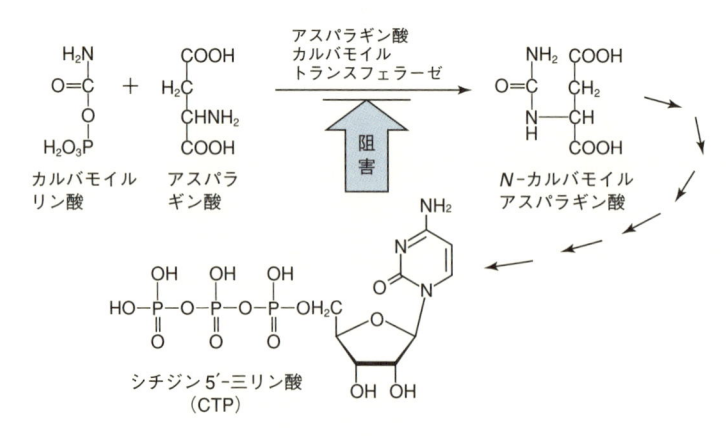

図 5・19　アスパラギン酸カルバモイルトランスフェラーゼの触媒する反応とCTPによるフィードバック阻害

5・11 アロステリック酵素

なり，ちょうど酵素と競争阻害剤のような関係にもなっている．ヘモグロビンは二つの α 鎖（ヒトで141アミノ酸残基）と二つの β 鎖（ヒトで146アミノ酸残基）とからなり，それぞれのペプチド鎖に一つずつ計4個のヘム鉄がついている．ヘムの鉄原子に酸素が結合したヘモグロビンは明るい赤い色をしていて，その濃さによって酸素の結合量を測定することができる．また酸素濃度は酸素分圧として酸素電極で測定できる．こうして飽和曲線を求めてみると，図5・20のようにS字形をして

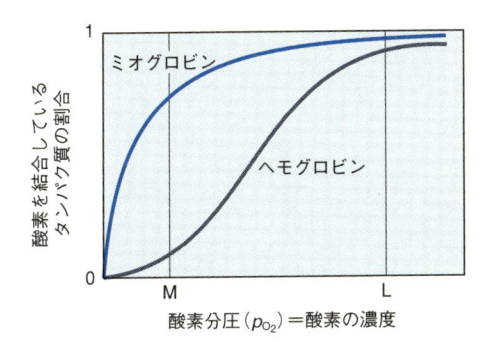

図 5・20　ヘモグロビンへとミオグロビンへの酸素の結合．LとMはそれぞれ肺，筋肉における酸素分圧を大まかに示す．

いる．このことはヘモグロビンが酸素分圧の高い肺で酸素を結合し（L），酸素分圧の低い組織（M）で酸素を放出するのに適していることを示している．

同じように酸素を結合するタンパク質でミオグロビンというタンパク質が知られている．ミオグロビンは動物の筋肉に存在し，酸素を貯蔵する役目をしている．ミオグロビンは153アミノ酸からなる単一ポリペプチドで一つのヘムを結合している．ミオグロビンへの酸素の結合は双曲線型となりヘモグロビンとは異なる（図5・20）．この違いはヘモグロビンでは四つの酸素の結合部位があり，ミオグロビンでは一つしかないことと関係がある．

5・11・2　ヒルプロット

ヒル（Hill, 1910）はヘモグロビンのS字形の酸素の結合を説明するのに，n 個の酸素が同時に結合すると考えた．すなわち，$E + nS \rightleftharpoons ES_n$．この解離定数を K_S とすると，$K_S = [E][S]^n/[ES_n]$ となる．これから $[ES_n] = [E][S]^n/K_S$ であるか

ら飽和度 $\overline{Y}$ は，

$$\overline{Y} = \frac{\text{酸素を結合したヘモグロビン}}{\text{全ヘモグロビン}} = \frac{[\mathrm{ES}_n]}{[\mathrm{E}]+[\mathrm{ES}_n]}$$

$$= \frac{[\mathrm{E}][\mathrm{S}]^n/K_\mathrm{S}}{[\mathrm{E}]+[\mathrm{E}][\mathrm{S}]^n/K_\mathrm{S}} = \frac{[\mathrm{S}]^n}{K_\mathrm{S}+[\mathrm{S}]^n} \tag{5・26}$$

と表される．これを**ヒルの式**という．ミカエリス・メンテンの式 (5・1) と比べると，[S] の肩に n が乗っているところが異なる．計算してみると確かに S 字形になる（図5・21 a）．

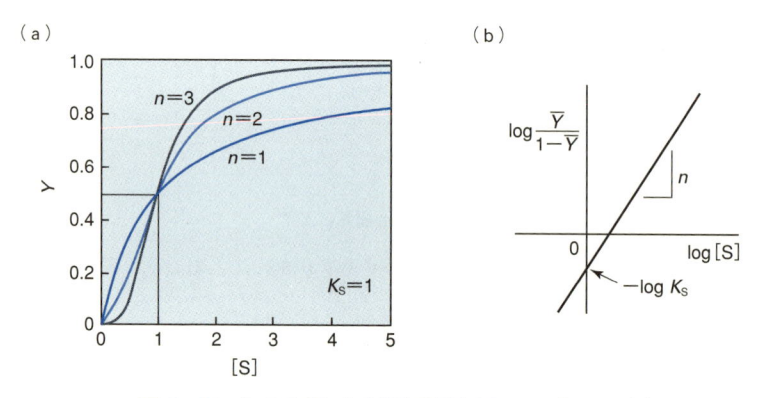

図 5・21　ヒルの式による飽和曲線(a)とヒルプロット(b)

上の式を $\overline{Y}/(1-\overline{Y}) = [\mathrm{S}]^n/K_\mathrm{S}$ と整理し，両辺の対数をとると，

$$\log \frac{\overline{Y}}{1-\overline{Y}} = n\log[\mathrm{S}] - \log K_\mathrm{S} \tag{5・27}$$

すなわち，$\log[\mathrm{S}]$ に対して $\log \overline{Y}/(1-\overline{Y})$ をプロットすると直線になる．このようなプロットを**ヒルプロット**といい，直線の傾きは n になる（図5・21 b）．この n を**ヒル定数**という．ミカエリス・メンテンの式 (5・1) をヒルプロットしてみると傾きが1の直線になるが，S字形の飽和曲線を示すアロステリック酵素ではヒル定数は1にはならない．ヒル定数 n が1より大きいときは**正の協同性**を示すという．また n が1より小さくなることもあり，このときは**負の協同性**を示すという．

実際にヘモグロビンに対する酸素の結合を測定してヒルプロットをすると，図

5・22のようになり，1) 最も傾きの急なところで $n = 2.8$ くらいで，整数にはならない，2) 酸素分圧の低いところや高いところでは傾き1の直線に近づく，という点で (5・27)式に合わない．アデア (Adair, 1925) は酸素が一つずつ結合してゆくモデルを考え，上の難点を解消し，酸素濃度が高くなるほど酸素がヘモグロビンへ結合しやすくなることを示した (p.102, ➡ 解説5・6参照).

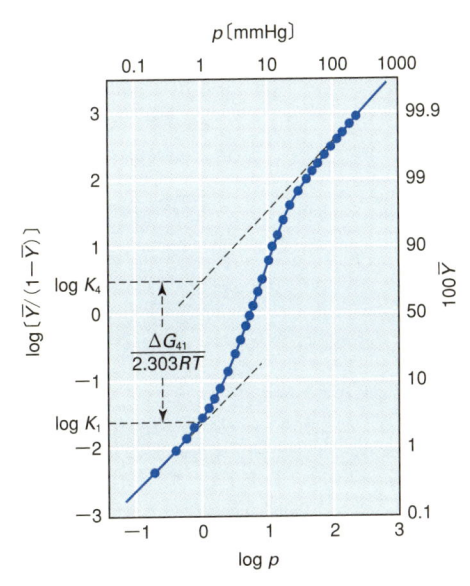

図5・22 ヘモグロビンのヒルプロットの例．ヒトヘモグロビンを用いて，pH 7.4，25℃で測定．〔今井清博，生化学，**54**, 197 (1982)〕

5・11・3 アロステリックモデル

ヘモグロビンへの酸素の結合がS字形を示すのは酸素濃度の低いときに酸素がつきにくく，酸素濃度が高くなるとつきやすくなるからである．それを説明するモデルを**アロステリックモデル**という．**MWCモデル** (Monod, Wyman, Changeux, 1963) と **KNFモデル** (Koshland, Nemethy, Filmer, 1966) が有名である．両者に共通の性質は

1) アロステリック酵素は複数の同一のサブユニットからなる**オリゴマータンパク質**である．

2) このため，サブユニットの間には相互作用（**サブユニット間相互作用**という）がある．
3) サブユニットにはリガンドのつきやすさの異なる二つの状態がある．この二つの状態は立体構造（**コンホメーション**）が異なっている．

違うところは MWC モデルでは対称性が保持されると考え（図5・23），このた

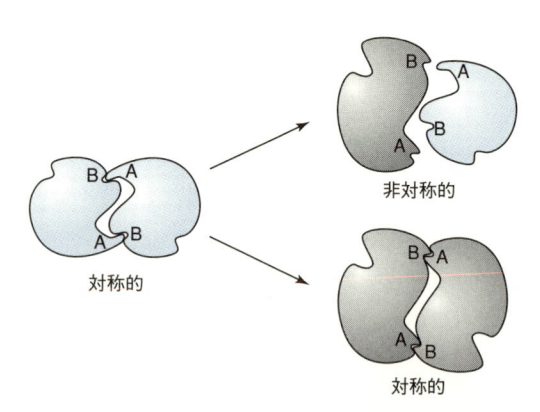

図 5・23　**サブユニット間相互作用の対称性**．(a)左図：二つの同一のサブユニットが相互作用しているとする．たとえば上の AB 間の相互作用があるならば，必ず下の AB 間でも相互作用がある．(b)右上図：片方のサブユニットに構造変化が起こり，上の AB 間の相互作用が変化してしまうと，非対称になるので相互作用が維持できない．(c)右下図：サブユニット相互作用を維持するためには，もう一つのサブユニットにも構造変化が起こり，対称性が保持されると考える．

め相互作用しているサブユニットは異なったコンホメーションはとれないと考える．すなわちサブユニットの構造変化は一斉に起こると考えるので**協奏**(concerted)**モデル**ともいわれている．それに対して，KNF モデルではリガンドが結合してはじめてコンホメーションが変化すると考える．つまりリガンドが結合したサブユニットにつぎつぎと構造変化が起こると考えるので**逐次**(sequential)**モデル**ともよばれる．この二つのモデルのうちいずれが実際と合うかということが1960〜70年代には議論された．多くの実験事実は MWC モデルを支持しているが，KNF モデルが成り立たないということではない．

a. MWC モデル　　以下では四量体の酵素だけを考える．MWC モデルでは各サブユニットにはリガンドに対する親和性の低い状態 □（T, tense state）と高い状態 ○（R, relaxed state）を考え，それぞれに対するリガンドの固有の解離定数

(p.103，➡ 解説5・7参照）を k_T, k_R とする．これらの状態に関して対称性が保持される．つまり，▦や⦾はあるが，▦や⦾は存在しない．また**T状態とR状態**の間には平衡 ▦ ⇌ ⦾ があると考える（ただし，L は両状態の平衡定数で $L = [T]/[R]$）．すると存在しうるすべての分子種は図5・24に示したようになる．この条件で飽和度を求めると（p.104，➡ 解説5・8参照），

$$\overline{Y} = \frac{\alpha(1+\alpha)^3 + Lc\alpha(1+c\alpha)^3}{(1+\alpha)^4 + L(1+c\alpha)^4} \tag{5・28}$$

となる．ただし，$[S]/k_R = \alpha$，$[S]/k_T = c\alpha$，すなわち，$c = k_R/k_T$ とおいた．

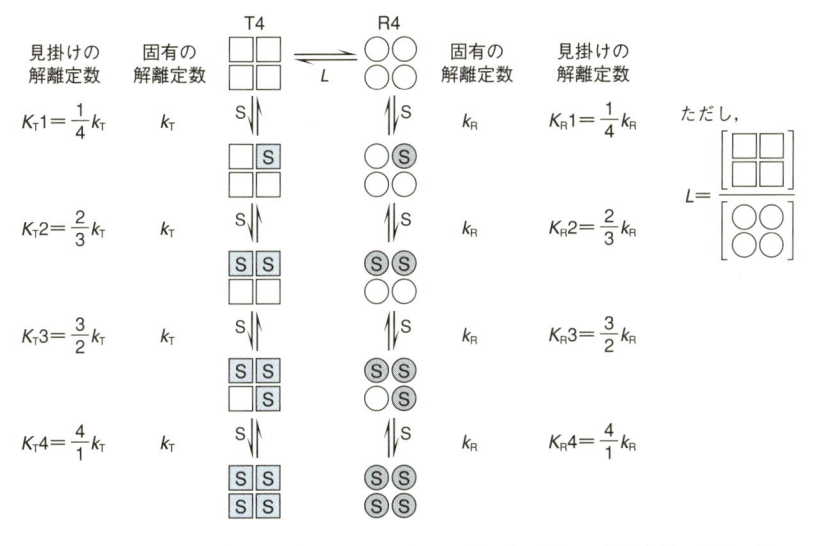

図5・24 **MWCモデルで存在する四量体各分子種とその間での解離定数**．酵素の場合，リガンドSは基質である．

これを図示すると図5・25のようになる．**協同性**は L が大きいときと c が小さいときに強くなる．ヘモグロビンへの酸素の結合の場合には $L = 9054$，$c = 0.014$ で実験値とよく合う．(5・28)式では，R状態のもののみ考えると，$\overline{Y} = \alpha/(1+\alpha)$ となり，ミカエリス・メンテン型になる．また，T状態のもののみを考えると $\overline{Y} = c\alpha/(1+c\alpha)$ となりこちらもミカエリス・メンテン型になる．つまり，MWCモ

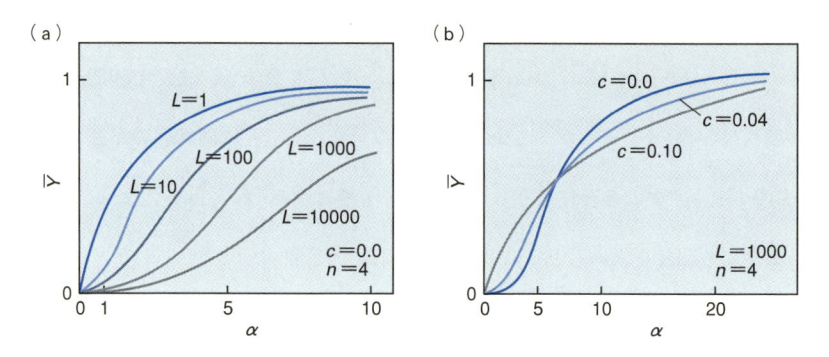

図 5・25　MWCモデルによる四量体酵素の基質飽和曲線．(a) L を変えたときの飽和曲線．(b) c を変えたときの飽和曲線．いずれも (5・28) 式より計算した．〔J. Monod, J. Wyman, J.-P. Changeux, *J. Mol. Biol.*, **12**, 88 (1965)〕

デルでは基本的にはミカエリス・メンテン型の酵素だけを考えている．ただ，基質がない場合にはT状態が多いのが，基質が多くなるとR状態に移っていくと考える．

この辺の事情をエネルギー的に考えてみる．図5・26のように標準自由エネルギー変化を縦軸にとって表す．いま，T状態だけを考える．これにSが一つ結合したTSは $-RT\ln(1/k_\mathrm{T}) = RT\ln k_\mathrm{T}$ だけエネルギー的に安定になる．そして，この状態には▨，▨，▨，▨の四つの状態があるが，すべて同じエネルギーレベルにある．このことを**縮重**しているという．Sが多くなれば，さらにSが多くつ

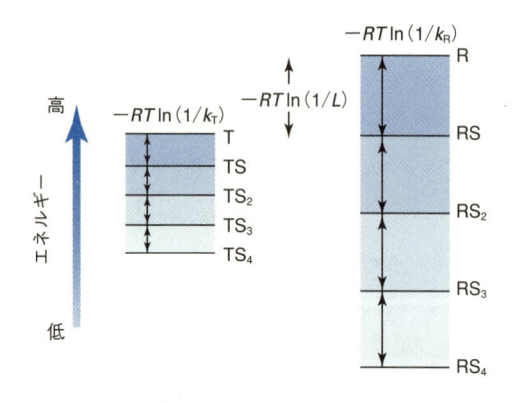

図 5・26　MWCモデルのエネルギー図

いた分子種が安定になる．しかし，固有の解離定数がすべて等しいため，T状態のみでは，ミカエリス・メンテン型の飽和曲線になる．

ところがMWCのモデルでは，R型も考えている．TとRの平衡定数が$L=[{\rm T}]/[{\rm R}]$であるが，普通は非常に大きく，RとTとの間の$\Delta G° = -RT\ln(1/L)$はふつう正になる．すなわち，RはエネルギーT的よりかなり高いところにある．だから，基質の濃度の低いところではほとんどがT型のままである．でも，Rは少ないけれど0ではなく，わずかには存在している．基質の濃度を上げてゆくとR型には基質がつきやすいので基質が結合したRSはRに比べるとはるかに安定化される．基質の二つ結合したRS_2はさらに安定化される．このため，基質濃度が高くなるに従ってT型よりもR型の方が優勢になりどんどん基質が結合することになる．

b. KNFモデル　KNFモデルはリガンドが結合してはじめてコンホメーションが変化すると考える．例として図5・27(a)のような四量体の機構を考える．この場合は隣り合ったサブユニットの間の相互作用のみを考慮し，向かい合った（対角線に位置する）サブユニット間の相互作用は考えないことにする．

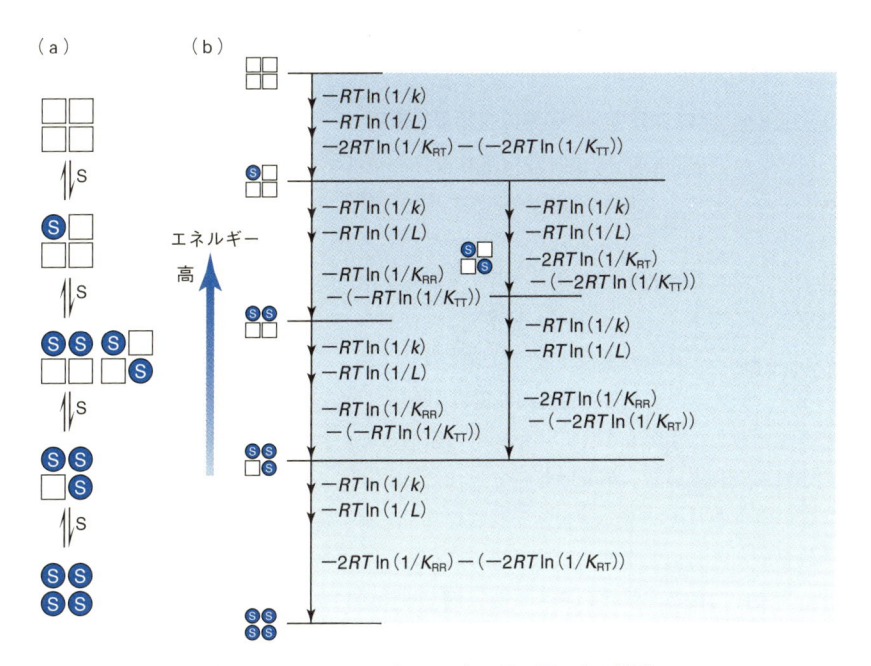

図5・27　KNFモデルのエネルギー図による説明

いま，T4にSが一つ結合する場合には，基質の結合のエネルギー$-RT\ln(1/k)$と□→○のコンホメーション変化のエネルギー$-RT\ln(1/L)$が必要である．リガンドが結合してコンホメーションが変化するので，この二つはいつも対になっている．□→○の変化に伴って，二つの□□相互作用が○□相互作用に変わるのでその分のエネルギー変化は$-2RT\ln(1/K_{RT})-(-2RT\ln(1/K_{TT}))$で，リガンドの結合により合計$-RT\ln(1/k)-RT\ln(1/L)-2RT\ln(1/K_{RT})-(-2RT\ln(1/K_{TT}))$の自由エネルギー変化が起こる．リガンドが二つめ三つめと結合する場合も同様にエネルギー変化を求めることができる．各分子種間でのエネルギー差はMWCモデルのように一定にはならずに□□相互作用と○□相互作用の大きさの違い，すなわちK_{TT}とK_{RT}，あるいはK_{RR}の大きさの違いによって変わってくる．三つめ，四つめの結合によるエネルギー変化が大きければ正の協同性がみられることになり，ヒル定数nが1より大きくなる．逆に小さければ負の協同性（リガンドが多いほど結合しにくくなる）がみられ，ヒル定数nが1より小さくなる．負の協同性が説明できることはKNFモデルの特徴である．KNFモデルは数式化するには少し面倒であるが，基本的に誘導適合説と同じで，基質の結合によってコンホメーションの変化が起こると考えている．

5・11・4 アロステリック酵素の生物学的役割

　MWCモデル，KNFモデルのいずれもコンホメーションの変化という概念を含んでいる．少なくとも5種類のアロステリック酵素（ヘモグロビン，グリコーゲンホスホリラーゼ，ホスホフルクトキナーゼ，アスパラギン酸カルバモイルトランスフェラーゼ，乳酸デヒドロゲナーゼ，ピルビン酸キナーゼ）のT型，R型のX線結晶解析がなされていて，T型，R型でコンホメーションが異なっていることがわかっている．これらの構造変化では個々のサブユニットの構造にはわずかな変化しかなく，サブユニット間の相対的な位置がおもに回転によって変化している．なぜ，基質を結合しやすいものとしにくいものがあるのか，その分子的な機構について研究が進められている（第8章参照）．

　このようなリガンドの結合とそれに伴うタンパク質のコンホメーションの変化は生物学的にきわめて重要な意味をもっている．アロステリック酵素などの調節機構はもちろんのこと，筋肉のミオシン，鞭毛や繊毛にある運動性のタンパク質（ATPアーゼ）であるダイニンなどはATPが結合したものと，ADPが結合したものでは大きくコンホメーションが異なっていることがわかっており，このことが運動性と

密接な関係があると考えられている．また，受容体（たとえば上皮増殖因子受容体）など膜タンパク質は膜の外側にホルモンなどの結合部位があり，膜の内側にチロシンキナーゼドメインがある．ホルモンなどが結合したという情報はタンパク質のコンホメーションの変化によって細胞内に伝達され，酵素活性の変化をもたらすのである．

参 考 図 書

1) 橋本 隆，"酵素反応速度論 — 基礎と演習"共立出版(1971)．
2) 廣海啓太郎，"酵素反応"，岩波書店(1991)．
3) 中村隆雄著，"酵素キネティクス"，学会出版センター(1993)．
4) M. Dixon, E. Webb, "Enzymes", 3 Ed., Longman Group Ltd., London (1979)．
5) H. Gutfreund著，寺本英，尾崎正明，垣谷宏子共訳，"エンザイム — 物理的アプローチ"，化学同人(1974)．
6) A. Fersht著，今堀和友，川島誠一訳，"酵素 — 構造と反応機構"，東京化学同人(1983)．
7) M. Perutz著，林利彦，今村保忠訳，"生命の第二の秘密 — タンパク質の協同現象とアロステリック制御の分子機構"，マグロウヒル(1991)．

≡ 解 説 ≡

5・1 反応速度，反応速度式，反応次数

A. 反 応 速 度

化学反応の速さを定量的に表すことを考える．いま，AがPに変化する化学反応を考えると，反応はA $\longrightarrow$ Pで表される．反応が進行すればAは減少し，Pは増加してくる．Aの濃度を[A]，Pの濃度を[P]とすると，[A]の減少の速さ，あるいは[P]の増加の速さを反応速度という．すなわち

$$-\frac{d[A]}{dt} = \frac{d[P]}{dt} = v$$

で表し，vを反応速度という．

B. 反応速度式，反応次数

温度や圧力が変われば反応速度は変わるが，定温定圧下では多くの場合反応速度は反応物の濃度のべき乗に比例する．すなわち，A+B+C+… $\longrightarrow$ P+Q+R+… の反応において $v = k[A]^\alpha[B]^\beta[C]^\gamma\cdots$ と表される．このような式を**反応速度式**という．このときkを速度定数，指数の総和 $\alpha + \beta + \gamma + \cdots$ を**反応次数**と

いう．

C. 一次反応，二次反応，0次反応

$v = k[A]$ の速度式で表される場合を**一次反応**という．これは原子核の壊変やタンパク質分子の熱変性のように，内部的な要因で一定の割合で反応がひき起こされる場合にみられる．

$v = k[A]^2$ または $v = k[A][B]$ の速度式で表される場合を**二次反応**という．これは A + A ⟶ C あるいは A + B ⟶ C のように2分子間で反応が起こるときによく見られる．二つの分子が衝突する確率はそれぞれの濃度の積に比例するからである．

$v = k$ の速度式で表される場合を **0次反応**という．これは，反応速度が，反応物の濃度には依存しない場合で，反応の律速段階が他の要因，たとえば，分子の吸着からの脱離などに支配されているときにみられる．

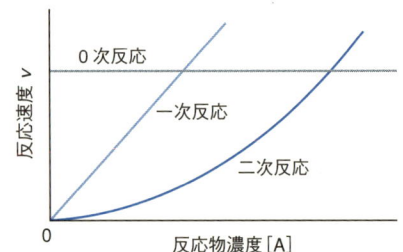

5・2 平衡と平衡定数，標準自由エネルギー変化

$aA + bB + cC + \cdots \longrightarrow pP + qQ + rR + \cdots$ の反応と $pP + qQ + rR + \cdots \longrightarrow aA + bB + cC + \cdots$ が同時に起こるとき，これを可逆反応という．この場合，十分に時間がたつと見掛け上，A，B，C，…P，Q，R，… いずれの濃度も変化しなくなる．このことを**化学平衡**といい，系が平衡に達したという．このとき

$$K = \frac{[P]^p[Q]^q[R]^r\cdots}{[A]^a[B]^b[C]^c\cdots}$$

の関係がある．このことを**質量作用の法則**という．K を**平衡定数**という．

特に最も簡単な A + B ⇌ C のような場合，左から見ると，$K = [C]/[A][B]$ となり，右から見ると，$K = [A][B]/[C]$ となる．特に前者を**会合定数**または**結合定数**，後者を**解離定数**という．両者は逆数の関係にある．単に平衡定数という場合はふつう会合定数をさす．

平衡定数はまた次のようにも解釈できる．A + B ⟶ C の反応速度を v_1 とすると，これはAとBとの衝突の頻度に比例すると考えるのが合理的である．比例定数を k_1 とすると $v_1 = k_1[A][B]$．逆反応の C ⟶ A + B の反応速度を v_{-1} とすると，これはCの濃度に比例すると考えられるから，比例定数を k_{-1} とすると $v_{-1} = k_{-1}[C]$．

平衡ではそれぞれの速度が等しくなるから，$k_1[\mathrm{A}][\mathrm{B}] = k_{-1}[\mathrm{C}]$. すなわち

$$\frac{[\mathrm{C}]}{[\mathrm{A}][\mathrm{B}]} = \frac{k_1}{k_{-1}} = K$$

このように，平衡定数は速度定数の比とも解釈できる．

平衡状態ではそれ以上の変化は起こらないので，系の自由エネルギー変化ΔGは0になる．各成分の化学ポテンシャルμは理想溶液であるとすると（理想溶液とみなせない場合には濃度の代わりに活動度を用いる），

$$\mu_\mathrm{A} = \mu_\mathrm{A}^\circ + RT\ln[\mathrm{A}] \qquad \mu_\mathrm{P} = \mu_\mathrm{P}^\circ + RT\ln[\mathrm{P}]$$
$$\mu_\mathrm{B} = \mu_\mathrm{B}^\circ + RT\ln[\mathrm{B}] \qquad \mu_\mathrm{Q} = \mu_\mathrm{Q}^\circ + RT\ln[\mathrm{Q}]$$
$$\mu_\mathrm{C} = \mu_\mathrm{C}^\circ + RT\ln[\mathrm{C}] \qquad \mu_\mathrm{R} = \mu_\mathrm{R}^\circ + RT\ln[\mathrm{R}]$$
$$\vdots \qquad\qquad\qquad \vdots$$

のように表される．平衡状態では
$\Delta G = (p\mu_\mathrm{P} + q\mu_\mathrm{Q} + r\mu_\mathrm{R} \cdots) - (a\mu_\mathrm{A} + b\mu_\mathrm{B} + c\mu_\mathrm{C} \cdots) = 0$ であるから
$$(p\mu_\mathrm{P}^\circ + q\mu_\mathrm{Q}^\circ + r\mu_\mathrm{R}^\circ \cdots) - (a\mu_\mathrm{A}^\circ + b\mu_\mathrm{B}^\circ + c\mu_\mathrm{C}^\circ \cdots)$$
$$= -RT\ln\frac{[\mathrm{P}]^p[\mathrm{Q}]^q[\mathrm{R}]^r\cdots}{[\mathrm{A}]^a[\mathrm{B}]^b[\mathrm{C}]^c\cdots}$$

となる．ここで
$(p\mu_\mathrm{P}^\circ + q\mu_\mathrm{Q}^\circ + r\mu_\mathrm{R}^\circ \cdots) - (a\mu_\mathrm{A}^\circ + b\mu_\mathrm{B}^\circ + c\mu_\mathrm{C}^\circ \cdots) = \Delta G^\circ$ とおくと

$$\Delta G^\circ = -RT\ln\frac{[\mathrm{P}]^p[\mathrm{Q}]^q[\mathrm{R}]^r\cdots}{[\mathrm{A}]^a[\mathrm{B}]^b[\mathrm{C}]^c\cdots} = -RT\ln K$$

という重要な関係が得られる．ΔG°は標準状態にある反応系の物質が標準状態にある生成系の物質に変化するときの自由エネルギー変化で**標準自由エネルギー変化**とよばれ，一定の温度ではその反応に特有な定数である．

このことは平衡状態が実現できる可逆の系では，平衡定数はすべて標準自由エネルギー変化に置き換えて議論できることを示している．

5・3 リガンド結合とスキャッチャードプロット

酵素に結合するものは基質に限らず，阻害剤や活性化剤などもある．また，ヘモグロビンに結合する酸素のようなものもある．このようなタンパク質と結合するものを総称して**リガンド**という．タンパク質とリガンドとの結合を測定することはタンパク質の機能を解析するうえできわめて重要である．

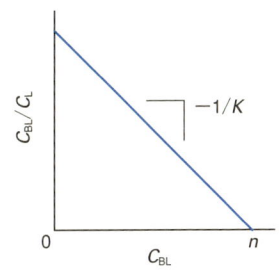

広く用いられている測定方法は透析平衡やゲル沪過を用いる直接的な方法だが，結合に伴う蛍光変化を測定するなどの間接的な方法も用いられている．これらの測定から，解離定数と結合数を求めるのに用いられるのが**スキャッチャードプロット**である．

いま，タンパク質Pにリガンド L がつく場所が n 個あるとする．最初のタンパク質濃度を C_P^0 とし，これにリガンドを加えたとき，タンパク質に結合したリガンドの濃度が C_{BL}，遊離のリガンド濃度が C_L，になったとする．このとき，横軸に C_{BL}，縦軸に C_{BL}/C_L をプロットする．もし，タンパク質中の結合部位とリガンドとの解離定数がみな等しく K であるとすると（これを固有の解離定数という．p.103, ➡ 解説5・7参照），このプロットは直線になり x 切片がリガンドの結合数 n を与え，傾きが $-1/K$ となる（前ページ図）．

5・4　ピンポン機構の速度式

ピンポン機構は図の反応機構で表すことができる．図中の速度定数を用いて定常状態の仮定を用いると，

$$\frac{d[EA]}{dt} = k_{A1}[E][A] - (k_{A-1} + k_P)[EA] = 0$$

$$\frac{d[FB]}{dt} = k_{B1}[F][B] - (k_{B-1} + k_Q)[FB] = 0$$

$$\frac{d[E]}{dt} = k_{A-1}[EA] + k_Q[FB] - k_{A1}[E][A] = 0$$

$$\frac{d[F]}{dt} = k_P[EA] + k_{B-1}[FB] - k_{B1}[F][B] = 0$$

が成り立つ．これより P の生成速度 $v = k_P[EA]$ を求めると，途中の計算は省略するが

$$v = \frac{V_m[A][B]}{K_A[B] + K_B[A] + [A][B]} = \frac{V_m}{K_A/[A] + K_B/[B] + 1}$$

となる．ただし

$$V_m = \frac{k_P k_Q}{k_P + k_Q}[E_0], \quad K_A = \frac{k_Q}{k_P + k_Q}\frac{(k_{A-1} + k_P)}{k_{A1}}, \quad K_B = \frac{k_P}{k_P + k_Q}\frac{(k_{B-1} + k_Q)}{k_{B1}}$$

とおいた．

同様に，Q の生成速度 $v = k_Q[EB]$ を求めても同じ結果になることを確かめよ．

5・5 弱酸の解離
A. 電 離 平 衡

塩酸のような強酸を水に溶かすと完全に解離してしまうが，弱酸では完全には解離しない．たとえば酢酸を水に溶かしたときを考えると，下のような平衡になり，一部 CH_3COOH が残る．このとき**電離平衡**にあるという．

$$CH_3COOH \rightleftharpoons CH_3COO^- + H^+$$

この解離定数（電離定数）を K_a とすると，質量作用の法則により，

$$K_a = \frac{[CH_3COO^-][H^+]}{[CH_3COOH]}$$

の関係が成り立つ．両辺の対数をとると，

$$\log K_a = \log \frac{[CH_3COO^-]}{[CH_3COOH]} + \log [H^+]$$

ここで $-\log[H^+] = pH$ および，$-\log K_a = pK_a$ とおくと次式が導かれる．

$$pH = pK_a + \log \frac{[CH_3COO^-]}{[CH_3COOH]} \tag{1}$$

ところで，CH_3COOH は H^+ の供与体なのでブレンステッド（Brønsted）の酸であり，CH_3COO^- は H^+ を受取るブレンステッドの塩基であるから，

$$pH = pK_a + \log \frac{[塩基]}{[酸]} \tag{2}$$

と表してもよい．

pK_a は弱酸の濃度や他の塩の存在などによって変化しない定数で，酢酸の場合は 25 ℃ で 4.76 である．pH 4.76 では (1) 式より，$\log[CH_3COO^-]/[CH_3COOH] = 0$ すなわち $[CH_3COO^-] = [CH_3COOH]$ であるから，酢酸分子のうち 50 % が $[CH_3COOH]$ の状態，残りの 50 % が $[CH_3COO^-]$ の状態であることがわかる．pH 5.76 では $\log[CH_3COO^-]/[CH_3COOH] = 1$，すなわち $[CH_3COO^-] = 10[CH_3COOH]$ であるから，酢酸分子のうち $1/11 =$ 約 9 % が $[CH_3COOH]$ の状態，残りの $10/11 =$ 約 91 % が $[CH_3COO^-]$ の状態にある．このようにして任意の pH での $[CH_3COOH]$ と $[CH_3COO^-]$ の存在量を求めて図示すると，右の図のようになる．

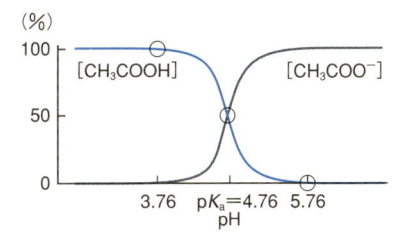

B. 二塩基酸の解離

解離しうる基が二つある酸を**二塩基酸**という．一例には炭酸があげられる．いちばん多く水素をつけている形は H_2CO_3（炭酸）である．これが水素を一つ失うと HCO_3^-（炭酸水素イオン），さらにもう一つ失うと CO_3^{2-}（炭酸イオン）になる．それぞれの pK_a 値は異なっており

$$H_2CO_3 \rightleftharpoons HCO_3^- + H^+ \qquad pK_a = 6.34$$
$$HCO_3^- \rightleftharpoons CO_3^{2-} + H^+ \qquad pK_a = 10.25$$

である．それぞれの各 pH における存在量は前ページの図との類推から，下図となることは予想できる．

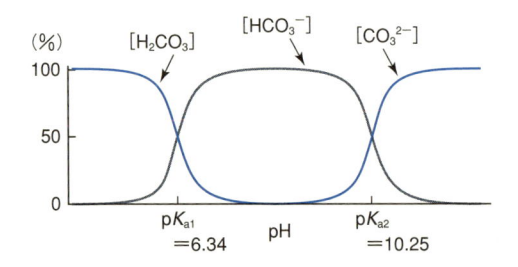

5・6 アデアの式

アデア（Adair, 1925）はヘモグロビンへの酸素の結合を表すのに，酸素が一つずつ結合してゆく下のようなモデルを考えた．

$$E \underset{K1}{\overset{S}{\rightleftharpoons}} ES_1 \underset{K2}{\overset{S}{\rightleftharpoons}} ES_2 \underset{K3}{\overset{S}{\rightleftharpoons}} ES_3 \underset{K4}{\overset{S}{\rightleftharpoons}} ES_4$$

ここで $K1, K2, K3, K4$ は見掛けの解離定数で，

$$K1 = [E][S]/[ES_1] \qquad K2 = [ES_1][S]/[ES_2]$$
$$K3 = [ES_2][S]/[ES_3] \qquad K4 = [ES_3][S]/[ES_4]$$

このとき飽和度 $\overline{Y}$ は

$$\overline{Y} = \frac{K2K3K4[S] + 2K3K4[S]^2 + 3K4[S]^3 + 4[S]^4}{4(K1K2K3K4 + K2K3K4[S] + K3K4[S]^2 + K4[S]^3 + [S]^4)}$$

となる．この式は実際のヘモグロビンへの酸素の結合をよく表すことができる．測定値の例をあげると，$K1 = 18.4, K2 = 22.2, K3 = 10.0, K4 = 1.12$（蛋白質 核酸 酵素，**39**, 1106（1994）表1 No.6 より計算，単位は mmHg）となる．見掛けの解離定数は小さいほど酸素がつきやすいことを示しているから，最初の一つめ二つめは酸素がつきにくく，三つ以上とりわけ四つになると酸素がつきやすくなることになる．

5・7　見掛けの解離定数と固有の解離定数

　二つ以上の結合部位があると，一つしかないときに比べて少し複雑になる．このために見掛けの解離定数というものを導入する．いま仮にEに四つの結合部位がある場合で，一つのリガンドSがついているものにさらにもう一つのリガンドが結合する場合（$ES_1 + S \rightleftharpoons ES_2$）を考える．いまEにSが一つついたものの濃度を $[ES_1]$，二つついたものの濃度を $[ES_2]$ とすると，解離定数 $K2$ を考えることができ $K2 = [ES_1][S]/[ES_2]$ とする．

　しかし，結合部位が四つあるので，$[ES_1]$ といってもその中身は ⬚, ⬚, ⬚, ⬚ の4種類がある．また $[ES_2]$ といっても，⬚, ⬚, ⬚, ⬚, ⬚, ⬚ の6種類がある．それゆえ，

$$K2 = \frac{\{[\text{⬚}] + [\text{⬚}] + [\text{⬚}] + [\text{⬚}]\}[S]}{[\text{⬚}] + [\text{⬚}] + [\text{⬚}] + [\text{⬚}] + [\text{⬚}] + [\text{⬚}]}$$

のように表されるべきものである．これを**見掛けの解離定数**という．

　それに対して，一つの結合部位に結合する解離定数を定義することができる．たとえば ⬚ $+ S \underset{k1}{\rightleftharpoons}$ ⬚ のように右上のサブユニットの結合部位にリガンドが結合する際の解離定数を考え，これを $k1$ とすると，$k1 = [\text{⬚}][S]/[\text{⬚}]$ となる．また同様に，⬚ $+ S \underset{k2}{\rightleftharpoons}$ ⬚ や ⬚ $+ S \underset{k3}{\rightleftharpoons}$ ⬚ のように右下や左下のサブユニットの結合部位にリガンドが結合する際の解離定数も，

$k2 = [\text{⬚}][S]/[\text{⬚}]$，$k3 = [\text{⬚}][S]/[\text{⬚}]$ と表すことができる．

　このように，リガンドが一つの結合部位に結合する際の解離定数を**固有の解離定数**という．この固有の解離定数はそれぞれの結合部位とその状態によって異なると考えられるので，上の $k1, k2, k3$ などは必ずしも同一とは限らない．

　しかし，すべての固有の解離定数が同一であるときは，固有の解離定数と見掛けの解離定数の間には簡単な関係がある．最も簡単なリガンドの一つ目の結合の際について考えてみる．$E + S \underset{K1}{\rightleftharpoons} ES_1$ の見掛けの解離定数を $K1$ とし，

$$\begin{smallmatrix}\bigcirc\bigcirc\\\bigcirc\bigcirc\end{smallmatrix}+\mathrm{S}\rightleftharpoons\begin{smallmatrix}\circledS\bigcirc\\\bigcirc\bigcirc\end{smallmatrix},\quad \begin{smallmatrix}\bigcirc\bigcirc\\\bigcirc\bigcirc\end{smallmatrix}+\mathrm{S}\rightleftharpoons\begin{smallmatrix}\bigcirc\circledS\\\bigcirc\bigcirc\end{smallmatrix},\quad \begin{smallmatrix}\bigcirc\bigcirc\\\bigcirc\bigcirc\end{smallmatrix}+\mathrm{S}\rightleftharpoons\begin{smallmatrix}\bigcirc\bigcirc\\\circledS\bigcirc\end{smallmatrix},\quad \begin{smallmatrix}\bigcirc\bigcirc\\\bigcirc\bigcirc\end{smallmatrix}+\mathrm{S}\rightleftharpoons\begin{smallmatrix}\bigcirc\bigcirc\\\bigcirc\circledS\end{smallmatrix}$$

の固有の解離定数がすべて同一でkであるとすると，

$$k=\frac{\left[\begin{smallmatrix}\bigcirc\bigcirc\\\bigcirc\bigcirc\end{smallmatrix}\right][\mathrm{S}]}{\left[\begin{smallmatrix}\circledS\bigcirc\\\bigcirc\bigcirc\end{smallmatrix}\right]}=\frac{\left[\begin{smallmatrix}\bigcirc\bigcirc\\\bigcirc\bigcirc\end{smallmatrix}\right][\mathrm{S}]}{\left[\begin{smallmatrix}\bigcirc\circledS\\\bigcirc\bigcirc\end{smallmatrix}\right]}=\frac{\left[\begin{smallmatrix}\bigcirc\bigcirc\\\bigcirc\bigcirc\end{smallmatrix}\right][\mathrm{S}]}{\left[\begin{smallmatrix}\bigcirc\bigcirc\\\circledS\bigcirc\end{smallmatrix}\right]}=\frac{\left[\begin{smallmatrix}\bigcirc\bigcirc\\\bigcirc\bigcirc\end{smallmatrix}\right][\mathrm{S}]}{\left[\begin{smallmatrix}\bigcirc\bigcirc\\\bigcirc\circledS\end{smallmatrix}\right]}\quad \text{であるから，}$$

$\left[\begin{smallmatrix}\circledS\bigcirc\\\bigcirc\bigcirc\end{smallmatrix}\right]=\left[\begin{smallmatrix}\bigcirc\circledS\\\bigcirc\bigcirc\end{smallmatrix}\right]=\left[\begin{smallmatrix}\bigcirc\bigcirc\\\circledS\bigcirc\end{smallmatrix}\right]=\left[\begin{smallmatrix}\bigcirc\bigcirc\\\bigcirc\circledS\end{smallmatrix}\right]=\left[\begin{smallmatrix}\bigcirc\bigcirc\\\bigcirc\bigcirc\end{smallmatrix}\right][\mathrm{S}]/k$である．ところで，見掛けの平衡定数は，

$$K1=\frac{\left[\begin{smallmatrix}\bigcirc\bigcirc\\\bigcirc\bigcirc\end{smallmatrix}\right][\mathrm{S}]}{\left\{\left[\begin{smallmatrix}\circledS\bigcirc\\\bigcirc\bigcirc\end{smallmatrix}\right]+\left[\begin{smallmatrix}\bigcirc\circledS\\\bigcirc\bigcirc\end{smallmatrix}\right]+\left[\begin{smallmatrix}\bigcirc\bigcirc\\\circledS\bigcirc\end{smallmatrix}\right]+\left[\begin{smallmatrix}\bigcirc\bigcirc\\\bigcirc\circledS\end{smallmatrix}\right]\right\}}$$

で表されるので上の関係より，

$$K1=\frac{\left[\begin{smallmatrix}\bigcirc\bigcirc\\\bigcirc\bigcirc\end{smallmatrix}\right][\mathrm{S}]}{4\left[\begin{smallmatrix}\bigcirc\bigcirc\\\bigcirc\bigcirc\end{smallmatrix}\right][\mathrm{S}]/k}=\frac{k}{4}$$

同様に，二つ，三つ，四つ結合するときの見掛けの解離定数，$K2$，$K3$，$K4$はそれぞれ，$K2={}^{2}\!/_{3}\,k$，$K3={}^{3}\!/_{2}\,k$，$K4=4k$と簡単な関係になる．

一般に固有の解離定数がみな等しいとき，見掛けの解離定数$Ki=k\cdot i/(n-i+1)$となる．ただし，nは結合部位の数，iは結合するリガンドの数である．

5・8　MWCモデルでの飽和度の計算

図5・24の条件で飽和度を求める．

$$\text{Rの全リガンド結合部位}=4\left(\left[\begin{smallmatrix}\bigcirc\bigcirc\\\bigcirc\bigcirc\end{smallmatrix}\right]+\left[\begin{smallmatrix}\bigcirc\circledS\\\bigcirc\bigcirc\end{smallmatrix}\right]+\left[\begin{smallmatrix}\circledS\circledS\\\bigcirc\bigcirc\end{smallmatrix}\right]+\left[\begin{smallmatrix}\circledS\circledS\\\bigcirc\circledS\end{smallmatrix}\right]+\left[\begin{smallmatrix}\circledS\circledS\\\circledS\circledS\end{smallmatrix}\right]\right)$$

$$=4\left[\begin{smallmatrix}\bigcirc\bigcirc\\\bigcirc\bigcirc\end{smallmatrix}\right]\left(1+\frac{[\mathrm{S}]}{K_{\mathrm{R}}1}+\frac{[\mathrm{S}]^2}{K_{\mathrm{R}}1K_{\mathrm{R}}2}+\frac{[\mathrm{S}]^3}{K_{\mathrm{R}}1K_{\mathrm{R}}2K_{\mathrm{R}}3}+\frac{[\mathrm{S}]^4}{K_{\mathrm{R}}1K_{\mathrm{R}}2K_{\mathrm{R}}3K_{\mathrm{R}}4}\right)$$

$$=4\left[\begin{smallmatrix}\bigcirc\bigcirc\\\bigcirc\bigcirc\end{smallmatrix}\right]\left(1+4\frac{[\mathrm{S}]}{k_{\mathrm{R}}}+6\frac{[\mathrm{S}]^2}{k_{\mathrm{R}}^2}+4\frac{[\mathrm{S}]^3}{k_{\mathrm{R}}^3}+\frac{[\mathrm{S}]^4}{k_{\mathrm{R}}^4}\right)$$

$$=4\left[\begin{smallmatrix}\bigcirc\bigcirc\\\bigcirc\bigcirc\end{smallmatrix}\right](1+4\alpha+6\alpha^2+4\alpha^3+\alpha^4)=4\left[\begin{smallmatrix}\bigcirc\bigcirc\\\bigcirc\bigcirc\end{smallmatrix}\right](1+\alpha)^4$$

ただし，$[\mathrm{S}]/k_{\mathrm{R}}=\alpha$とおいた．同様に

解　説

Tの全リガンド結合部位 $= 4\left[\boxplus\right](1+c\alpha)^4$

ただし，$c = k_R/k_T$ とおいたので，$[S]/k_T = c\alpha$ である．また，

Rのリガンドを結合している部位 $= \left[\substack{S\\ \circ\circ}\right] + 2\left[\substack{SS\\ \circ\circ}\right] + 3\left[\substack{SS\\ S\circ}\right] + 4\left[\substack{SS\\ SS}\right]$

$= \left[\substack{\circ\circ\\ \circ\circ}\right]\left(\dfrac{[S]}{K_R 1} + 2\dfrac{[S]^2}{K_R 1 K_R 2} + 3\dfrac{[S]^3}{K_R 1 K_R 2 K_R 3} + 4\dfrac{[S]^4}{K_R 1 K_R 2 K_R 3 K_R 4}\right)$

$= \left[\substack{\circ\circ\\ \circ\circ}\right]\left(4\dfrac{[S]}{k_R} + 12\dfrac{[S]^2}{k_R^2} + 12\dfrac{[S]^3}{k_R^3} + 4\dfrac{[S]^4}{k_R^4}\right)$

$= \left[\substack{\circ\circ\\ \circ\circ}\right] 4\alpha(1+\alpha)^3$

である．同様に，

Tのリガンドを結合している部位 $= \left[\boxplus^S\right] + 2\left[\substack{SS\\ \boxplus}\right] + 3\left[\substack{SS\\ S}\right] + 4\left[\substack{SS\\ SS}\right]$

$= \left[\boxplus\right] 4c\alpha(1+c\alpha)^3$

したがって飽和度は

$\overline{Y} = \dfrac{\text{リガンドを結合している部位}}{\text{全リガンド結合部位}}$

$= \dfrac{\text{Rのリガンドを結合している部位} + \text{Tのリガンドを結合している部位}}{\text{Rの全リガンド結合部位} + \text{Tの全リガンド結合部位}}$

$= \dfrac{\left[\substack{\circ\circ\\ \circ\circ}\right] 4\alpha(1+\alpha)^3 + \left[\boxplus\right] 4c\alpha(1+c\alpha)^3}{\left[\substack{\circ\circ\\ \circ\circ}\right] 4(1+\alpha)^4 + \left[\boxplus\right] 4(1+c\alpha)^4} = \dfrac{\alpha(1+\alpha)^3 + Lc\alpha(1+c\alpha)^3}{(1+\alpha)^4 + L(1+c\alpha)^4}$

6

遺伝子工学の基礎

　遺伝子工学をタンパク質の研究に導入することにより，これまではタンパク質を対象にして行っていた実験がDNAを取扱うことによりはるかに容易になり（たとえば，DNAの塩基配列の決定によるタンパク質のアミノ酸配列の推定），あるいは不可能であった実験が可能になり（たとえば，DNAへの部位特異的変異の導入による計画的な変異型酵素の作製），またクローニングした遺伝子の大量発現系の利用により純度の高い精製タンパク質が大量に，かつ容易に取得できるようになるなど，技術面での進歩を通して，タンパク質の研究は近年飛躍的に進展してきた．その成果の一端は本書の第7章以降に詳細に解説されている．ここでは，酵素の改変と遺伝子工学の基礎的知識を整理する．

6・1　遺伝子のクローニングと酵素の改変

　酵素遺伝子のクローニングと酵素改変の実験においては，タンパク質の研究で用いる基本的な遺伝子操作技術のすべてがかかわってくる．図6・1にその実験の道筋を整理した．説明を簡潔にするために，原核生物由来の酵素であるとする．真核生物の酵素遺伝子は通常イントロンを含むので，酵素の発現のためにはcDNAを取得する必要があり，この点が以下の説明と異なる．

　1) 酵素やペプチドのN末端アミノ酸配列の決定．単離精製した酵素やそのポリペプチド断片について，**自動アミノ酸配列分析装置**（プロテインシークエンサー）でN末端から数十残基（よい条件では50残基以上）までのアミノ酸配列の決定が可能である．この装置は**エドマン法**によるタンパク質のN末端からの切断と高速液

6・1 遺伝子のクローニングと酵素の改変

```
① 酵素のN末端アミノ酸配列の決定        ③ ゲノムDNAの調製
② プローブDNAの作製                   制限酵素処理
                                    アガロース電気泳動
④ プローブDNAに相補的なゲノムDNA画分の取得
⑤ 目的DNA断片のクローニング
⑥ DNAの塩基配列の決定                 ⑦ 酵素遺伝子の発現系の確立
⑧ DNA塩基配列，酵素のアミノ酸         ⑨ 改変酵素の設計
   配列の相同性の検索
                                    ⑩ 部位特異的変異の導入
                                    ⑪ 変異型酵素の取得
```

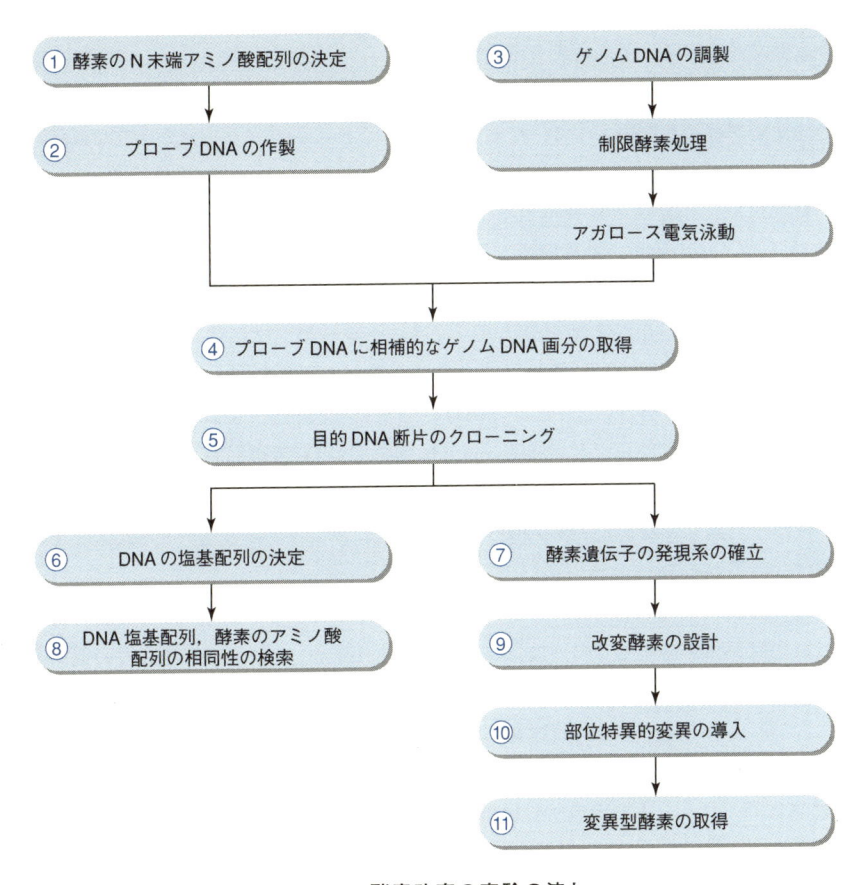

図 6・1 酵素改変の実験の流れ

体クロマトグラフィーによるアミノ酸の同定を組合わせたものである.

2) 酵素の部分ポリペプチドをコードするプローブ DNA の作製. 各生物はそれぞれ特有の**コドン使用頻度**をもつ. コドン使用頻度を参考にして，決定したポリペプチドのアミノ酸配列をコードする DNA (アミノ酸7残基以上の配列，21塩基以上が望ましい) を化学合成する. コドンの3文字目は複数種類の塩基をもつ混合**プローブ DNA** でよい. もし，30アミノ酸残基以上の配列が決められたなら，**ポリメラーゼ連鎖反応** (polymerase chain reaction, PCR) によって100塩基対ほどのプローブ DNA を合成することも可能である. 当然のことながら長い DNA のほうが,

プローブ(探り針)としての効率はよい.プローブDNAの化学合成は自動DNA合成機で合成する.委託合成も可能である.

3) <u>酵素が由来した生物細胞からのゲノムDNAの調製</u>.DNAに酵素的分解や物理的切断が起こらないように,なるべく無傷の状態で調製する方法が確立されている.

4) <u>プローブDNAと相補的な塩基配列を含むゲノムDNA画分の取得</u>.ゲノムDNAを数種類の適当な**制限酵素**で切断処理した後,アガロース電気泳動により分画し,標識したプローブDNAとのハイブリッド形成(**サザンハイブリダイゼーション**)を行う.用いる制限酵素としては,クローニングに使う**プラスミドベクター**のDNA断片挿入部位(通常,pUC系ベクターのマルチクローニング部位)にその制限酵素部位があることが必須であり,通常6塩基認識で切断面が付着末端の酵素が使われる.プローブと相補的な塩基配列をもつDNAのおおよその大きさを判定し,相当する大きさのDNA画分をアガロースから抽出する.この際,酵素の分子量から計算される推定アミノ酸残基数を十分にカバーする長さのDNA画分を抽出する必要がある.

5) <u>目的とするDNA断片のクローニング</u>.ゲノムDNAの切断処理に使用したのと同じ制限酵素により**クローニングベクター**を処理し,抽出したDNAとの組換えDNAを作製する.この組換えDNAにより大腸菌を**形質転換**し,寒天平板上に形成された形質転換体のコロニーに対し,プローブDNAを用いてコロニーハイブリッド形成(**コロニーハイブリダイゼーション**)を行う.陽性のコロニー(プローブDNAとハイブリッドを形成する組換えDNAをもつと判定されたコロニー)が検出できれば,目的とするDNA断片がクローニングできた可能性がある.このコロニーから菌を植え継ぎ,**プラスミド**を調製する.

6) <u>クローニングしたDNAの塩基配列の決定</u>.自動DNAシークエンサーによりDNAの塩基配列を決定し,この中に酵素の決定したアミノ酸配列と同じ**読み枠**(**オープンリーディングフレーム**)が見いだされれば,これが目的とする酵素遺伝子(の一部)である可能性が高い.得られたDNAが酵素遺伝子の一部である場合には,そのDNAをプローブにしてさらに上流,あるいは下流のDNAのクローニングを行う.

7) <u>酵素遺伝子の発現系の確立</u>.遺伝子発現により効率よく大量の酵素タンパク質が生産されるように,酵素全体をコードするDNAを,強力なプロモーターをもつ**発現ベクター**に乗せ換え,組換えプラスミドで宿主を形質転換する.大腸菌,酵

母，動植物細胞などを宿主とする種々の発現系が開発されている．細菌や古細菌由来の酵素の場合はもちろん，真核生物のタンパク質でも，大腸菌の発現系が使われることが多い．真核生物のタンパク質発現のためには，遺伝子にイントロンが存在するので，mRNAから調製した **cDNA**（mRNAに相補的 complementary な二本鎖DNA）の組換えプラスミドを作製する必要がある．生物活性を発現するために翻訳後修飾（タンパク質の糖鎖修飾やペプチド切断など）を必要とする真核生物のタンパク質の場合には，真核生物を宿主とする発現系が使われる．発現した酵素タンパク質を精製し，すでに調べてある酵素の性質と比較し，目的とする酵素が得られたことを確認する．酵素の抗体が用意されているなら，ここで得られた酵素が目的とする酵素であることを抗原抗体反応により確認する．

8) <u>DNA塩基配列，酵素のアミノ酸配列の相同性の検索</u>．決定した遺伝子DNAの全塩基配列とそれから得られる酵素のアミノ酸配列を，インターネットを利用するコンピューター検索 (http://www.ncbi.nlm.nih.gov/BLAST/ や http://www2.ebi.ac.uk/clustalw/) により既知のデータベースと比較する．その結果，この酵素が新規のものか，相同な配列をもつタンパク質が知られているのか，相同性は何％程度なのか，機能的に異なる相同なタンパク質が存在するのか，といったことを知ることができる．

9) <u>改変酵素の設計</u>．酵素の改変にあたって，X線結晶解析や核磁気共鳴（NMR）により**立体構造**が決定されており，かつ反応機構などの酵素のいろいろな性質と，それに関与するアミノ酸残基までもが解明されている場合には，目的にあった合理的な酵素改変の設計が可能である．したがって，酵素の改変を計画するなら，その酵素の立体構造の決定は必須である．基質特異性の改変，ミカエリス定数 K_m の改良，触媒反応速度の上昇，反応の最適pHの改変，耐熱性の向上など，酵素を利用しようとする際に出てくる要求に基づく設計が考えられる．

10) <u>オリゴヌクレオチドを用いる部位特異的変異の導入</u>．酵素改変の設計に基づき，導入したい変異を含み，それ以外は野生型遺伝子DNAに相補的な塩基配列をもつ**変異導入プライマーDNA**（通常，25塩基以上の長さ）を作製する．野生型遺伝子を有するDNAを鋳型として，DNAポリメラーゼにより変異導入プライマーからのDNA合成を行う．試験管内で合成されたプラスミドDNAで大腸菌を形質転換し，形質転換体からプラスミドを調製し，遺伝子DNAの塩基配列を決定し，設計した変異が正しく導入されていること，それ以外は野生型のものと同一であることを確認する．

11) **発現ベクターへの変異導入DNAの乗せ換えと変異型酵素の取得**．すでに確立してある発現ベクターの野生型遺伝子の相当部分と変異DNAを組換える．変異型酵素遺伝子を発現させ，精製酵素を取得する．変異型酵素と野生型酵素の性質を比較する．変異型酵素が期待した性質を獲得していればよいが，そうでない場合は，さらに次の対策を考えることになる．

酵素遺伝子のクローニングから酵素改変までの道筋を，専門用語の説明を省いて述べたが，以下ではこれら実験を理解するのに必要な，遺伝子工学の基本的な事項を整理し説明しよう．実験法の詳細は専門の実験書を参照されたい．

6・2 DNAの調製

DNAは二重らせん構造で，化学的に安定な構造をしている．しかし，DNAを調製するには，DNA分解酵素（DNase）による分解が起こらないように注意し，そしてひも状の長い分子であるゲノムDNAの場合には特に物理的切断が起こらないよう，激しい操作を避けて実験を行う必要がある．

細菌細胞のゲノムDNAの調製は次の手順で行われる（図6・2）．

① エチレンジアミン四酢酸（EDTA）存在下でのリゾチームによる細菌細胞壁ペプチドグリカンの加水分解（EDTAはMg^{2+}とキレート化合物をつくるので，細胞壁構造の維持に働いているMg^{2+}を除去してリゾチームの働きを助け，かつDNA分解酵素活性を抑える働きがある）
② ドデシル硫酸ナトリウム（SDS）などの界面活性剤による細胞膜の破壊とタンパク質の変性
③ プロテアーゼによる細胞タンパク質の分解
④ フェノール（または，フェノール-クロロホルム混液）抽出と遠心分離による，残存する変性タンパク質などからのDNAの分離（遠心分離によりDNAは上層の水溶液層にくる）
⑤ 水溶液層へのエタノール添加によるDNAの沈殿（DNAのエタノール沈殿）
⑥ 遠心分離あるいはガラス棒によるDNAの回収
⑦ 乾燥後，適当な緩衝液に溶解

といった操作でDNAは調製できる．きょう雑物が多い場合には，④〜⑥の操作を繰返す．

プラスミドDNAの調製はより容易である．組換えDNA実験に用いられる大腸菌

のプラスミドDNAは数キロ塩基対（kbp）で，大腸菌の染色体DNAに比べ約千分の一の大きさしかない．大腸菌の細胞をSDSで（EDTA存在下）破壊し，細胞成分を変性させる．細胞破壊液を沸騰水中で数分間加熱処理し常温に戻すと，染色体

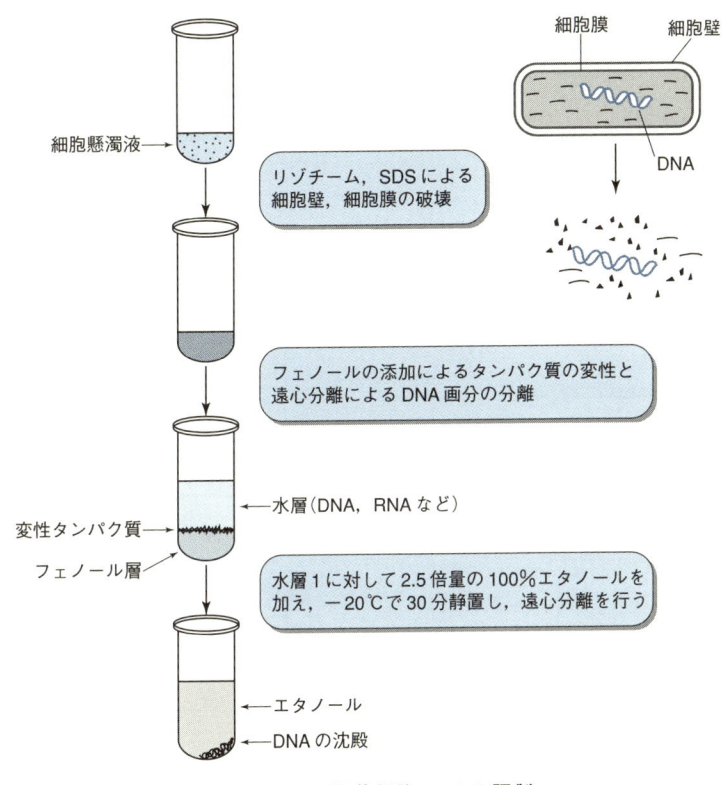

図 6・2　細菌細胞 DNA の調製

DNAは変性一本鎖DNAがランダムに会合し，変性タンパク質などの細胞成分と凝集塊を形成するが，プラスミドDNAは変性をまぬがれ二本鎖の環状DNAに戻る．遠心分離によりプラスミドは上清の可溶性画分に回収され，エタノール沈殿によりプラスミドDNAを得ることができる．

6・3　制限酵素

制限酵素はDNAの特定の塩基配列を認識し切断するDNA分解酵素であり，**制限**

112   6. 遺伝子工学の基礎

エンドヌクレアーゼともいう．制限酵素は細菌の自己防御機構の一つとして見いだされたもので，バクテリオファージなどの外来の異種DNAは分解するが，自己のDNAや自己型にメチル化されたアデニンとシトシンの修飾塩基をもつDNAは分解しない．制限酵素はI型，II型，III型に分類され，いずれも特定の塩基配列を認識するが，II型の酵素は塩基配列の特定位置でDNAを切断する点で他の酵素と異なり，このことから組換えDNA実験に用いられる．

II型の制限酵素は4，5あるいは6個（例外的に7個以上の場合もある）の塩基対からなる**2回対称**（回文）**配列**を認識して，配列内の特定塩基間（例外的に認識配列から一定塩基数離れたところ）で二本鎖DNAを切断する．切断面は制限酵素により特異的で，**付着末端**（5′または3′に一本鎖部分が突出している）か，あるいは**平滑末端**（末端に一本鎖部分がない）である（図6・3）．4塩基対を認識する酵素

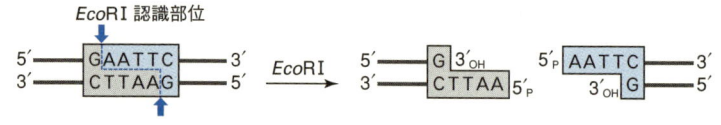

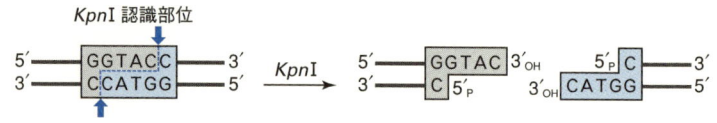

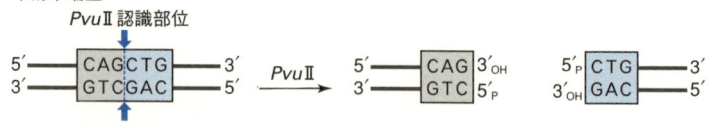

図6・3　制限酵素による付着末端と平滑末端の生成．付着末端の生成には5′末端突出型と3′末端突出型があり，それぞれ EcoRI と KpnI を例にして示した．平滑末端の生成は PvuII を例示した．矢印（↓↑）は切断点を示す．認識部位以外は任意の塩基配列である．G：グアニン，A：アデニン，C：シトシン，T：チミン．

は，DNAを平均約260（4^4）塩基対（bp）に1箇所，6塩基対を認識する酵素は平均約4000（4^6）bpに1箇所の割合で切断する．現在までに種々の細菌から約300種類の酵素が発見され，認識配列は約60種類ある．代表的なII型制限酵素を表6・1に示す．

表6・1 代表的なⅡ型制限酵素の認識塩基配列と切断部位

制限酵素	認識切断部位	由来微生物
BamHI	G↓GATCC	Bacillus amyloliquefaciens H
BstEⅡ	G↓GTNACC	Bacillus stearothermophilus ET
ClaI	AT↓CGAT	Caryophanon latum L
EcoRI	G↓AATTC	Escherichia coli RY 13
HaeⅢ	GG↓CC	Haemophilus aegyptius
HhaI	GCG↓C	Haemophilus haemolyticus
HinfI	G↓ANTC	Haemophilus influenzae Rf
KpnI	GGTAC↓C	Klebsiella pneumoniae OK8
MboI	↓GATC	Moraxella bovis
NotI	GC↓GGCCGC	Nocardia otitidis-caviarum
PstI	CTGCA↓G	Providencia stuartii
PvuⅡ	CAG↓CTG	Proteus vulgaris
SmaI	CCC↓GGG	Serratia marcescens Sb
TaqI	T↓CGA	Thermus aquaticus YT-1

認識切断部位の塩基配列は 5′末端を左側に, 3′末端を右側にして, 二本鎖のうちの一方のみを示してある. 矢印(↓)は切断する位置を示す. NはA(アデニン), G(グアニン), C(シトシン), T(チミン)の任意の塩基である.

6・4 クローニングベクター

組換えDNA実験において, 組換えDNA分子を導入し, そのDNAコピーを複製させる生物細胞を**宿主**といい, 宿主に外来DNAを運ぶDNAを**ベクター**という. この宿主-ベクター系には, 大腸菌, 枯草菌, 放線菌, *Aspergillus*属真菌, 酵母, 動物, 植物, 昆虫の培養細胞などを宿主とする種々の系がある. DNA断片をクローニングするのに用いられるクローニングベクターは,

① ベクターを保持する宿主細胞と保持しない細胞を識別する**選択マーカー**(抗生物質耐性遺伝子など)を有すること
② 外来DNAを組込むための制限酵素部位(**クローニング部位**)を有すること
③ 宿主細胞において自分自身の**コピーDNA**を多数複製する能力を有すること

が必須条件である. ベクターはプラスミドとファージに由来するものが開発されており, クローニングできる外来DNAの大きさは, **プラスミドベクター**で約 5 kbp まで, バクテリオファージλ由来の**コスミドベクター**で最大約 40 kbp の DNA であり, 目的に応じて使い分けられる. ここでは最も一般的に使われていて, 基本的

に重要な大腸菌を宿主とするプラスミドベクターについて詳細に説明する．

6・4・1 大腸菌のプラスミドベクター

　プラスミドは二本鎖環状のDNAで，宿主染色体とは独立に自律複製し，細胞分裂の過程で安定に遺伝することのできる染色体外遺伝因子であり，宿主の生育にとって必須ではない．その大きさは数kpbから数百kbpまであり，また細胞当たりのプラスミドのコピー数も1コピーのものから100コピー以上に及ぶものまでいろいろである．

　大腸菌のプラスミドベクターはクローニング用，タンパク質高発現用の多くのベクターが開発されているが，その基本となっているのが**pBR322**である．pBR322の改良されたもので，現在汎用され，かつその後のベクター（ファージベクターを含めて）の開発の基礎となっているのが**pUC系ベクター**である．それらのうちのpUC18とpUC19を図6・4に示す．これらベクターは2686 bpからなり，選択マーカーとして**アンピシリン耐性遺伝子** amp^r（β-ラクタマーゼ遺伝子 bla ともいう．アンピシリンはβ-ラクタマーゼにより分解される），それにプラスミドが大腸菌内で複製するのに必須な**複製起点**（複製開始点）ori をもっている．その特徴は，

① 大腸菌ラクトースオペロン（lac オペロン）のβ-ガラクトシダーゼ遺伝子 $lacZ$ の5′末端の一部である $lacZ'$ の中に13種類の6塩基認識の制限酵素部位（**マルチクローニング部位** multiple cloning sites, MCS ともいう）を有する

② 大腸菌細胞当たりのコピー数は，低温の30℃ではpBR322と大差ないが（15〜20コピー），37℃や42℃での培養で500〜700の多コピーに達する

③ β-ガラクトシダーゼの**α相補性**を利用して，外来DNAの挿入の有無がコロニーの白色と青色で識別できる（blue - white selection ともいう）

④ lac オペロンの発現にかかわる lac プロモーター（P），lac オペレーター（O）を有するので，**誘導物質**イソプロピル 1 -チオ-β-D-ガラクトシド（**IPTG**）による発現誘導により，挿入遺伝子の発現ベクターとしても利用できる

ことである．③，④の特徴をひきだすには，宿主大腸菌には，染色体の lac オペロンが欠失し，かつ発現制御にかかわる lac リプレッサーとβ-ガラクトシダーゼω断片の構造遺伝子である $lacI^qZ\Delta M15$ をもつF′因子を保持する変異株（JM109 など）を用いなければならない．

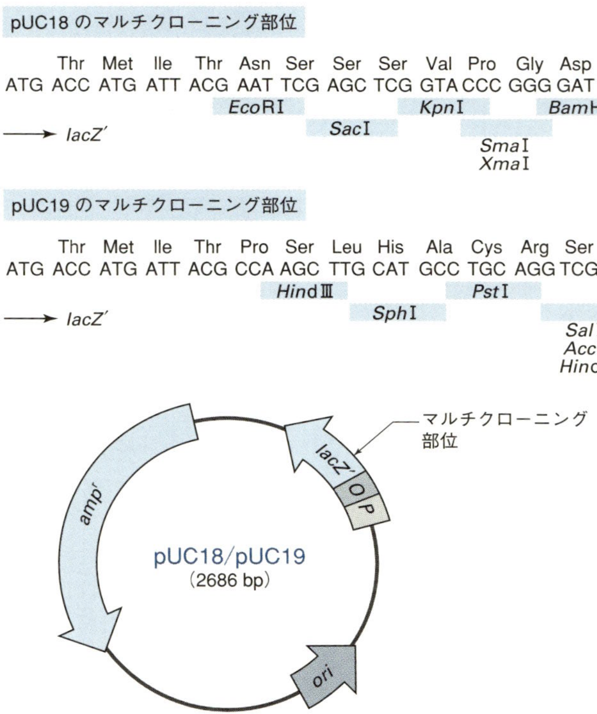
pUC18 のマルチクローニング部位
Thr Met Ile Thr Asn Ser Ser Ser Val Pro Gly Asp Pro Leu Glu Ser Thr Cys Arg His Ala Ser Leu Ala Leu Ala
ATG ACC ATG ATT ACG AAT TCG AGC TCG GTA CCC GGG GAT CCT CTA GAG TCG ACC TGC AGG CAT GCA AGC TTG GCA CTG GCC
EcoRI
KpnI
BamHI
SphI
SacI
SmaI
XmaI
XbaI
SalI
AccI
HincII
PstI
HindIII
lacZ′
pUC19 のマルチクローニング部位
Thr Met Ile Thr Pro Ser Leu His Ala Cys Arg Ser Thr Leu Glu Asp Pro Arg Val Pro Ser Ser Asn Ser Leu Ala
ATG ACC ATG ATT ACG CCA AGC TTG CAT GCC TGC AGG TCG ACT CTA GAG GAT CCC CGG GTA CCG AGC TCG AAT TCA CTG GCC
HindIII
PstI
XbaI
SacI
SphI
SalI
AccI
HincII
BamHI
SmaI
XmaI
KpnI
EcoRI
lacZ′
マルチクローニング部位
lacZ′
O
P
amp^r
ori
pUC18/pUC19
(2686 bp)

Thr：トレオニン	Val：バリン	Glu：グルタミン酸
Met：メチオニン	Pro：プロリン	Cys：システイン
Ile：イソロイシン	Gly：グリシン	Arg：アルギニン
Asn：アスパラギン	Asp：アスパラギン酸	His：ヒスチジン
Ser：セリン	Leu：ロイシン	Ala：アラニン

図 6・4　**pUC18，pUC19 とそれぞれのマルチクローニング部位**

6・4・2 α相補性と組換えプラスミドの選抜

β-ガラクトシダーゼはアミノ酸残基数1023個のサブユニット4個からなる四量体酵素である．この酵素の変異遺伝子 *lacZ*ΔM15 は *lacZ* 遺伝子の5′末端を欠失して，β-ガラクトシダーゼ活性をもたないC末端側のポリペプチド（ω**断片**）をコードする．一方，*lacZ′* は *lacZ*ΔM15 で欠失したβ-ガラクトシダーゼのN末端側を含む部分（α**断片**）をコードする遺伝子であり，α断片は通常100残基以上からなる．*lacZ*ΔM15 を有する変異株に *lacZ′* をもつベクターを導入すると，単独では酵素活性をもたなかった2種のポリペプチドが複合体を形成し，補い合ってβ-ガラクトシダーゼ活性を発揮する．このとき，α断片は酵素の四量体形成にかかわる．この現象をα**相補性**という．

β-ガラクトシダーゼは無色の人工基質5-ブロモ-4-クロロ-3-インドリル-β-D-ガラクトシド（**X-gal**）を分解して青色に変える．pUC18, pUC19 では，*lacZ′* のコード領域のN末端アミノ酸残基5の位置に20アミノ酸残基をコードする制限酵素部位（マルチクローニング部位）が読み枠を合わせて挿入されている（図6・4）．アンピシリン，X-gal, IPTG を加えた寒天プレート培地で，pUC18, pUC19 が導入された大腸菌変異株 JM109 の形質転換体は青色のコロニーを形成する．しかし，*lacZ′* 遺伝子中のマルチクローニング部位に外来DNAが挿入され，α断片が相補活性を発揮できなくなった組換えプラスミドをもつ形質転換体のコロニーは白色のままである．このようにして，外来DNAがベクターに挿入されているか否かを形質転換体のコロニーの色で容易に識別できる．

6・5 アガロース電気泳動とサザンハイブリダイゼーション

調製した細胞の全DNAを制限酵素で切断し，目的とする酵素遺伝子を取得するのに適した制限酵素処理DNA画分を推定する実験である（図6・5）．使用する制限酵素は，たとえば図6・4の pUC18, pUC19 をクローニングベクターに使用する場合には，13種類の酵素のいずれか一つ，またはそのうちの2種類を組合わせて使用すればよい．断片化した二本鎖DNAをその長さで分離する場合，アガロース（寒天）を支持体とする電気泳動（**アガロース電気泳動**）が使われる．DNAはリン酸基の負荷電で陽極に移動するが，DNA分子は大きいものほどゲルの網目につかえやすいため移動が遅くなり，小さいものほど網目の隙間を速やかに移動する．こうして，DNAの大きさ（長さ）に依存した泳動パターンが得られる．分離したいDNAの長さにより，ゲルの最適なアガロース濃度を決める．たとえば，アガロース濃度

6・5 アガロース電気泳動とサザンハイブリダイゼーション

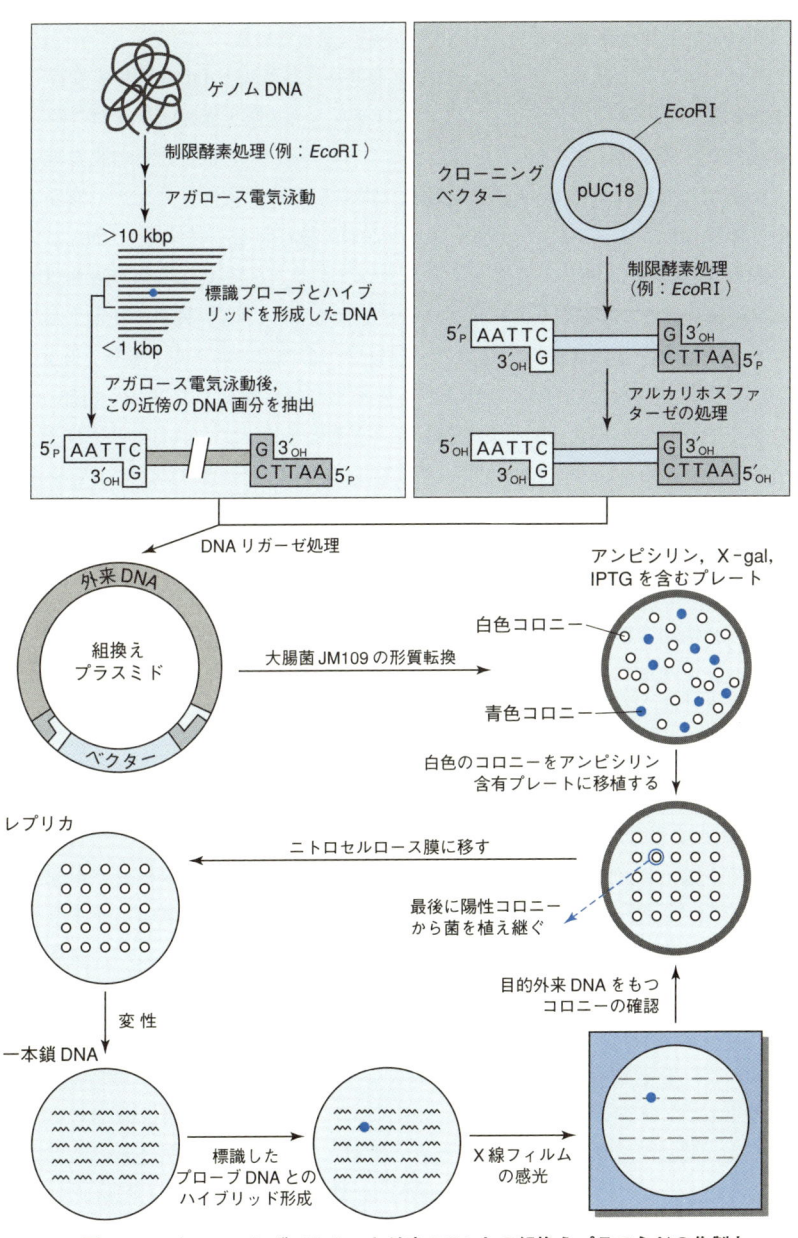

図 6・5 クローニングベクターと外来 DNA との組換えプラスミドの作製とコロニーハイブリダイゼーション

1.2％は0.4～6kbp程度の長さのDNAの分離に適している．

アガロース電気泳動後，アガロース平板をアルカリ処理しDNA断片を変性して一本鎖とし，その泳動パターンのままニトロセルロース膜（またはナイロン膜）に毛管現象や電気泳動によりDNAを移動させる．一本鎖DNAはこれらの膜に吸着する．80℃での処理によりDNA断片を膜上に固定し，^{32}P（放射性リン）や低分子量抗原で標識したプローブDNAとハイブリッド形成を行わせ，プローブDNAと相補的な配列をもつDNA断片の存在をオートラジオグラフィーや化学発光法を利用した抗原抗体反応により検出し，**ハイブリッド**を形成したDNAの長さを判定する．ハイブリッド形成を行わせる操作を**アニーリング**（またはアニールさせる）という．このような相補的な配列をもつDNA断片の検出法は，開発したE. Southernの名にちなんで**サザンハイブリダイゼーション**（またはサザンブロット）とよばれる．

分子量が3万のタンパク質をカバーするDNAは約1kbの長さであることを考慮し，目的とする酵素の分子量からクローニングの候補となりうるDNA断片の大きさと使用する制限酵素を決定する．分子量が3万の酵素の場合，約2kbpのDNAとハイブリッド形成が認められた制限酵素処理DNAからのクローニングをめざす．アガロース電気泳動後のアガロース中からその近傍の大きさのDNA断片を抽出し，クローニングベクターとの組換えDNAの作製に使用する（図6・5）．

6・6 大腸菌の形質転換とコロニーハイブリダイゼーション

多数のDNAを含む抽出画分の中から，プローブDNAと相補的な塩基配列をもつDNAを選択する実験である（図6・5）．ゲノムDNAの切断に使用したのと同じ制限酵素でクローニングベクターを処理した後，**アルカリホスファターゼ**で5′末端のリン酸を脱リン酸し，次に行うDNAリガーゼ処理による自己閉環（セルフライゲーション）を防ぐ．このベクターDNAとゲノムDNA画分を混合し，**DNAリガーゼ**によりベクターの3′末端ヒドロキシ基とゲノムDNAの5′末端リン酸基が共有結合した組換えDNAを調製する．

つづいて，外来DNAが挿入された組換えDNAを選抜するために大腸菌細胞を**形質転換**（トランスフォーメーション）する．ベクターがプラスミドの場合には，宿主となる大腸菌を通常は塩化カルシウムで処理し，外からのDNAを取込む能力をもつようにした受容菌（**コンピテントセル**）を調製する．先に用意した組換えDNAと受容菌を混ぜるだけでDNAは細胞内に導入され，選択マーカーでの選択のできる寒天プレート培地に塗り広げる．宿主が大腸菌JM109で，ベクターがpUC18の

場合，選択マーカーはアンピシリンであり，§6・4・2で述べたように他にX‐galとIPTGを加えたプレートを用意する．このプレート上でコロニーを形成するのは，アンピシリン感受性の宿主の形質がアンピシリン耐性に形質転換された細胞であり，形質の換わった細胞を**形質転換体**という．そして，青色のコロニーは外来DNAが挿入されていないベクターを有する，活性あるβ-ガラクトシダーゼを合成している形質転換体であり，白色のものが外来DNAの挿入された組換えプラスミドDNAによる形質転換体である．

　つぎに，白色のコロニーをアンピシリン含有選択培地のプレートに楊枝で移し（プレート当たり50～100コロニー程度），生育させてコロニーとする．このプレート平面上にニトロセルロース膜（またはナイロン膜）を置いて膜上にコロニーを移す（**レプリカの作製**）．この膜を1.5 M NaCl‐0.5 M NaOHを含む濾紙上に数分間置いて菌を溶かすと，一本鎖に変性したDNAは膜に吸着する．中和後，80℃で加熱処理してDNAを膜に固定し，§6・5で述べたサザンハイブリダイゼーションと同様の方法で標識プローブDNAと相補的なDNAを有するコロニーを検出する．この方法を**コロニーハイブリダイゼーション**という．

6・7　DNAの塩基配列決定法

　DNAの塩基配列決定法には，DNAの化学的切断による**Maxam‐Gilbert法**と，DNAポリメラーゼの酵素反応を用いる**ジデオキシ法**（チェインターミネーター法，Sanger法ともよばれる）がある．現在，ヒトゲノムをはじめ種々の生物の大量の塩基配列情報が得られているのは自動塩基配列決定装置（**自動DNAシークエンサー**）が開発されたからであり，この装置はジデオキシ法の原理に基づいている．ここではジデオキシ法の原理について説明する（図6・6）．

　目的とする二本鎖DNAをもつプラスミドDNAを熱変性（またはアルカリ変性）で一本鎖にしたDNAを鋳型として，一本鎖DNAに相補的な，蛍光物質で標識したオリゴヌクレオチドをアニールさせ，これを**プライマー**としてDNAポリメラーゼにより$5'\rightarrow 3'$方向に相補鎖の合成を行う．この際，基質である4種類のデオキシヌクレオシド三リン酸 dNTP（dATP, dGTP, dCTP, dTTP）のほかに，デオキシリボースの$3'$-OHを$3'$-H（デオキシ）にした4種類の類似基質の**ジデオキシヌクレオシド三リン酸** ddNTP（ddATP, ddGTP, ddCTP, ddTTP）を塩基ごとに1本ずつ4本の試験管に少量加えておけば，それが取込まれたところでDNA鎖の伸長反応が止まり，$3'$末端が類似基質の塩基であるさまざまな長さの一本鎖DNAが得られる．蛍

光標識された合成DNAを**ポリアクリルアミドゲル電気泳動**で解析し塩基配列を決定する.

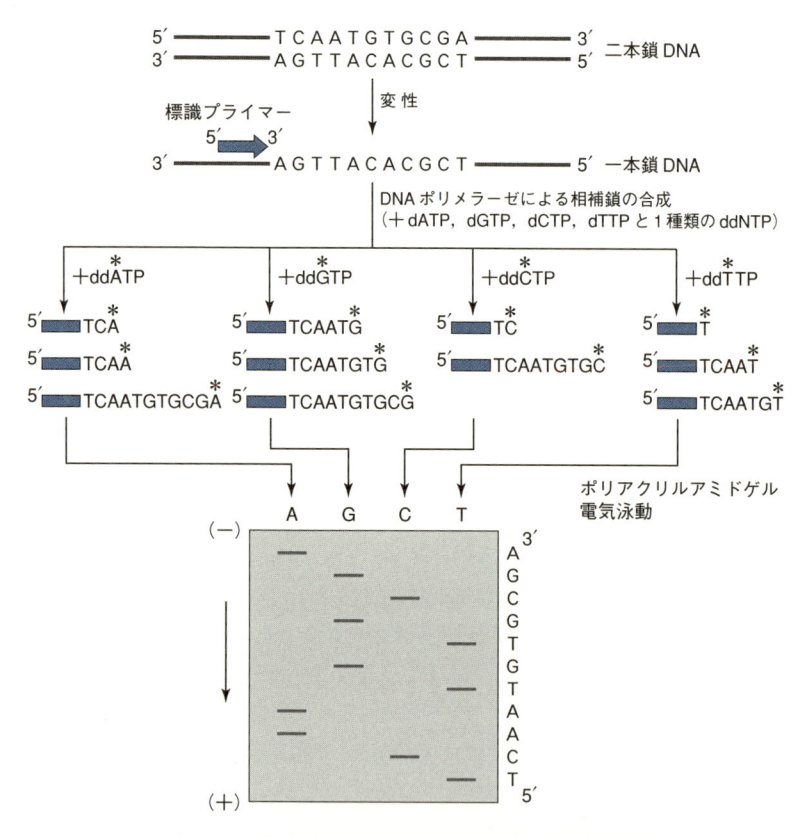

図6・6 ジデオキシ法によるDNA塩基配列決定の原理

6・8 オリゴヌクレオチドを用いる部位特異的変異導入法

DNAの**突然変異**には，DNA複製の際の誤りがおもな原因で自然に起こる自然突然変異と，物理的または化学的変異原によって誘発される突然変異がある．これらの突然変異はランダムに起こるため，目的とする変異（または突然変異体）を得るには表現形質の変化による選択を行わねばならない．ところが，現在は，クローニングされたDNAの塩基配列が決定されていれば，DNAの目的の位置に計画的に変

異を導入することが可能である．試験管内で行うこの方法は，制限酵素部位を用いる方法，制限酵素部位と合成二本鎖DNA（DNAリンカー）の両者を用いる方法，合成オリゴヌクレオチドを用いる部位特異的変異導入法（あるいは単に，**部位特異的変異導入法**）に大別できる．ここでは一般的に利用可能なオリゴヌクレオチドを用いる部位特異的変異導入法について説明する．

部位特異的変異導入法は，使用する合成オリゴヌクレオチド（**変異導入プライマー**）の設計により，塩基の**置換**，**欠失**，**挿入**のすべての変異の導入が可能であり，任意の位置に，そして原理的には任意の塩基数の長さの変異を導入することができる．部位特異的変異導入法は，鋳型の親DNAをいかに選択的に除去するかということで，これまでいくつもの方法が開発されてきた．これらはいずれも鋳型DNAとしてM13ファージベクターなどに再クローニングした一本鎖DNAを用いるもので，永年の改良により効率のよい方法として使われてきた．ところが，近年ポリメラーゼ連鎖反応（PCR）で行う温度変換サイクル反応（**サーマルサイクル反応**）を部位特異的変異導入法に応用した新しい簡便な方法が開発されてきた．ここでは，**QuikChange部位特異的変異導入法**の概略を説明する（図6・7）．

 i) サーマルサイクル反応による変異型二本鎖DNAの合成

一本鎖DNAを必要とする従来の部位特異的変異導入法と異なり，この方法では外来DNAをもつ二本鎖プラスミドDNAをそのまま変異導入実験に使用できる利点がある．そして，変異導入プライマーである**DNA合成プライマー**は，標的部位の塩基配列を含む2本の互いに相補的な25〜45塩基対のオリゴヌクレオチドを用いる．欠失または挿入変異の場合には，中央の導入変異の両側に10〜15以上の正しい塩基配列を有するようにプライマーを作製する．DNA合成には塩基の読み誤りの少ない耐熱性DNAポリメラーゼを使用する．そして，二本鎖DNAの変性解離（95℃程度），変異導入プライマーとのアニーリング（55℃前後），DNAポリメラーゼ反応（68℃程度）の1サイクルの反応を20回程度繰返す．この合成反応では，親プラスミドDNAのみが鋳型となってDNA合成が進行する点がPCRと異なる．そして，合成反応で生じたプラスミドは2本の変異プライマーの5′末端がホスホジエステル結合により閉じていない，切れ目（ニック）をもつ環状二本鎖DNAである．

 ii) 制限酵素 *Dpn*I による親プラスミドDNAの選択的分解

制限酵素 *Dpn*I は N^6-メチルアデニンを含む塩基配列 $G^{me6}ATC$ の二本鎖DNAを配列の中央で特異的に切断する．通常使われる大腸菌の *dam*$^+$株（野生型）で，それから調製したDNAはDNAアデニンメチラーゼ（*dam*メチラーゼ）によって

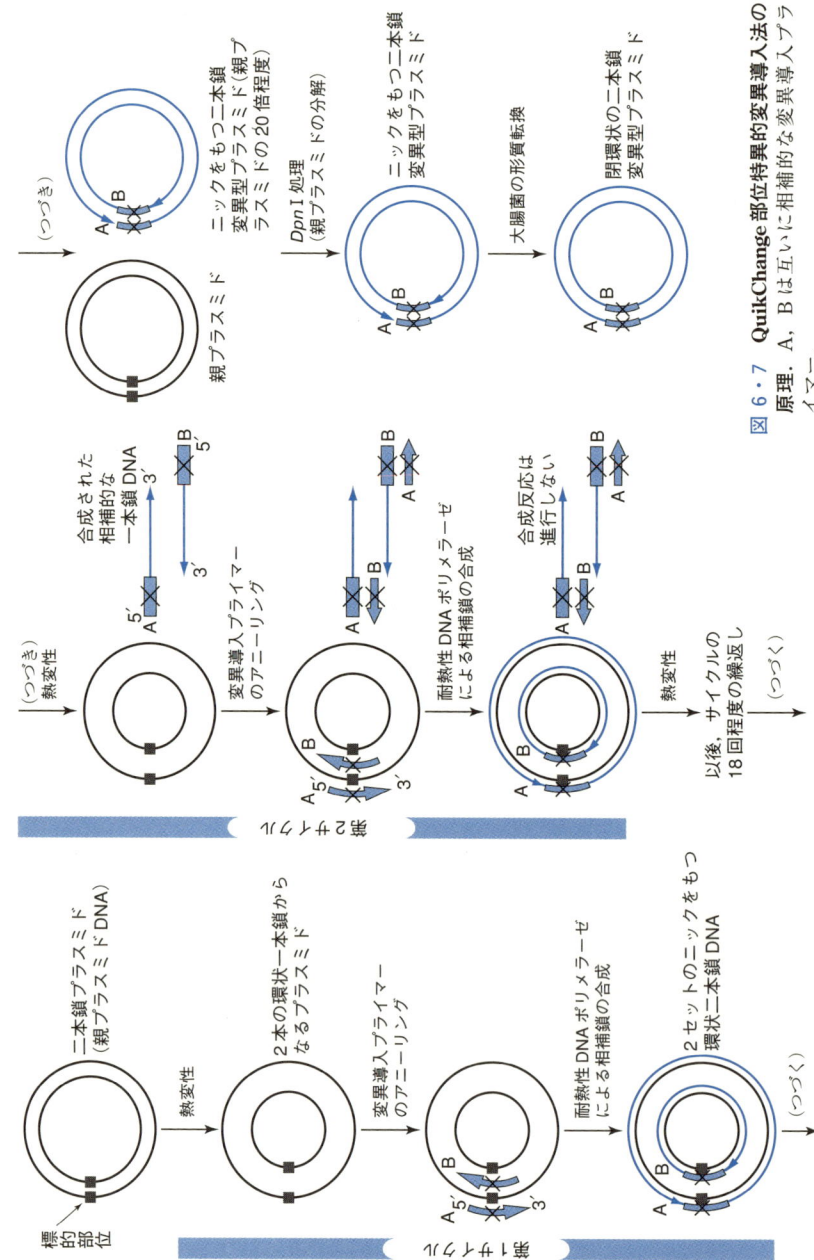

図 6・7　**QuikChange 部位特異的変異導入法の原理.** A、B は互いに相補的な変異導入プライマー.

GATCの塩基配列のアデニン側鎖が**メチル化**されているので，*Dpn*Iにより切断，分解される．ところが，通常のデオキシヌクレオシド三リン酸（dNTP）を基質にして試験管内で合成されたDNAのGATC配列のアデニンはメチル化されていないので*Dpn*Iにより分解されることはない．したがって，試験管内でのDNA合成反応後，常温で鋳型DNAと反応生成物が二本鎖環状DNAとなった後に，反応液に*Dpn*Iを加えて処理することにより，鋳型に使われた親DNAは特異的に分解されるが，ポリメラーゼ反応により合成された，変異が導入されたプラスミドDNAは分解されず，選択的に濃縮される．この*Dpn*I処理後のDNAで大腸菌を形質転換する．なお，pUC18にはGATC配列は15箇所ある．

変異が導入されたプラスミドDNAのニックは大腸菌細胞内で修復されるので，形質転換体から得られるプラスミドDNAは正常な閉じた環状二本鎖DNAである．この方法により80％以上の高い効率で変異型プラスミドが得られる．しかし，使用するプラスミドDNAの長さが7〜8 kbpを超えると効率は低下する．

6・9　大腸菌の発現ベクター

クローニングした遺伝子や変異を導入した遺伝子がコードするタンパク質の性質を調べるためには，天然の状態のタンパク質を大量に生産する系を確立する必要がある．由来する生物によらず，外来遺伝子を発現するための**宿主-ベクター系**としては，まず優れた発現ベクターが開発されている大腸菌の系を検討すべきであろう．真核生物のタンパク質は大腸菌発現系では不溶性の封入体になることがよくあるが，この場合は封入体としてタンパク質を取出し，活性ある状態に巻戻す（再生，リフォールディングという）か，真核生物の発現系に切替える．ここでは大腸菌の発現ベクターについて紹介する．

6・9・1　発現ベクターの構成要素

発現ベクターはタンパク質発現のためのものであるので，クローニングベクターが有する選択マーカー，プラスミド複製起点 *ori*，外来遺伝子挿入部位（マルチクローニング部位）以外に，遺伝子DNAからmRNAが効率よく大量に転写され，そしてmRNAからタンパク質が効率よく翻訳されるのに必要な塩基配列情報をもつものでなければならない．したがって，大腸菌の発現ベクターは，遺伝子の5′上流から順に，

① RNAポリメラーゼの結合部位である**プロモーター**
② リボソームがmRNAに結合する部位であるShine‐Dalgarno配列（**SD配列**）
③ **翻訳開始コドンATG**
④ mRNAの伸長を終結させる**転写終結シグナル**

などの，遺伝子の発現に必須の塩基配列情報をもつように作製されている（図6・8）．通常，**翻訳終止コドン**（TAA, TAG, TGA）は外来遺伝子のものを使用するので，発現ベクターには組入れられていない．

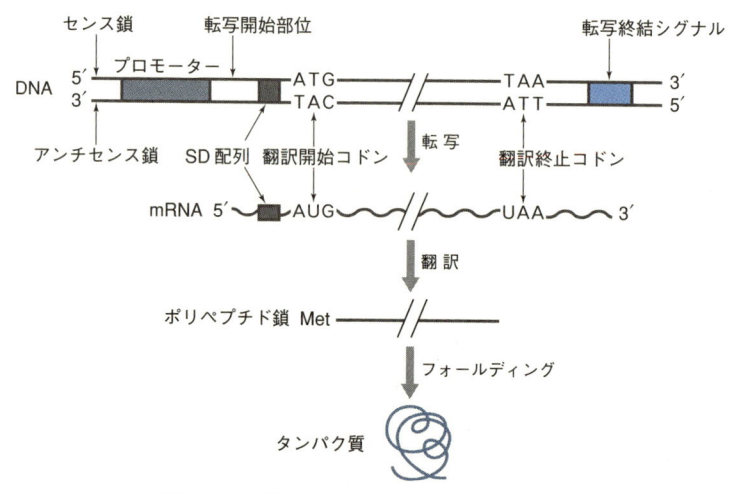

図 6・8　遺伝子発現とそのための塩基配列情報

6・9・2　誘導型プロモーター

　大腸菌の多くの遺伝子は生育条件にあまり大きな影響を受けることなくつねに発現している．ところが，糖代謝やアミノ酸合成にかかわる酵素の遺伝子群には，その発現が培地条件，生育条件により影響を受けるものがある．発現制御を受ける遺伝子群としてよく知られているものの一つは，ラクトースの代謝にかかわる大腸菌の**ラクトースオペロン**（***lac*オペロン**）である（図6・9）．グルコース非存在下で培地にラクトースがあると，大腸菌はラクトースまたはその代謝産物を誘導物質としてラクトース代謝に必要な酵素であるβ-ガラクトシダーゼ（ガラクトースとグルコースからなる二糖のラクトースを単糖成分に加水分解する酵素）とガラクトシ

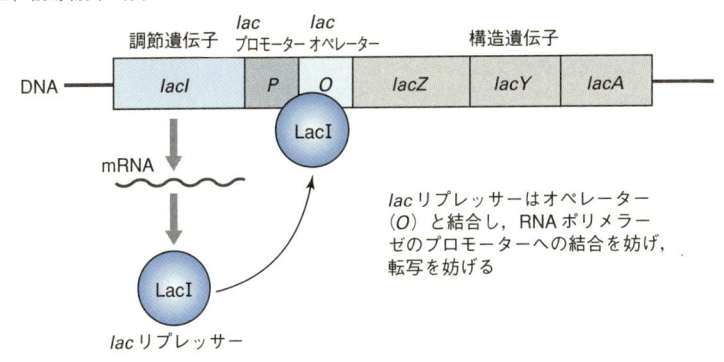

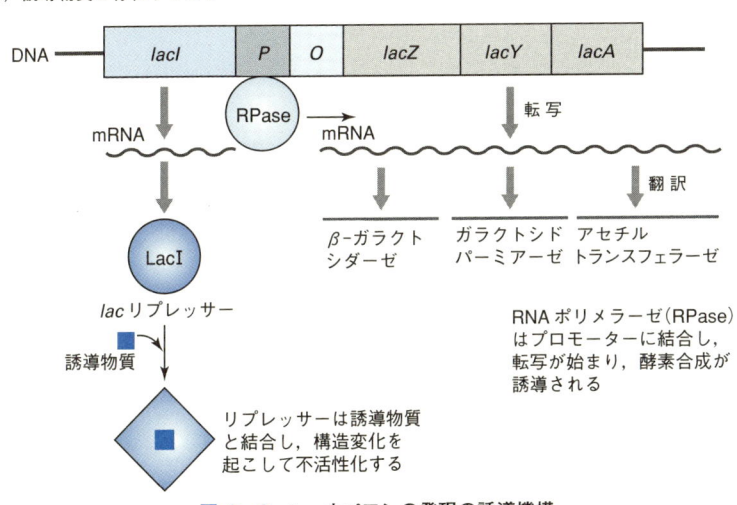

6・9 大腸菌の発現ベクター

(a) 誘導物質が存在しないとき

調節遺伝子／lac プロモーター／lac オペレーター／構造遺伝子

lacI ─ P ─ O ─ lacZ ─ lacY ─ lacA

lac リプレッサーはオペレーター (O) と結合し，RNA ポリメラーゼのプロモーターへの結合を妨げ，転写を妨げる

(b) 誘導物質が存在するとき

RNA ポリメラーゼ (RPase) はプロモーターに結合し，転写が始まり，酵素合成が誘導される

β-ガラクトシダーゼ／ガラクトシドパーミアーゼ／アセチルトランスフェラーゼ

リプレッサーは誘導物質と結合し，構造変化を起こして不活性化する

図 6・9　*lac* オペロンの発現の誘導機構

ドパーミアーゼ（ラクトースを細胞内に運ぶ透過酵素で細胞質膜に存在する）を合成する．*lac* オペロンの酵素の誘導合成の機構を図6・9に示す．*lac* オペロンには，遺伝子発現を抑える働きをする *lac* リプレッサーの構造遺伝子 *lacI*（ラクトース調節遺伝子ともいう），*lac* プロモーター (*lacP*)，*lac* オペレーター (*lacO*)，酵素の構造遺伝子 *lacZ*（β-ガラクトシダーゼをコードする），*lacY*（ガラクトシドパーミアーゼをコードする），*lacA*（チオガラクトシドアセチルトランスフェラーゼをコードする．この酵素はラクトース代謝に必須ではない）がある．誘導物質がないときに

は（図6・9a），*lacI*の遺伝子産物である*lac*リプレッサー（LacI）がオペレーターに結合する．オペレーターとプロモーターは部分的に重なっているため，リプレッサーの結合によりRNAポリメラーゼのプロモーターへの結合が妨げられ，オペロンの転写が抑制される．

ところが，培地にラクトースがあると，細胞内の弱いβ-ガラクトシダーゼ活性によりラクトースは強力な誘導物質である1,6-アロラクトースに変わり，酵素合成が誘導される（図6・9b）．誘導物質はリプレッサーLacIに結合し，リプレッサーは構造変化を起こして不活性化し，オペレーターに結合できなくなる．その結果，RNAポリメラーゼ（RPase）はプロモーターに結合できるようになり，転写が始まり，酵素の合成が誘導される．この*lac*プロモーターのように遺伝子発現を誘導的に行うことのできるプロモーターを**誘導型プロモーター**という．

なお，§6・4・1で述べたように，クローニングベクターや発現ベクターにある*lac*プロモーターを誘導させる場合には，ラクトースの代わりに，代謝分解されない誘導物質であるイソプロピル1-チオ-β-D-ガラクトシド（IPTG）を用いる．また，*lac*プロモーターが十分に機能するためには**サイクリックAMP（cAMP）受容タンパク質**（cAMP receptor protein，CRPと略す）とcAMPの複合体の助けが必要で，グルコースを含まない培地で大腸菌を培養したときに細胞内のcAMP濃度は高まることから，グルコース無添加培地で*lac*プロモーターは十分にその機能を発揮する．pUC系のベクターがもつ*lac*プロモーターはこのような性質をもつものである．

6・9・3 誘導型発現ベクター

目的タンパク質を発現ベクターで生産する場合，そのタンパク質が菌の生育に必須のものであっても，菌の生育時には必要以上に大量に生産されないことが望ましい．また，もしそのタンパク質が菌の生育に少しでも害があるなら，その発現ベクターをもつ形質転換体の割合は菌の培養中に減少していき，長時間培養すると最終的には本来の発現ベクターをもつ細胞はなくなってしまい，そのタンパク質遺伝子を保持しないか発現できないプラスミドをもつ形質転換体が全体を占めることになる．したがって，外来遺伝子を有する発現ベクターで，目的タンパク質を大量に取得しようとするときには，菌の生育時にはその遺伝子の発現を抑制し，菌が十分に生育した時点で遺伝子の発現を一気に誘導し，目的タンパク質の大量生産を行う．このような目的のために，誘導型プロモーターを利用した大腸菌の発現ベクターが

いくつか開発されている．

a．大腸菌の RNA ポリメラーゼを用いる場合　目的遺伝子の発現に，発現ベクターの宿主である大腸菌の RNA ポリメラーゼを用いるもので，IPTG により発現を誘導するベクターである．発現ベクターに使われている誘導型プロモーターには pUC 系ベクターの lac プロモーターのほかに，その変異型の **lacUV5 プロモーター** がある．このプロモーターは lac リプレッサーによる抑制は受けるが，CRP‐cAMP 複合体の制御を受けないので，大腸菌培養の炭素源にグルコースを用いることができる．

lacUV5 プロモーターを利用して作製されたものに **tac プロモーター** がある．このプロモーターは，トリプトファン合成にかかわるトリプトファン (trp) オペロンの trp プロモーターの一部 (-35 領域) と lacUV5 プロモーターの一部 (-10 領域) を含むハイブリッドプロモーターで，lac リプレッサーの制御を受け，IPTG により発現が誘導され，lac プロモーターよりも強力である．そして，培養にグルコースを用いても差し支えない．

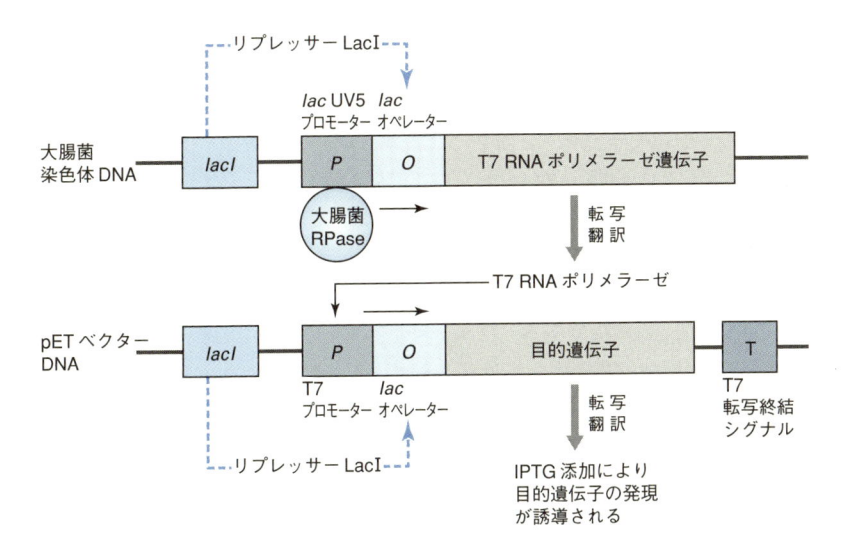

b．バクテリオファージ T7 の RNA ポリメラーゼの発現を誘導し，目的遺伝子を発現させる場合（図 6・10）　T7 RNA ポリメラーゼは自身のプロモーターを特異的

図 6・10　lac 制御系を用いた T7 RNA ポリメラーゼと目的遺伝子の誘導発現

に認識し，大腸菌のRNAポリメラーゼのプロモーターを認識することはない．そして，T7 RNAポリメラーゼは大腸菌の酵素より転写速度が10倍ほど速い．T7 RNAポリメラーゼによる発現系では，*lac*UV5プロモーターの制御下にあるT7 RNAポリメラーゼ遺伝子を染色体に組込んだ大腸菌BL21(DE3)などを宿主とする．IPTG添加により大腸菌RNAポリメラーゼ（RPase）を介して誘導合成されたT7 RNAポリメラーゼはベクターのT7プロモーターの下流にある目的遺伝子の発現のみに動員され，目的タンパク質が大量発現される．ベクターのT7プロモーターの下流に *lacO* を挿入し，染色体のT7 RNAポリメラーゼ遺伝子と同様に，目的遺伝子の発現も *lac* リプレッサー（LacI）により制御されるようにした**T7 *lac* プロモーター**をもつベクターが作製されている．このT7 RNAポリメラーゼによる誘導型発現ベクターは**pET系ベクター**とよばれる（図6・10）．このベクターの遺伝子発現は比較的厳密に制御されているので，細胞毒性をもつことのあるHisタグタンパク質（§6・10・1参照）の発現に使われる．

6・10　タンパク質精製への遺伝子工学の利用

通常，タンパク質はイオン交換（陰イオン交換と陽イオン交換がある），ゲル沪過，親和性（アフィニティー），疎水性の各クロマトグラフィーを組合わせて単一タンパク質に精製する．発現ベクターにより得られたタンパク質（これを**組換えタンパク質**という）もこれらの方法で精製できる．しかし，組換えタンパク質は，遺伝子を適当な発現ベクターに組換えて，ヒスチジン（His）タグタンパク質や特別のタンパク質との融合タンパク質として発現させ，アフィニティークロマトグラフィーにより容易に精製することが可能である．代表的な二つの方法を紹介する．

6・10・1　Hisタグタンパク質

Hisタグタンパク質は目的タンパク質のN末端またはC末端に，6～10残基のヒスチジンを付加したものである．ニッケルカラムをアフィニティー担体に用い，担体に結合したHisタグタンパク質はイミダゾールで溶出される．遺伝子発現後の大腸菌細胞を破砕して得られる粗酵素液から，一段階のニッケルアフィニティーカラムだけで目的タンパク質を精製するのは通常困難で，再度ニッケルカラムに通すか，イオン交換などの他のクロマトグラフィーを併用する．多くの場合，Hisタグは目的タンパク質の性質に大きな影響を及ぼさない．Hisタグタンパク質の構築には，大腸菌BL21(DE3)などを宿主とするpETベクターの発現系（§6・9・3 b）が適

している．

6・10・2　GST融合タンパク質

目的タンパク質のN末端に**グルタチオンS-トランスフェラーゼ**（GST）を付加した**GST融合タンパク質**を発現させ，グルタチオンカラムで精製する．大腸菌を宿主とする**pGEXベクター**（図6・11）の発現系が利用できる．真核生物由来のタ

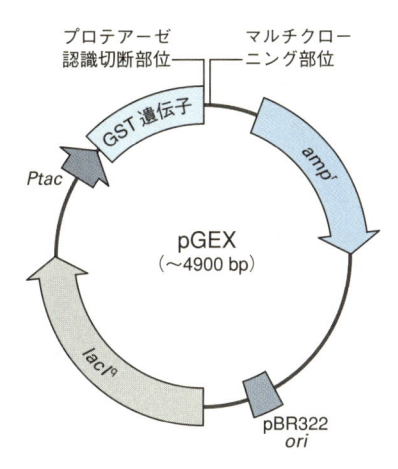

図 6・11　グルタチオンS-トランスフェラーゼ(GST)融合タンパク質発現用のベクターpGEX． GST遺伝子とマルチクローニング部位の間に，プロテアーゼ（トロンビンなど）の認識切断部位をコードする塩基配列が配置されている．

ンパク質は大腸菌の発現系では不溶性の封入体（inclusion body）になってしまうことが多いが，GSTとの融合タンパク質は多くの場合可溶性である．GSTは分子量が大きく（分子量は26,000），目的タンパク質の性質に影響を与えることが多いので，認識切断部位特異性の高いプロテアーゼ（トロンビン，血液凝固因子X_aなど）によりGST融合タンパク質の融合部位を切断し，GSTドメインを削除できるようにベクターが工夫されている（図6・11）．グルタチオンカラムから還元型グルタチオンで溶出される精製GST融合タンパク質をプロテアーゼで処理した後，反応液を再度グルタチオンカラムにかけGSTドメインを除いて目的タンパク質を得る．目的タンパク質のN末端にGSTを，C末端にHisタグを付加した場合には，プロテアーゼ処理後の反応液からGSTドメインを除いた後にも混入するプロテアーゼをニッケルカラムで除き，精製Hisタグタンパク質を得ることができる．

参 考 図 書

1) "Molecular Cloning: A Laboratory Manual (3rd Ed.)", J. Sambrook, D. W. Russell, Vol.1 〜 3, Cold Spring Harbor Laboratory Press, Cold Spring Harbor, New York (2001).
2) "改訂 遺伝子工学実験ノート", 田村隆明編, 羊土社 (2003).
3) "生化学辞典 (第3版)", 今堀和友, 山川民夫監修, 東京化学同人 (1998).

7

アミノアシル tRNA
合成酵素

7・1 転移 RNA (tRNA)

タンパク質の生合成は,リボソーム上で,メッセンジャー RNA (mRNA) のコドン(塩基の三つ組で遺伝情報の1単位であり,一つのアミノ酸に翻訳される)が転

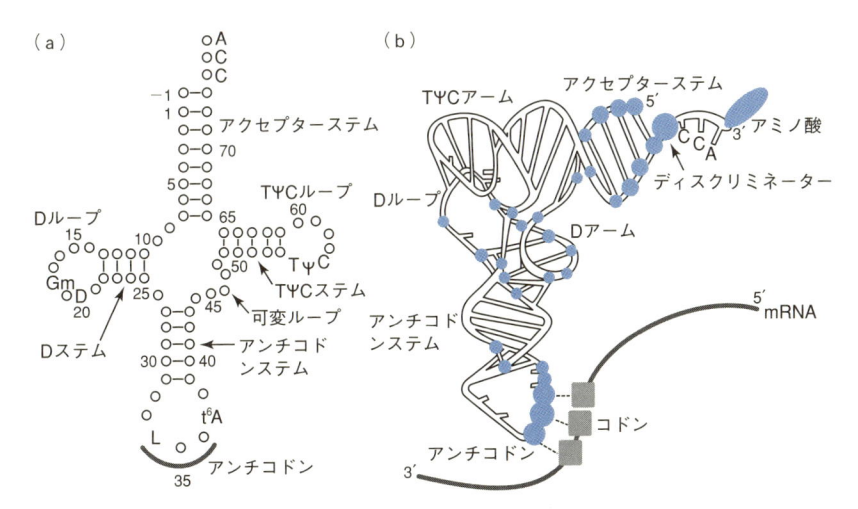

図 7・1 tRNA の構造. (a) tRNA のクローバー葉形二次構造. 各ステム,ループの名称を記す. 代表的な転写後修飾を示してある. (b) tRNA の L 字形三次構造. mRNA のコドンと tRNA のアンチコドンが塩基対を形成している様子を示す. tRNA のアイデンティティー決定因子を青丸で表し,その大きさはアイデンティティー決定にかかわる強さを示す. アンチコドン,ディスクリミネーター,アクセプターステムがアミノアシル tRNA 合成酵素による認識に重要であることがよくわかる.

移RNA（tRNA）を介して対応するアミノ酸に翻訳されることで行われる．tRNAは76〜90ヌクレオチドからなるリボ核酸で，二次構造は，三つの**ステム・ループ**（Dステム・ループ，アンチコドンステム・ループ，TΨCステム・ループ*）と1本のステム（**アクセプターステム**）からなる**クローバー葉構造**をしている（図7・1a）．これらのうち，アクセプターステムとDステム・ループ（Dアーム）は，**塩基のスタッキング**（環状塩基の積み重なりにより生じる疎水性相互作用）により1本の一続きの二重らせん構造（ヘリックス）を形成し，一方，アンチコドンステム・ループ（アンチコドンアーム）とTΨCステム・ループ（**TΨCアーム**）も同様に1本の一続きの二重らせんを形成し，この2本の二重らせんは直交して，L字形の三次構造をつくっている（図7・1b）．

tRNAがリボソームの中でタンパク質合成に働くためには，この**L字形三次構造**が重要であるが，この構造を保つために，**Dアーム**，**TΨCループ**，**可変ループ**の間で三次構造上の塩基対が形成され，コアをつくっている．このとき，Dアーム，TΨCループ，可変ループの塩基はさまざまな**転写後修飾**を受け，固いコア構造を形成することに寄与していると考えられる．図7・2にあげた**修飾塩基**のうち，ジヒドロウリジン（D），リボチミジン（T），プソイドウリジン（Ψ），2-メチルウリジン（m^2U），1-メチルアデノシン（m^1A），メチルグアノシン（Gm）などがそれに相当する．一方，次節で紹介するアミノアシルtRNA合成酵素に認識されるために導入される転写後修飾もある．これらの多くは，以下に述べるアンチコドンに導入されることが多い．これらの修飾は，リシジン，t^6A，マンノシルキューオシン（ManQ），ワイブトシン（yW）のようにアミノ酸や糖が塩基に結合したかさ高い構造をとっており，超修飾（hypermodification）とよばれている．

tRNAはこのL字形構造の一方の端に**アンチコドン**とよばれる3塩基からなる領域をもち，これがmRNAのコドンと塩基特異的に水素結合する．一方，tRNAのL字形構造のもう一端には**CCA 3′末端**とよばれる領域があって，この3′末端のアデノシン残基のリボースにアミノ酸が結合する．こうしたtRNAの媒介によって，コドンとアミノ酸の対合が成立する．ここで，コドンとアンチコドンの間には水素結合によって規定される塩基対特異性が存在するのに対し，tRNAとアミノ酸の間には何ら特異性を決めるような物理化学的な力は存在しない．では，tRNAに特異的なアミノ酸が結合する仕組みはどのようなものであろうか．

＊ D，Ψは後述する修飾塩基で，それぞれジヒドロウリジン，プソイドウリジンのことである．

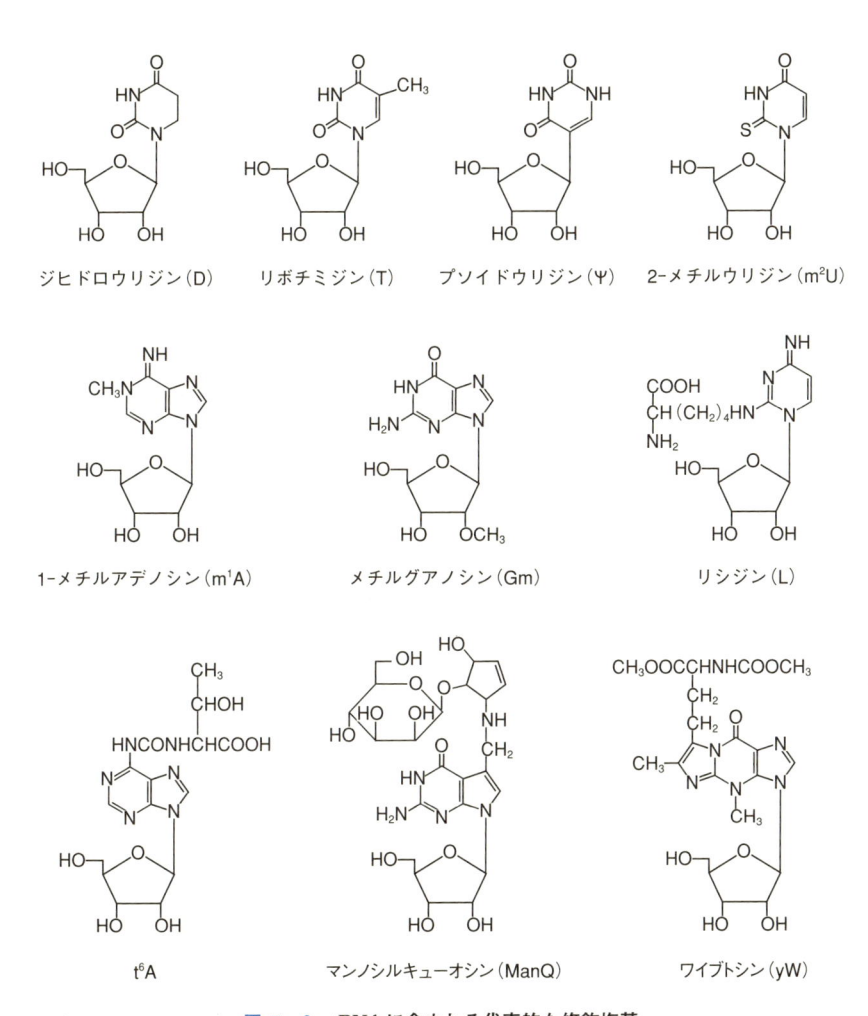

図 7・2　tRNA に含まれる代表的な修飾塩基

7・2　アミノアシル tRNA 合成酵素 (aaRS)

　tRNA に特異的なアミノ酸を結合させるのは，**アミノアシル tRNA 合成酵素** (aaRS; aminoacyl‐tRNA synthetase の略) という酵素であり，アデノシン 5′‐三リン酸 (ATP) の加水分解によって得られるエネルギーを利用して，以下の2段階の反応により，特異的な tRNA に対応するアミノ酸をエステル結合させる．

7. アミノアシルtRNA合成酵素

1) まずアミノ酸がATPと反応し，**アミノアシルAMP**となる（図7・3a）．

   アミノ酸 + ATP ⟶ アミノアシルAMP + ピロリン酸（PP_i）

2) 生成したアミノアシルAMPはtRNAと反応し，**アミノアシルtRNA**（図7・3b）が生成する．

   アミノアシルAMP + tRNA ⟶ アミノアシルtRNA + AMP

aaRSは，天然に存在する20種類のアミノ酸一つ一つに対応して20種類存在し，

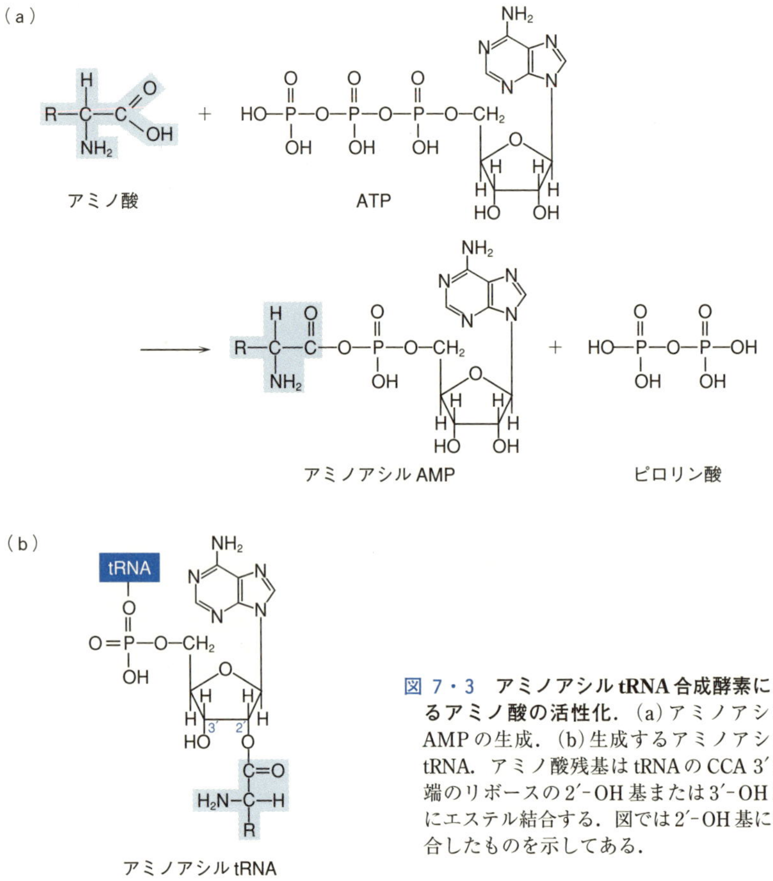

図7・3 **アミノアシルtRNA合成酵素によるアミノ酸の活性化**．（a）アミノアシルAMPの生成．（b）生成するアミノアシルtRNA．アミノ酸残基はtRNAのCCA 3′末端のリボースの2′-OH基または3′-OH基にエステル結合する．図では2′-OH基に結合したものを示してある．

ただ一つのアミノ酸とそれに対応する1セットの tRNA を認識する．最近の高度好熱菌リボソームの結晶構造解析の結果から，30S サブユニットの 16S リボソーム RNA 上の二つのアデニン残基と一つのグアニン残基が，水素結合の距離を測ることによって，mRNA 上のコドン1字目，2字目と tRNA 上のアンチコドン3字目，2字目のそれぞれの間の正確な Watson‐Crick 水素結合をモニターしている機構が明らかになった（いずれも 5′ 側から数える）．これに対し，アミノ酸とアンチコドン，すなわちアミノ酸と tRNA の対応関係は，aaRS による**アミノアシル化反応**による以外は，リボソームにおいて二度とチェックされることはない．したがって，aaRS によるアミノ酸と tRNA の厳密な認識こそが正確な遺伝暗号の翻訳（タンパク質の合成）を制御しているといえる．タンパク質合成が誤る確率は，一つのアミノ酸あたり 1/10,000 程度であるといわれている．20 種類の aaRS は，このような高い精度で特異的な基質を認識できるように，高次構造を変えることで分子進化を遂げてきた．

7・3 aaRS の二つのクラス

20 種類の aaRS は，同じ反応を触媒するにもかかわらず，分子量，サブユニット構成もさまざまであり（表7・1），アミノ酸配列の相同性もきわめて低い．このことは，異なるアミノ酸と tRNA を認識できるよう個々に分子進化を遂げてきたことを反映している．一方，1990 年に，**ATP 結合モチーフ**の相違により，20 種類の aaRS は 10 種類ずつ二つのクラス（クラスⅠ，クラスⅡ）に分類できる（表7・1）ことが報告された．この aaRS の二つのクラスは，その高次構造および触媒機構の点で，さらにいくつかの相違がある．まず，クラスⅠの aaRS の触媒ドメインは**オープン α/β 構造**を基本とする **Rossmann フォールド**で構成され，その上に ATP 結合モチーフとして知られる His‐Ile‐Gly‐His および Lys‐Met‐Ser‐Lys の共通配列（保存配列）をもつ（図7・4 a）．これに対し，クラスⅡの aaRS では，触媒ドメインは7本の**逆平行 β シート構造**で構築され，そこに共通の ATP 結合モチーフ "motif 1, 2, 3"（Arg や Phe など限られたアミノ酸が厳密に保存されたモチーフ）をもっている（図7・4 b）．また，クラスⅠの aaRS は，tRNA の 3′ 末端のアデノシン残基のリボースの 2′‐OH にアミノ酸を転移させるのに対し，クラスⅡの酵素は 3′‐OH にアミノ酸を結合させる．グルタミニル tRNA 合成酵素（GlnRS；クラスⅠ）と tRNA^{Gln} の複合体（GlnRS‐tRNA^{Gln} 複合体；図7・4 a）とアスパルチル tRNA 合成酵素（AspRS；クラスⅡ）と tRNA^{Asp} の複合体（AspRS‐tRNA^{Asp} 複合体；図7・4

7. アミノアシル tRNA 合成酵素

表 7・1　アミノアシル tRNA 合成酵素のクラス分け

クラス I	クラス II
クラス Ia	クラス IIa
MetRS　148 kDa　(α_2)	SerRS　　94 kDa　(α_2)
IleRS　　103 kDa　(α)	ThrRS　141 kDa　(α_2)
ValRS　105 kDa　(α)	ProRS　126 kDa　(α_2)
LeuRS　　94 kDa　(α)	HisRS　　93 kDa　(α_2)
CysRS　　51 kDa　(α)	GlyRS　218 kDa　(α_2)
ArgRS　　63 kDa　(α)	
	クラス IIb
クラス Ib	AspRS　130 kDa　(α_2)
GluRS　　52 kDa　(α)	AsnRS　102 kDa　(α_2)
GlnRS　　61 kDa　(α)	LysRS　111 kDa　(α_2)
クラス Ic	クラス IIc
TyrRS　　93 kDa　(α_2)	PheRS　242 kDa　$(\alpha_2\beta_2)$
TrpRS　　73 kDa　(α_2)	AlaRS　385 kDa　(α_4)

　各酵素は(アミノ酸三文字表記)＋RSで表してある．たとえば，MetRSはメチオニル tRNAを合成するメチオニル tRNA 合成酵素を示す．各酵素の分子質量は大腸菌の酵素のもので，括弧の中はサブユニット構成を示す．

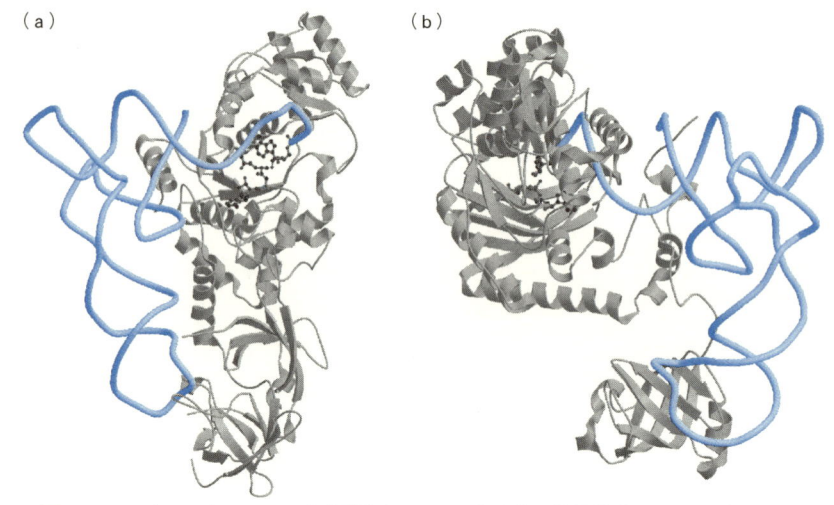

(a)　(b)

図 7・4　アミノアシル tRNA 合成酵素と tRNA の複合体の結晶構造． tRNA を青いチューブで示す．tRNA の 3′ 末端のアデノシン残基(Ado76)およびグルタミニル AMP(a)とアスパルチル AMP(b)の類似体を球棒モデル(ボール・スティックモデル)で示す．(a)大腸菌グルタミニル tRNA 合成酵素(GlnRS；クラス I)と tRNA の複合体．(b)大腸菌アスパルチル tRNA 合成酵素(AspRS；クラス II)と tRNA の複合体．

b) の結晶構造を比較すると，tRNA に対して aaRS がアプローチする向きが逆であるため，tRNA の CCA 3′末端および ATP を取巻く活性部位の空間的な配向が逆になっている（図7・4）．このことが，クラス I とクラス II での触媒機構の違いをひき起こしていると考えられる．さらに基質となるアミノ酸の化学的性質に関しても，クラス I に対応するものは側鎖が比較的大きく疎水性の高いアミノ酸が多い（Arg, Glu などの例外はあるが）のに対し，クラス II は側鎖が比較的小さく親水性の高いアミノ酸（Phe のように例外はあるが）に対応していることがわかる（表7・1）．また，この基質アミノ酸の側鎖の性質に基づいて，クラス I の aaRS は Ia, Ib, Ic の三つのサブクラス，クラス II の aaRS も IIa, IIb, IIc の三つのサブクラスにさらに分類され，同じサブクラスの aaRS 間ではアミノ酸配列の相同性がより高くなっている．クラス分けされた aaRS のサブユニット構成を見てみると，クラス I の aaRS は多くが単量体の酵素（3種の酵素は二量体）であるが，クラス II の酵素は多くが二量体で，四量体のものもある．以上のことから，クラス I の aaRS とクラス II の aaRS は異なる二つの祖先型 aaRS から起源を発し，独自の分子進化を経て，それぞれ三つのサブクラス，さらに現存の20種類に至ったと考えられる．このような aaRS のクラス分けは，原核生物，古細菌，真核生物に至るまで基本的に保存されており，これらの3生物界が進化する以前に20種類の酵素がほぼ現在の状態まで分化していた可能性が高いと考えられる．

7・4 tRNA のアイデンティティーの決定

aaRS はどのようにして特異的な tRNA を認識しているのだろうか．すべての tRNA は共通の L 字形構造をとっているにもかかわらず（図7・1 b），aaRS は約60種類の tRNA のなかから特異的な数種類の tRNA のみを正確に認識し，他の数十種類の tRNA から識別している．

1988年村松らは，リボヌクレアーゼとリガーゼを用いて RNA の分子整形を行うことにより，大腸菌 tRNA$_2^{Ile}$ のアンチコドン1字目の修飾塩基 L（リシジン）（図7・2）を未修飾の C（シトシン）に変換したところ，このアンチコドン CAU をもつ tRNA^{Ile} 変異体は，本来のコドンである AUA は読めずに，コドン AUG を読む tRNA になっただけでなく，メチオニル tRNA 合成酵素（MetRS）に認識され，メチオニンを受容する tRNA へ変換された．これと時を同じくして，米国の McClain らのグループと Schimmel らのグループが，遺伝学的解析により tRNA^{Ala} のアミノ酸受容活性が G3（5′末端から3番目のグアニン塩基の意味．以下同様）と U70 の

間の塩基対というわずか1対の塩基対によって支配されていることをつきとめた．

さらに1980年代後半から，T7ファージのRNAポリメラーゼを用いて in vitro で（試験管内で）RNAを容易にかつ大量に調製することが可能になると，tRNA変異体の反応速度論的解析が行われるようになった．その結果，aaRSはtRNA全体の構造的特徴を認識しているのではなく，特異的なtRNA上の少数かつ特定のヌクレオシド（**アイデンティティー決定因子**）を認識して，他のtRNAから識別していることが明らかになった．図7·1(b)にaaRSによって認識されるtRNAのアイデンティティー決定因子の位置をまとめてある．多くのtRNAでは，mRNA上のコドンとの対合に働くアンチコドンと，CCA 3′末端の隣（全長76ヌクレオチドの場合は73番）の**ディスクリミネーター**とよばれる残基が共通にアイデンティティー決定因子となっている．このことは，aaRSとtRNAの複合体の結晶構造で，aaRSがtRNAのL字形構造の内側から結合してL字の両端を認識している結果とよく一致する（図7·4）．さらにそれぞれのtRNAは，アンチコドンやディスクリミネーター以外に，独特な位置にもアイデンティティー決定因子をもち，これらが他のtRNAとの識別に働いていると考えられる．たとえば，クラスⅡのaaRSで認識されるtRNA^{Ala}やtRNA^{Gly}，tRNA^{Pro}，tRNA^{His}は，それぞれアクセプターステムの3番目，2番目，1番目（5′末端），−1番目（tRNA^{His}では，ディスクリミネーターと対合するように，5′末端が1残基長くなってG−1·C73塩基対をつくっている）が最も主要なアイデンティティー決定因子となっており，現に，これらのtRNAのアクセプターステムだけからなる"マイクロヘリックス"は，対応するaaRSによってアミノアシル化される．概して，クラスⅡのaaRSはtRNAのアクセプターステムを強く認識している．これに対し，クラスⅠのaaRSは，Dアーム（図7·1）を含むtRNA上のより広い部位を認識している．

7·5 aaRSの高次構造
7·5·1 クラスⅡのaaRSの構造の特徴

クラスⅡのaaRSは，特異的なtRNAのアンチコドン，ディスクリミネーター，アクセプターステムに存在するアイデンティティー決定因子を認識する，という比較的単純なtRNA認識を反映して，酵素の高次構造も比較的単純に構築されている（口絵1）．すなわち，おもに，逆平行βシートを基盤とする**触媒ドメイン**（図で黄色）と，βバレルあるいはα/β構造からなる**アンチコドン認識ドメイン**（青色）から構築されている．さらに，tRNAのディスクリミネーターやアクセプターステ

ムに存在するアイデンティティー決定因子を認識するためのモジュラーな（断片的な）構造が触媒ドメインに挿入されている．ただ，クラスIIaの酵素ではN末端側が触媒ドメイン，C末端側がアンチコドン認識ドメインであるのに対し，クラスIIbの酵素ではC末端側が触媒ドメイン，N末端側がアンチコドン認識ドメインになっている．

しかし，クラスIIaに属するセリルtRNA合成酵素（SerRS）は例外的で，tRNAのアンチコドンを認識せず，tRNA^{Ser}の長い可変アームを認識している．SerRSの構造では，HisRS，GlyRSでみられるC末端側のアンチコドン認識ドメインは消失し，代わりにN末端に可変アームを認識する長いコイルドコイルからなるサブドメインが挿入されている（口絵1）．

7・5・2　クラス I の aaRS の構造の特徴

一方，クラス I のaaRSは，tRNAのアンチコドン，ディスクリミネーター，アクセプターステム以外にも，Dアーム上などに存在するアイデンティティー決定因子を認識しており，これと対応して酵素の高次構造はより複雑である（口絵1）．すなわち，Rossmannフォールドから構築される触媒ドメイン（図で灰色）を共通してN末端側にもち，そこに，tRNAのアクセプターステムを認識するための**CP**（connective polypeptide）**ドメイン**（それぞれの構造で上部にある青色）が挿入され，さらにRossmannフォールドのC末端側には，tRNAのL字形構造の内側に結合してtRNAのCCA 3′末端やアンチコドンを適切な位置にもってくる働きをする**SC**（stem contact）**フォールドドメイン**（それぞれの構造で下部にある青色），アンチコドンを認識するためのドメイン（クラス Ia では下部の赤色）がつながっている．このCPドメインは，クラス Ia と Ib では共通して4本の逆平行βシートをコアにもち，また，SCフォールドドメインはクラス Ia と Ib のみに存在する．さらに，後に述べるように，tRNAの特異的な認識やtRNAに依存したアミノ酸の校正反応に携わるドメインが各所に挿入されている（これらの各酵素に独特なドメインを口絵1では緑色で示してある）．その結果，クラス I のaaRSの構造は，Rossmannフォールド（灰色）を土台として，クラス Ia・Ib 特異的なドメイン（青色），サブクラス特異的なドメイン（赤色），各酵素に特異的なドメイン（緑色）が付加した，階層的な構造を呈している．このように，クラス I のaaRSがクラス II のaaRSに比べて複雑な高次構造をとる背景には，tRNA認識が複雑であることに加えて，クラス II のaaRSは二量体で，tRNAのアンチコドンは一方のサブユ

ニットで認識され，アミノアシル化はもう一方のサブユニットで行われるのに対し，多くのクラスⅠの aaRS は一量体で tRNA を認識し，かつ反応を触媒していることと関連があるかもしれない．現に，クラスⅠのなかでも例外的に二量体として働くクラス Ic の aaRS は，きわめて単純な高次構造をもっている．

7・6 aaRS による tRNA の認識機構
7・6・1 アルギニル tRNA 合成酵素（ArgRS）による tRNA の独特な認識機構

遺伝暗号表を見ると，ロイシン，セリン，アルギニンのコドンは六つずつあり，二つのコドンボックスにまたがっている．すなわち，これらのアミノ酸には，異なるアンチコドンをもつ（最大で）6種類の tRNA が存在することになる．したがって，これらのアミノ酸に対応する aaRS は，アンチコドン3文字を tRNA 識別に用いる戦略がとれないうえに，（最大で）6種類の tRNA を一つの aaRS で認識しなければならない．このため，ロイシン，セリン，アルギニンに特異的な aaRS（LeuRS, SerRS, ArgRS）は，アンチコドン，ディスクリミネーター以外の部位に，きわめて主要なアイデンティティー決定因子をもっていることが知られている．たとえば，ロイシンやセリンの tRNA では，他の tRNA と異なり，可変ループが長く伸びてステム・ループ構造をとり**可変アーム**となっている．LeuRS や SerRS は，この特徴的な可変アームを認識することで，他の tRNA から特異的な tRNA を識別している．

これに対し，アルギニンの tRNA（tRNA^{Arg}）は，L字形構造の外側のDループに，Ade20（20番目のアデニン残基）という特徴的なアイデンティティー決定因子をもっている．生化学的な解析から，ArgRS はこの Ade20 を厳密に認識していることが示唆されてきた．しかし，これまでの aaRS - tRNA 複合体の高次構造解析の結果からは，aaRS は tRNA のL字形構造の内側を認識しており，ArgRS がどのようにしてこのL字形構造の外側に位置するアイデンティティー決定因子を認識しているのかは明らかでなかった．ところが最近，高度好熱菌 *Thermus thermophilus* 由来の ArgRS の結晶構造が 2.3 Å 分解能で解析された結果，ArgRS は他の aaRS では見られない 100 アミノ酸残基程度のドメインをN末端にもつことがわかった（口絵1の緑のドメインと図7・5a）．さらに，グルタミル tRNA 合成酵素（GluRS）と tRNA^{Glu} の複合体の結晶構造（後述）をもとに，ArgRS と tRNA のドッキングモデルを作製したところ，N末端ドメインにおいて生物種間で強く保存されている Tyr77 と Asn79 が tRNA の Ade20 の近傍にくることがわかった（図7・5a）．

7・6 aaRSによるtRNAの認識機構

(a)　　　　　　　　　　　　(b)

Tyr77
Asn79
Ade20

Ade20
Tyr77
Pro29
Asn79
Pro33

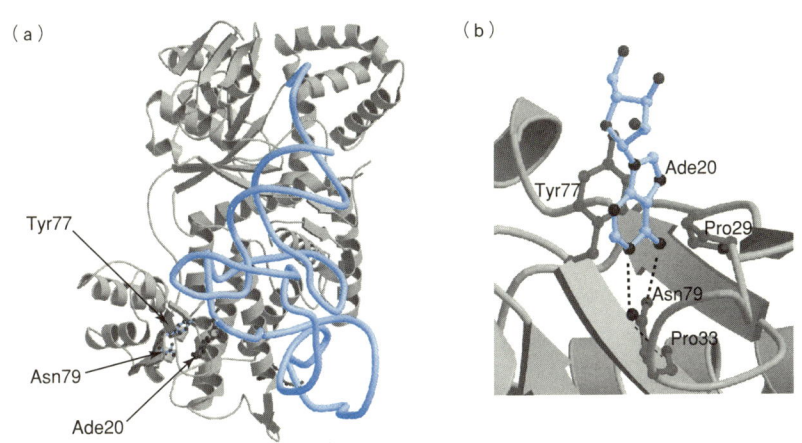

図7・5　高度好熱菌ArgRSの結晶構造とtRNAとのドッキングモデル(a)とAde20の認識モデル(b)

ArgRSによるtRNA^{Arg}の認識におけるTyr77とAsn79の重要性を確かめるために，ArgRS変異体を作製し解析を行った．このTyr77をAlaに置換した変異体(Y77Aと記す．以下同じ)では，アミノアシル化活性が大きく低下するのに対し，Pheに置換した場合は活性に大きな低下が見られなかったことから(表7・2)，Tyr77はAde20を環状構造の重なりによって生じる疎水性相互作用(スタッキング)

表7・2　ArgRS変異体のtRNA^{Arg}変異体に対するアミノアシル化反応の動力学的パラメーター

酵素	tRNA^{Arg}(Ade20)			tRNA^{Arg}(Gua20)			tRNA^{Arg}(Ura20)		
	$K_m(\mu M)$	$V_{max}(\mu M \cdot s^{-1})$	V_{max}/K_m	$K_m(\mu M)$	$V_{max}(\mu M \cdot s^{-1})$	V_{max}/K_m	$K_m(\mu M)$	$V_{max}(\mu M \cdot s^{-1})$	V_{max}/K_m
野生型	9.8	0.67	1	n.d.	n.d.	<0.001	n.d.	n.d.	<0.001
Y77F	20.4	0.66	0.47	n.d.	n.d.	<0.001	n.d.	n.d.	<0.001
Y77A	n.d.	n.d.	<0.001	n.d.	n.d.	<0.001	n.d.	n.d.	<0.001
N79A	20.0	0.019	0.013	n.d.	n.d.	<0.001	n.d.	n.d.	<0.001
N79D	7.5	0.38	0.74	9.5	0.33	0.51	n.d.	n.d.	<0.001
N79E	12.5	0.14	0.17	9.0	0.061	0.099	19.6	0.030	0.022
N79R	21.7	0.0069	0.0046	16.5	0.0036	0.0032	9.3	0.0037	0.0058

n.d.は活性がきわめて低いため測定不可能であったことを示す．V_{max}/K_mは，野生型ArgRSのtRNA^{Arg}(Ade20)(野生型)へのアミノアシル化反応のV_{max}/K_mを1としたときの相対値で示してある．tRNA^{Arg}(Cyt20)に対しては，いずれの酵素も活性測定は不可能であった．

によって認識している可能性が示唆された．さらに，Asn79 を Ala に置換すると活性が大きく低下したが，Asp に置換した場合は Ade20 と同様に Gua20 をもつ変異型 tRNA を効率よく認識するようになった．Asn79 を他の親水性のアミノ酸残基に置換した場合も，20 番目の位置にくる塩基の特異性が変化することがわかった（表 7・2）．このことから，Asn79 は Ade20 を水素結合によって認識しており，アミノ酸置換によって塩基特異性が変換されるものと考えられた．以上の結果より，図 7・5(b) のような Ade20 の認識メカニズムが示唆された．すなわち ArgRS は，N 末端に特異的なドメインを付加することで，L 字形の外側に位置する特徴的なアイデンティティー決定因子を認識できるように進化したことが裏付けられた．

7・6・2　グルタミル tRNA 合成酵素 (GluRS) における tRNA 識別能の獲得のための分子進化

大腸菌，高度好熱菌など一部のグラム陰性細菌および真核生物由来のグルタミニル tRNA 合成酵素（GlnRS）は GluRS と同じクラス Ib に属し，アミノ酸配列の相同性が高い．ところが，植物の葉緑体，哺乳類のミトコンドリア，古細菌，グラム陽性菌，大部分のグラム陰性菌（ラン藻，ラン色細菌ともよばれるシアノバクテリアを含む）など，一部のグラム陰性菌と真核生物を除く多くの生物は GlnRS を欠いており，これらの生物では代わりに GluRS が tRNA^{Gln} にグルタミン酸を付加する．付加後，グルタミン酸は tRNA 特異的なアミノ基転移酵素によってグルタミンに変換される．このことから，GluRS と GlnRS は分子進化上きわめて近縁であると考えられている．高度好熱菌 *Thermus thermophilus* 由来の GluRS と tRNA の複合体の結晶構造を決定し，大腸菌由来 GlnRS-tRNA 複合体の結晶構造と比較することで，二つの aaRS がそれぞれに特異的な tRNA を認識するために，いかに分子進化を遂げてきたのかが明らかになった（口絵 2）．二つの aaRS の構造を比べると，分子の N 末端側半分，すなわち Rossmann フォールドとよばれるオープン α/β 構造をもつ触媒ドメインは，二つの aaRS で構造がきわめてよく似ていた（175 アミノ酸残基にわたる主鎖の根平均二乗距離 r.m.s.d. は 1.08 Å）（口絵 2）．唯一異なる点は，GluRS で 2 箇所，GlnRS で 3 箇所に，それぞれに特異的なモジュラー（断片的）な構造が挿入されており，たとえば GluRS ではそれらは長い逆平行 β シート構造（Ins-β）と α ヘリックスを含むループ構造（Ins-α）を形成していた点である（口絵 2：緑色）．

一方，分子の C 末端側半分の二つのドメインは，GluRS と GlnRS で構造がまっ

たく異なっていた（口絵2）．すなわち，GlnRSでは分子のC末端側半分はβバレルからなる全β構造（口絵2b：青）であるのに対し，GluRSではαヘリックスバンドルおよび6本のαヘリックスが"かご"状に巻き込んだユニークな構造（"α-helix cage"，口絵2a：黄土色）を形成しており，全α構造である．したがって，GluRSとGlnRSでは，N末端側の触媒ドメインは酷似しているのに対し，C末端側のアンチコドン認識ドメインは構造がまったく異なっており，進化の過程で後から付加されたものと考えることができる．さらに，tRNAの認識機構を比較すると，確かにGlnRSはC末端側のβバレルドメインでtRNA^{Gln}のアンチコドンを認識している（口絵2b）のに対し，GluRSは"α-helix cage"でtRNA^{Glu}のアンチコドンを認識している（口絵2a）．一方，GlnRSに特異的なN末端側の挿入構造（βループ）は，tRNA^{Gln}のアクセプターステム先端の主要なアイデンティティー決定因子を認識している（口絵2b）のに対し，GluRSに特異的なN末端側の挿入構造（Ins-α）は，tRNA^{Glu}のDアーム上のアイデンティティー決定因子を認識している（口絵2a）．以上のように，GluRSとGlnRSというきわめて近縁な2種類のaaRSの間では，モジュラーな構造の挿入およびドメインの置換（付加）といった2段階の分子進化によって，特異的なtRNAの認識・識別が実現できるように分子進化したと考えられる．

7・6・3　1アミノ酸置換による識別性GluRSの非識別性GluRSへの変換

前述のように多くの生物はGlnRSを欠いており，GluRSがtRNA^{Glu}とtRNA^{Gln}の両方にグルタミン酸を付加し，後に**tRNA依存性アミノ基転移酵素**がGlu-tRNA^{Gln}をGln-tRNA^{Gln}に変換する．したがって，これらの生物のGluRSはtRNA^{Glu}とtRNA^{Gln}を識別しない非識別性GluRSとなっている．tRNA^{Glu}とtRNA^{Gln}のアンチコドンを比べると，tRNA^{Glu}がYUC（Yはピリミジン），tRNA^{Gln}がYUGでアンチコドン3文字目（36番）のみが異なっている．一方，高度好熱菌のGluRSはtRNA^{Glu}のみを認識する識別性GluRSであり，Cyt36はArg358によって1対1の水素結合で認識されている（図7・6a）．このArg358は識別性GluRSには厳密に保存されているが，非識別性GluRSではGlnなどに置換されている．そこで，筆者らはArg358をGlnに置換した変異体（R358Q変異体）を調製し，アンチコドンCUC（tRNA^{Glu}型）およびCUG（tRNA^{Gln}型）をもつtRNA^{Glu}に対するグルタミル化の反応速度論的な解析を行った．その結果，野生型のGluRSはアンチコドンCUGをもつtRNA^{Glu}に対してはCUCをもつtRNA^{Glu}に比べて1％以下の触媒効率k_{cat}/K_mし

144　　　　　　　　　7. アミノアシル tRNA 合成酵素

(a)　　　　　　　　　　　　　　　　　　　(b)

Arg358

Cyt36　　　　　　　　　　　　　　　　　　Gua36

k_{cat} [s^{-1}]	K_m [μM]	k_{cat}/K_m		k_{cat} [s^{-1}]	K_m [μM]	k_{cat}/K_m
2.1	4.7	1		0.18	43	0.0095

(c)　　　　　　　　　　　　Gln358　　　　(d)　　　　　　　　　　　　Gln358

Cyt36　　　　　　　　　　　　　　　　　　Gua36

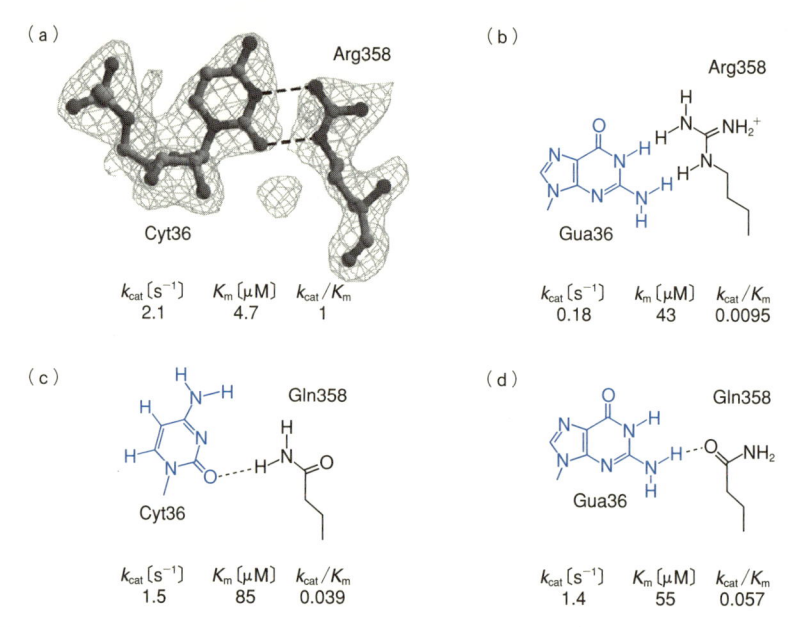

k_{cat} [s^{-1}]	K_m [μM]	k_{cat}/K_m		k_{cat} [s^{-1}]	K_m [μM]	k_{cat}/K_m
1.5	85	0.039		1.4	55	0.057

図 7・6　**高度好熱菌 GluRS による 36 番の塩基の認識機構.**　野生型 GluRS (a, b) と R358Q 変異体 (c, d) による 36 番の塩基 (シトシンまたはグアニン) の認識の違いを示す. (b) の Gua36 は Arg358 と水素結合を形成できない. k_{cat}/K_m は (a) の値を 1 としたときの相対値である.

か示さないが (図 7・6 の (a) と (b) の比較), R358Q 変異体はアンチコドン CUC および CUG をもつ tRNA^{Glu} を同程度にアミノアシル化できる非識別性 GluRS に変わることが明らかになった (図 7・6 の (c) と (d) の比較). これらの結果は, 非識別性 GluRS はわずか 1 アミノ酸残基の置換によって, より厳密な tRNA 認識を行う識別性 GluRS に進化できたことを示唆している.

7・7　aaRS によるアミノ酸の校正反応

　グローバルな tRNA の認識に比べ, アミノ酸の認識はよりミクロであり, なかには互いに識別するのがきわめて難しいものがある. たとえば L-イソロイシンと L-バリンは, 共に疎水性の側鎖をもち, わずか 1 メチレン基の違いしかない. 1957 年に L. Pauling は, 1 メチレン基に起因する van der Waals エネルギーを 4 kJ/mol (1 kcal/mol) と見積もっており, これによると L-イソロイシンを認識する酵素は 4 回に 1 回の割合で L-バリンを誤って認識してしまうことになる. 実際, IleRS は L-バ

リンを誤って認識し，Val-AMPやVal-tRNA^{Ile}を合成してしまうが，一方でこれらの誤産物を加水分解することにより，アミノアシル化反応の誤りを校正する．この**校正反応**はtRNA^{Ile}の結合に依存して起こることが報告されている．これにより，生体内でイソロイシンのコドンがバリンに読まれる確率は，1/40,000程度まで抑えられている．

7・7・1 二重ふるいモデル

1977年に英国のA. Fershtは，IleRSのもつ校正反応に関して"**二重ふるいモデル**"を提唱した（図7・7）．これによると，IleRSは"第一のふるい"で，側鎖の容積がL-イソロイシン以下であるアミノ酸を認識してアミノアシルAMPやアミノアシルtRNA^{Ile}を合成し，"第二のふるい"で側鎖の容積がL-バリン以下のアミノ酸のアミノアシルAMPやアミノアシルtRNA^{Ile}を加水分解することにより，Ile-AMPやIle-tRNA^{Ile}を生成する．筆者らは，この"二重ふるいモデル"の実体を明らかにするために，高度好熱菌由来のIleRS（分子量12万）とL-イソロイシンおよびL-バリンの複合体の結晶構造を2.5 Å分解能で解明した（口絵3）．その結果，"第一のふるい"は，アミノアシル化の触媒ドメインであるRossmannフォールドドメイン上に存在し，イソロイシンおよびバリンを同様に認識していたのに対して，

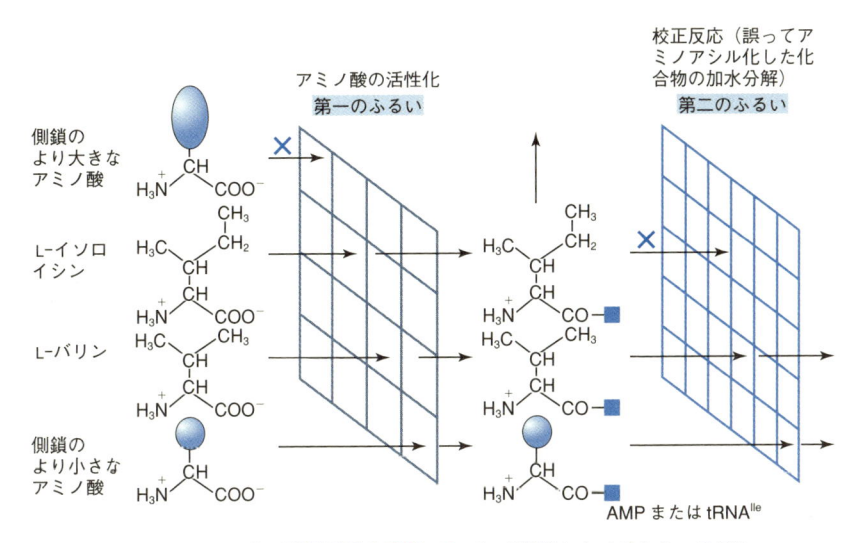

図7・7　IleRSのアミノ酸校正反応機構．Fershtが提唱した二重ふるいモデル

"第二のふるい"はこのRossmannフォールドドメインに挿入された**校正ドメイン**（βバレル構造）上に存在し，バリンを選択的に認識している（口絵3，口絵4）．

7・7・2 校正ドメインを欠く変異体による解析

この校正ドメイン（アミノ酸残基219～265番）を欠くIleRS変異体を作製したところ，校正反応活性が完全に喪失し（図7・8），L-バリンをL-イソロイシンの1/3の効率で誤ってアミノアシル化することが明らかになった（図7・8 b）．した

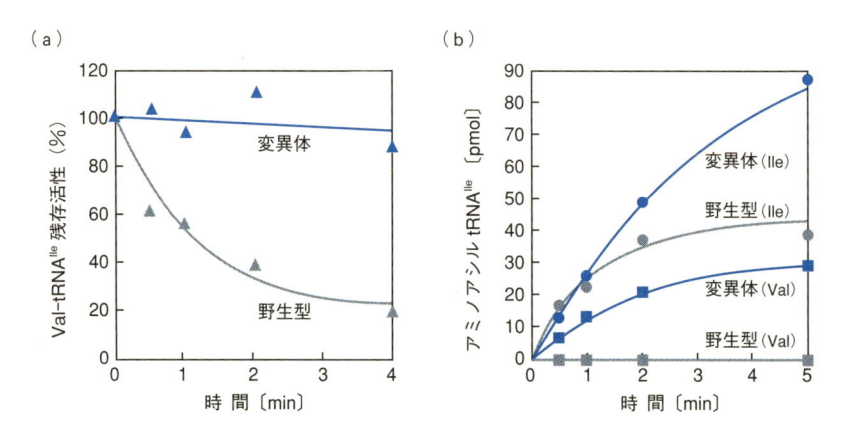

図7・8 校正反応ドメインを欠失した変異体IleRSによる校正反応とアミノアシル化反応. (a)野生型(灰色)および校正反応ドメインを欠失した変異体IleRS(青色)による校正反応活性．ミスチャージ産物であるVal-tRNA^{Ile}の加水分解反応活性を見ている．(b)野生型(灰色)および校正反応ドメインを欠失した変異体IleRS(青色)によるtRNA^{Ile}のアミノアシル化活性．丸印がtRNA^{Ile}にイソロイシンを結合する活性，四角印がtRNA^{Ile}にバリンをミスチャージする活性．

がって，IleRSは二つの活性部位をもち，アミノアシルAMPやアミノアシルtRNAを生成する最初の活性部位でL-イソロイシンもL-バリンも区別なく活性化した後，第二の活性部位でバリン産物（Val-AMPやVal-tRNA^{Ile}）のみを加水分解することにより，L-イソロイシンとL-バリンを識別していたのである．これは，酵素が2段階の過程を経て基質を識別選択していることが解明された最初の例である．

さらに，このIleRSの校正ドメインの活性部位には，あらゆる生物種のIleRSで保存されているThr230，His319，Asn237が近接して存在し，セリンプロテアーゼなどで見られる"catalytic triad（触媒三つ組残基）"を形成している（口絵4）．こ

れらのうち，Thr230 と Asn237 をそれぞれ Ala に置換した変異体では，校正反応活性が完全に消失した．興味深いことに，この校正ドメインのトポロジーは，ヒト免疫不全ウイルス（human immunodefficiency virus, HIV）やラウス肉腫ウイルス（Rous sarcoma virus, RSV）のプロテアーゼのそれとよく似ている．このことは，IleRS が進化する過程で，L-イソロイシンと L-バリンを識別する必要が生じた際に，プロテアーゼ様ドメインを触媒ドメインに取込んで，校正反応活性を獲得したとも考えられる．

7・7・3　校正反応における tRNA の構造変化の可能性

アミノアシル化の活性部位と校正反応の活性部位に結合した二つのバリン分子間の距離は，現構造では 30 Å も離れている（口絵 3）．IleRS は，どのようにしてVal-AMP や Val-tRNA^{Ile} をもれなく加水分解できるのだろうか．また tRNA^{Ile} はどのようなメカニズムで，IleRS の校正反応を活性化するのであろうか．IleRS, tRNA^{Ile} と Ile-AMP 類似体（ミューピロシン；IleRS を阻害する抗生物質）の三重複合体の結晶構造（口絵 5a）では，tRNA^{Ile} の CCA 3′末端は，disorder していた（固定されていないで，不規則に動いていた）が，アミノアシル化活性部位ではなく，CP ドメイン（§7・5・2 参照）の校正反応部位の方向を向いていた．同様に，L-トレオニンに対して校正反応活性をもつバリル tRNA 合成酵素（ValRS），tRNA^{Val} と Val-AMP の三重複合体（口絵 5b）でも，tRNA^{Val} の CCA 3′末端は校正反応部位に結合し，認識を受けていた．すなわち，これら三重複合体は校正反応状態の結晶構造であった．これらの結果から，ミスチャージされた Val-tRNA^{Ile} やThr-tRNA^{Val} は，tRNA の CCA 3′末端が構造変化して，アミノ酸部分が校正反応の触媒部位に入ることで，tRNA に依存したアミノ酸の校正反応が行われることを示唆している．このように核酸の構造変化を介して誤った反応物が校正を受けるメカニズムは，興味深いことに，DNA ポリメラーゼのプルーフリーディング（proofreading）機構とよく似ている．

7・8　aaRS のタンパク質工学の将来 ——21番目の遺伝暗号を求めて——

遺伝暗号表によって指定されている 20 種類以外のアミノ酸（非天然アミノ酸）を含んだタンパク質（アロタンパク質）を生産し解析することは，タンパク質科学・タンパク質工学に多大な貢献をすると考えられる．このようなアロタンパク質を生産するためには，非天然アミノ酸を認識し，かつ他の aaRS では認識されない

ようなtRNA（たとえば終止コドンに対応するようなサプレッサーtRNA）を認識するようなaaRSをつくり出す必要がある．

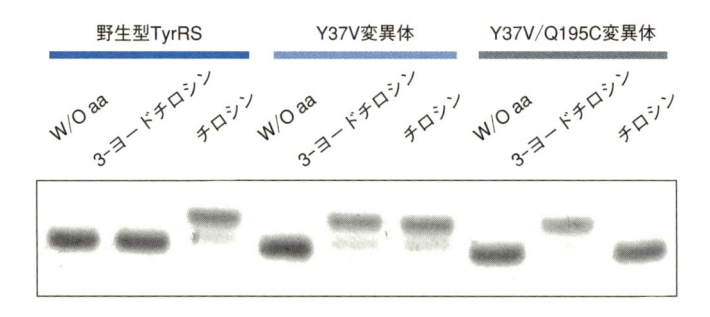

最近筆者らは，大腸菌チロシルtRNA合成酵素（TyrRS）を，野生型酵素には認識されない3-ヨードチロシンを特異的に認識するように改変することに成功した．3-ヨードチロシン特異的な改変TyrRSを得るために，TyrRSとチロシンとの複合体の結晶構造から，チロシンを3-ヨードチロシンに置換したモデルを構築し，アミノ酸置換を導入する3残基（Tyr37，Gln189，Gln195）を決定した．これら3残基の1アミノ酸を置換した，計34種類の変異体TyrRSを作製し，アミノ酸特異性を測定し，3-ヨードチロシンに対する活性が高くなった12個の変異体を得た．しかし，得られた最良の変異体Y37Vでも，3-ヨードチロシンよりもチロシンを強く認識した（図7・9）．そこで，3-ヨードチロシンに対する活性が上昇したTyr37の

図7・9 **野生型および変異型TyrRSによるチロシン，3-ヨードチロシンのアミノアシル化の様子**．アミノアシルtRNAを酸性条件下でポリアクリルアミドゲル電気泳動をした．tRNAにアミノ酸が結合すると泳動度が遅くなる．W/O aaはアミノアシル化をしていない対照のtRNA．

Ala，Val，Ile，Leuへの置換体と，Gln195のSer，Ala，Asn，Cysへの置換体のそれぞれの置換を組合わせた二重置換体16種類を作製した．これらについて解析したところ，Y37A／Q195C，Y37V／Q195C，Y37V／Q195N，Y37V／Q195Aの各二重変異体は，チロシンよりも3-ヨードチロシンを好むように特異性が変化していた．このなかで，Y37V／Q195Cが最も3-ヨードチロシンを好み（図7・9），これに対するk_{cat}/K_m値は，チロシンに対する値の10倍であった（表7・3）．さらに最近の研究により，このY37V／Q195C変異体と3-ヨードチロシンとの複合体のX線結晶構造から，変異体のアミノ酸結合ポケットは確かに3-ヨードチロシンを認識して

7・8 aaRSのタンパク質工学の将来

表7・3 野生型および変異型TyrRSによるチロシンおよび3-ヨードチロシンのアミノアシルAMP合成反応における反応速度定数

酵素	チロシン			3-ヨードチロシン		
	k_{cat} [s^{-1}]	K_m [μM]	k_{cat}/K_m [$M^{-1}\cdot s^{-1}$]	k_{cat} [s^{-1}]	K_m [μM]	k_{cat}/K_m [$M^{-1}\cdot s^{-1}$]
野生型 TyrRS	12	5.3	2.3×10^6	n.d.	n.d.	n.d.
Y37V/Q195C 変異体	0.045	140	3.2×10^2	0.43	130	3.3×10^3

n.d.は活性が低いために測定不可能.

いることが明らかになった.

Y37V/Q195C 変異体,大腸菌チロシンtRNA由来のアンバーサプレッサー tRNA (アンチコドン CUA をもち,アンバー終止コドン UAG に対応する),および3-ヨードチロシンを添加したコムギ胚芽**無細胞翻訳系**で Ras タンパク質を作製した.32番目のコドンをアンバーコドンに置換したmRNAを鋳型として翻訳を行ったところ,Rasタンパク質は変異体TyrRSとサプレッサーtRNAの両方が存在する場合のみ合成された.その量は,1 mlの反応液当たり0.1 mg 以上の3-ヨードチロシンを含むタンパク質を生産できた.この翻訳系によって合成されたRasタンパク質を精製し,ペプチダーゼ処理した断片に対して,液体クロマトグラフィー質量分析を行って得られたクロマトグラムの吸光度と,タンデム質量分析によって得られたアミノ酸配列を検討した結果,アンバー部位に挿入されたアミノ酸の95%以上が3-ヨードチロシンであることが判明した.

この研究は真核生物の無細胞翻訳系において,aaRS変異体とこれと排他的に反応するtRNAを用いた**遺伝暗号の拡張**(21番目の遺伝暗号の作製)に成功した初めての例である.また,この研究で用いたTyrRS変異体とアンバーサプレッサーtRNA^{Tyr}を培養細胞内で発現させることで,培養細胞内においても3-ヨードチロシンがタンパク質に部位特異的に導入された.またこの研究では,aaRS変異体とtRNAの組を,近年タンパク質の生産系として着目されている,無細胞翻訳系に初めて適用している.今後,このようにaaRSの立体構造に基づいて,非天然アミノ酸を認識する改変型aaRSをつくり出し,サプレッサー tRNAを用いて,無細胞翻訳系によりアロタンパク質を合成することがさらに盛んになると考えられる.

参 考 文 献

1) 濡木 理,横山茂之,'アミノアシルtRNA合成酵素によるtRNA認識のメカニズム',蛋白質 核酸 酵素, **40**, 1609 (1995).
2) 濡木 理,横山茂之,'アミノアシルtRNA合成酵素',蛋白質 核酸 酵素, **39**, 221 (1994).
3) 濡木 理,横山茂之,'トランスファーRNAの構造生物学',科学, **66**, 548 (1996).
4) 濡木 理,'tRNAへのアミノ酸の結合 ―その起源と進化',化学と工業, **50**, 181 (1999).
5) 濡木 理,横山茂之,'アミノアシルtRNAシンテターゼの構造とtRNA認識機構', "RNA研究の最前線",志村令郎,渡辺公綱編, p.70,シュプリンガー・フェアラーク東京 (2000).
6) 濡木 理,'アミノアシルtRNA合成酵素aaRSのtRNA認識機構',蛋白質 核酸 酵素, **46**, 1651 (2001).

8

NAD，NADPを補酵素とする脱水素酵素

8・1 基本的な機能と構造

NAD（ニコチンアミドアデニンジヌクレオチド；酸化型 NAD^+，還元型 NADH），あるいは **NADP**（ニコチンアミドアデニンジヌクレオチドリン酸；酸化型 $NADP^+$，

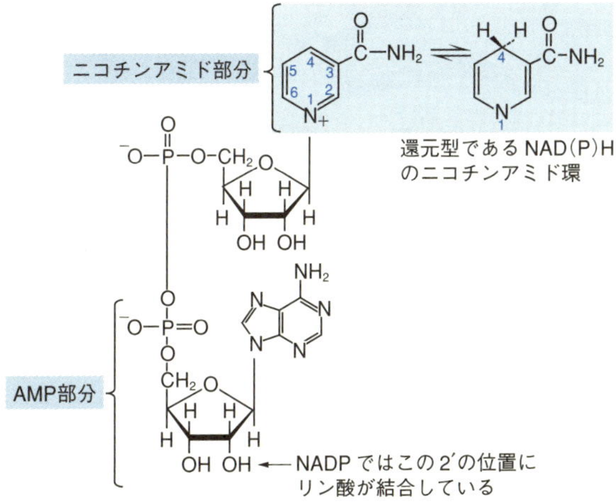

図 8・1 **NAD (NADP) の化学構造.** NAD (NADP) はニコチンアミド環の4位において他の分子（基質）と水素原子の授受を行う. NAD(P)H のこの部位には二つの立体的な位置関係が異なる水素が存在するが，いずれの側の水素を授受するかはこれを用いる脱水素酵素の種類によって異なる. ニコチンアミド環が図のように紙の面にあるとき，環の上側の水素を *pro-R*（A側）の水素，下側のものを *pro-S*（B側）の水素という.

8. NAD，NADP を補酵素とする脱水素酵素

還元型 NADPH（図 8・1）は細胞内の水溶性画分で酸化還元反応にかかわる主要な分子であり，これらを補酵素とする脱水素酵素（**NAD(P)依存型脱水素酵素**）は細胞内に多種多様に存在して異化や同化などの代謝経路に深く関与している．一般的な酵素反応の解析においては，NAD(NADP)は基質の一つとして取扱うことができ，還元型の NAD(P)H が 340 nm 付近に特異的な極大吸収帯をもつために，分光学的手法によって容易かつ高感度でその反応を測定することができる．NAD(P)依存型脱水素酵素は応用的に有用性のあるものも多く，タンパク質工学の研究素材としても広く用いられてきた．

ほとんどの NAD(P)依存型脱水素酵素は複数の**サブユニット**をもち，その各サブユニットは複数の**ドメイン構造**を含んでいる．同一サブユニットから構成されている酵素が多いが，ピルビン酸脱水素酵素複合体などのように複数種のサブユニットが多数会合して巨大な分子を形成しているものもある．本章で中心的に扱う**L-乳酸脱水素酵素**（L-lactate dehydrogenase．L-LDH と略す．EC 1.1.1.27）は，口絵 6

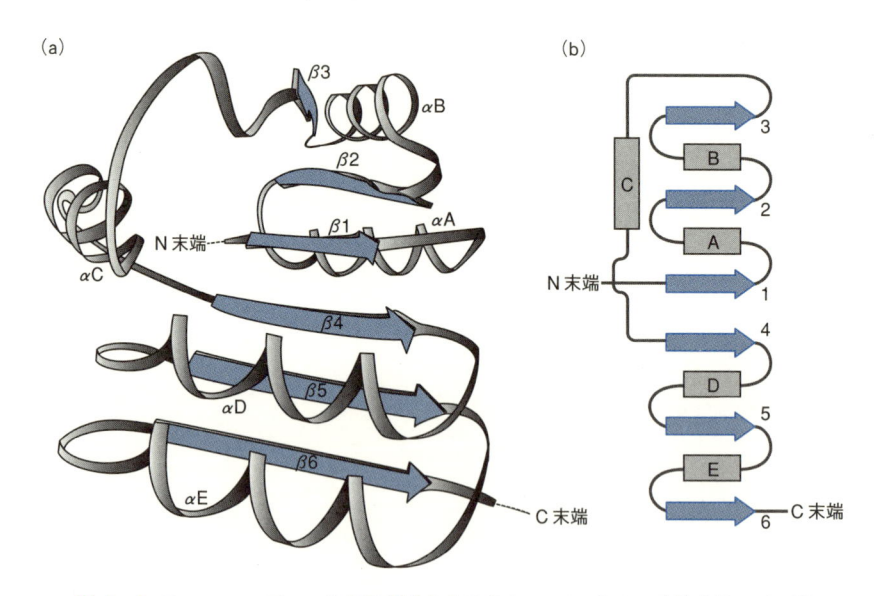

図 8・2 **Rossmann** フォールドの折りたたみをもつ**NAD(NADP)結合ドメイン構造**(a)とそのトポロジー図(b)の例．この中の 6 本の平行 β シート鎖を骨格としたオープン α/β 構造部分が，多くの NAD(NADP)依存型脱水素酵素に保存されている．基本的には β-α-β-α-β の構造単位モチーフが 2 回繰返されたものと見ることができる(b)．NAD(NADP)は，(a)の図で右側，すなわち各 β 鎖のカルボキシル末端(矢印の側)のループ部分が形成する部位に結合する(図 8・3 を参照)．

8・1 基本的な機能と構造

に示したように，三つの2回対称軸（P, Q, R 軸）をもつホモ四量体酵素（分子量約 140,000）である．各サブユニットは**補酵素結合ドメイン**と**基質結合ドメイン**（触媒ドメインともいう）の二つのドメインから構成されている．このうちの補酵素（NAD）結合ドメインは **Rossmann フォールド**（fold）（ロスマンの折りたたみ）と通称されるオープン α/β 構造であり（図 8・2），多くの NAD(P) 依存型脱水素酵素に共通してみられるドメイン構造である．補酵素結合ドメインのアミノ酸配列の保存性は低いが，β1-αA-β2 モチーフは比較的よく保存されている．特に第1番目のペプチド鎖の折返し（β1-αA）部分に Gly-X-Gly-X-X-Gly（ここで X は任意のアミノ酸残基である）の共通配列がみられ，アミノ酸配列からこのドメインを同定するうえでの"指紋"となっている．図 8・3 の L-LDH では，この保存配列は Gly28-X-Gly30-X-X-Gly33 で βA-αB の間のループと αB の N 末端側，すな

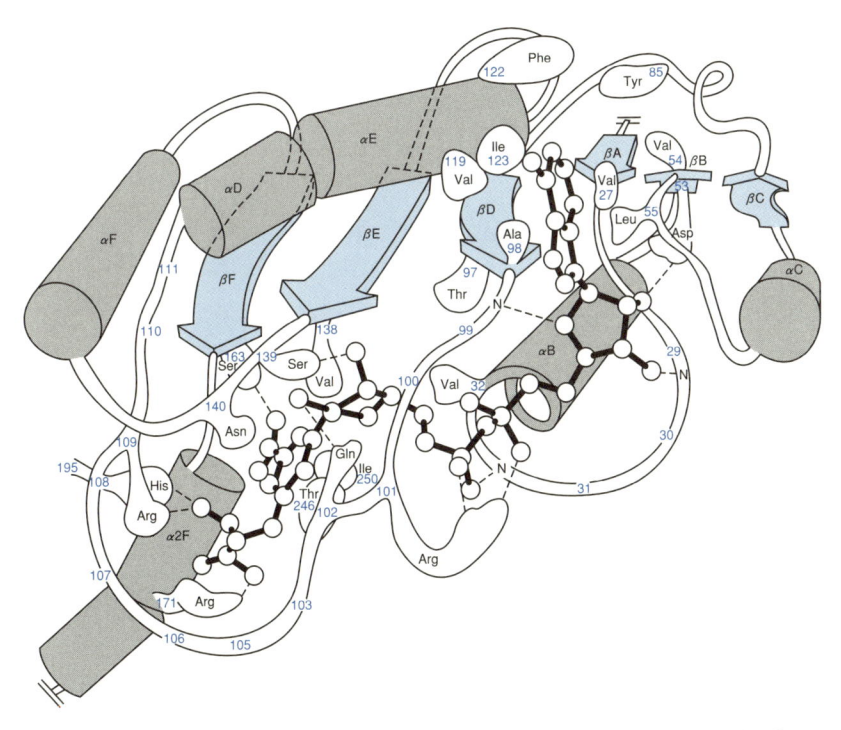

図 8・3　ブタ心臓 L-LDH の活性部位の立体構造ならびに補酵素と基質類似体の複合体 S-lac-NAD^+ の酵素との結合様式の模式図〔U. M. Grau, W. E. Trommer, M. G. Rossmann, *J. Mol. Biol.*, **151**, 289 (1981)〕

わち NAD の ADP 部分の結合部位に存在する．また，イソクエン酸脱水素酵素（IDH）やイソプロピルリンゴ酸脱水素酵素（IPMDH）などの触媒反応過程に基質からの脱炭酸を伴う酵素には，Rossmann フォールドとは異なるトポロジーの NAD(P) 結合部位も知られている．

8・2 触媒機構
8・2・1 L-乳酸脱水素酵素

L-LDH は古くから研究されてきた酵素であり，現在最も触媒機構の解明が進んでいる酵素の一つにあげられる．L-LDH の反応は，図 8・4 に示すように脱水素酵

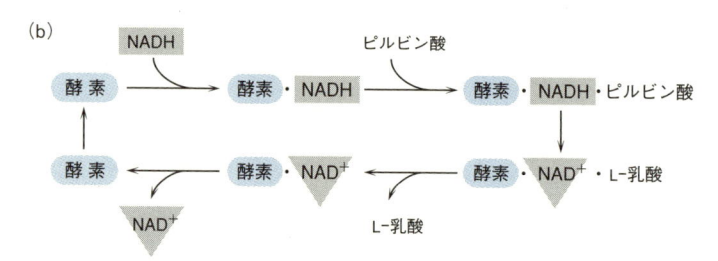

(a) $CH_3-C(=O)-COO^- + NADH + H^+ \rightleftharpoons CH_3-CH(OH)-COO^- + NAD^+$
ピルビン酸　　　　　　　　　　　　　　　　L-乳酸

(b) 酵素 → 酵素・NADH → 酵素・NADH・ピルビン酸 → 酵素・NAD$^+$・L-乳酸 → 酵素・NAD$^+$ → 酵素
（NADH 結合，ピルビン酸結合，L-乳酸解離，NAD$^+$ 解離）

図 8・4　L-LDH の触媒する反応 (a) と反応機構 (b)．(a) 中性 pH 条件ではこの反応の平衡は大きく右側（ピルビン酸の還元）に偏っている．

見掛けの平衡定数 $= \dfrac{[ピルビン酸][NADH]}{[L-乳酸][NAD^+]} = 2.76 \times 10^{-6}$ (pH 7.0, 25 ℃)

(b) L-LDH の反応は基本的に二基質二生成物の定序逐次機構に従う．

素反応のなかでも比較的単純なものである．その反応機構は基本的に二基質二生成物の**定序逐次機構**（ordered sequential mechanism）に従い，NADH，ピルビン酸の順で酵素に結合し，L-乳酸，NAD$^+$ の順で酵素から解離する．例外はあるが，一般の NAD(P) 依存型脱水素酵素の反応には，このように基質-NAD(P) 間での水素化物イオン（ヒドリドアニオン，H$^-$），および基質-溶媒間でのプロトン（H$^+$）の二つの水素授受が伴う．溶媒-基質間の H$^+$ 授受は酵素分子上の**酸塩基触媒基**が仲

介して行われ，L-LDH の場合は His195 のイミダゾール基がこれにあたる（図8・5a）．プロトン化したイミダゾール基（イミダゾリウムイオン）は，基質への H^+ 供与体であるとともに，基質カルボニル酸素との相互作用によって基質結合を安定化させる．したがって，L-LDH の K_m は一般に His195 の pK_a 値に従った pH 依存

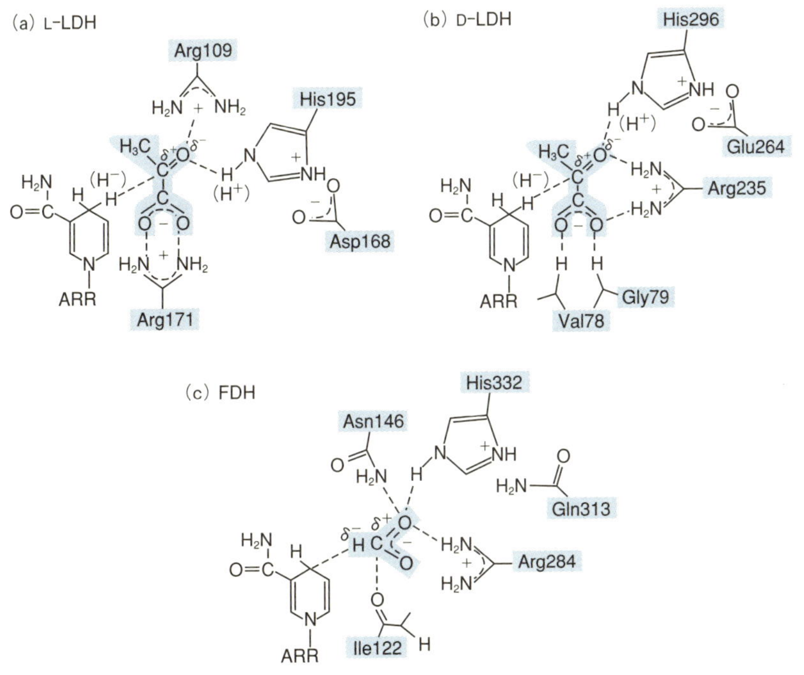

図 8・5 **L-LDH**(a)，**D-LDH**(b)，ギ酸脱水素酵素（**FDH**）(c) の基質を結合した触媒部位のモデル．ARR は補酵素のニコチンアミド環を除く部分を，破線は原子間の相互作用を示す．L-LDH の場合は，補酵素 NADH のニコチンアミド 4A 位からの水素化物イオン（ヒドリドアニオン，H^-）と，L-LDH の触媒基である His195 イミダゾール基（*pro-R*）からのプロトン（H^+）が，それぞれ基質ピルビン酸のカルボニル基の炭素原子と酸素原子とに協奏的に移行することで L-乳酸が生成する（図8・4a参照）．L-LDH では，基質結合と基質分極化の役割を二つの Arg 残基（Arg171 と Arg109）が分業しているが，D-LDH では Arg235 の 1 残基がこれら二つの役割を兼ねており，Val78-Gly79 の主鎖のアミド基の水素が，L-LDH の Arg171 にあたる役割を補っている．一方，FDH ではこの主鎖部分が反転して Ile122 のカルボニル酸素を基質側に向けている．この主鎖と FDH に特異的な Asn146 の極性側鎖が，基質を D-LDH のものとは異なる向きで結合してその分極化を促進すると考えられている．

性を示す．この反応は可逆であり，逆反応のL-乳酸酸化反応には，これとは逆に脱プロトンした His195 が必須となる．このように His195 は触媒に必須であり His195 残基にアミノ酸置換を導入するときわめて甚大な活性低下を及ぼす．

Holbrook らのグループは，L-LDH の酵素-補酵素-基質(類似体)複合体の立体構造をもとに Bacillus stearothermophilus 由来 L-LDH 上にアミノ酸置換を導入し，触媒に関与するアミノ酸残基をさらに詳細に解析した．酵素の触媒基の His195 側鎖は Asp168 のカルボキシル基側鎖との間で，セリンプロテアーゼの触媒三つ組残基 (catalytic triad，第9章を参照) におけると同様な対を形成している (図8・5a)．この Asp 残基を水素結合能側鎖をもつ Asn と，これをもたない Ala の2種類のアミノ酸に置換した例 (D168N と D168A と略記) が検討されている．2種類の変異はいずれも大幅なピルビン酸 K_m 値の増大と k_{cat} 値の低下をもたらし，同程度の酵素触媒効率の低下をもたらした (表8・1)．このことから，Asp168 の役割の本質はその側鎖の水素結合能にではなく，負電荷にあることが示された．この負電荷が

表8・1　乳酸脱水素酵素の触媒機能に重要なアミノ酸の置換が与える触媒活性への影響

	K_m(ピルビン酸) [mM]	k_{cat} [s^{-1}]	k_{cat}/K_m [$s^{-1} \cdot mM^{-1}$]
L-LDH(野生型)	0.04	250	6300
D168N	10	20	2.0
D168A	3.3	5.5	1.7
R109Q	1.0	0.6	0.6
R171K	125	18	0.15
D-LDH(野生型)	0.3	2800	8700
H296Y	0.7	0.07	0.1
H296Q	100	0.44	0.0044
E264D	8.5	1900	220
E264Q	26	130	5
R235Q	180	10	0.06
R235K	35	16	0.46

B. stearothermophilus 由来のL-LDH と L. pentosus 由来のD-LDH について報告されているアミノ酸置換の反応速度パラメーターへの影響を示した．D168N は Asp168 残基を Asn に置換したという意味．〔L-LDH に関する数値は A. R. Clarke, et al., Biochemistry, **27**, 1617(1988); A. R. Clarke, et al., Nature(London), **324**, 699(1986); K. W. Hart, et al., Biochim. Biophys. Acta, **914**, 294(1986), D-LDH に関する数値は H. Taguchi, T. Ohta, J. Biol. Chem., **268**, 18030(1993), および J. Biochem.(Tokyo), **115**, 930(1994); H. Taguchi, et al., J. Biochem. (Tokyo), **122**, 802(1997)による〕

His195のプロトン化状態を安定化することで触媒機能を促進する役割を果たすものと考えられる．

一方，活性中心上にはβDのC末端のAla98からαDのN末端側の111番残基までの長い**活性部位ループ**（active site loop，ASループ）が存在している（図8・3）．このループは基質非結合状態では開いていて，活性部位から離れているが，基質の結合とともに基質分子上に引き寄せられる（図8・6のcとd，図8・7のbとdを参照）．このループの動きとともにNADのニコチンアミドリボースリン酸部分がNAD結合部位に正しく収まる（図8・3）．そしてループ上のArg109残基側鎖が基質のカルボニル酸素に近づき（図8・7d），その正電荷によって基質を分極化させ，水素転移反応を促進させると考えられる（図8・5a）．このArg109を中性のGlnに置換（R109Q）すると，基質に対するK_m値はやや増大しただけであったが，k_{cat}は大幅に低下した（表8・1）．さらに，NADHの重水素置換体を用いた同位体効果の解析からこの置換によって酵素反応の律速段階も変化することが明らかになった．すなわち，野生型酵素においては活性部位ループの動きなどの触媒部位の構造変化が反応の律速段階であるのに対して，この変異型酵素では水素転移反応の段階が律速段階になっていた．これらの結果は，Arg109による基質のカルボニル酸素の分極化が水素転移段階の促進に重要であることを明瞭に示すものといえる．

L-LDHの基質複合体構造においては，Arg171のグアニジノ基は基質カルボキシル基と好ましいイオン的水素結合を形成している（図8・7d）．Arg171を同じ正電荷側鎖をもつLysへ置換した場合（R171K）でもL-LDHの活性は大きく低下し，Arg109の置換の場合とは対照的に，k_{cat}の低下よりも基質ピルビン酸に対するK_mの著しい増大がみられた（表8・1）．さらに，反応速度論的な解析から，この変異型酵素では生成物を生じない非生産的な基質結合が生じやすくなっていることが示唆された．これらを総合すると，Arg171側鎖のグアニジノ基は，基質カルボキシル基との2対のイオン的な水素結合によって基質を活性中心に強固に，かつ触媒作用を受けるのに適した向きに結合させていると考えられる．L-LDHにおいて得られたこれらの知見は，他のNAD(P)依存型酵素の触媒機構を研究するうえでも重要な基盤を与えている．

8・2・2　D-乳酸脱水素酵素およびその関連酵素

NAD依存型の**D-乳酸脱水素酵素**（D-lactate dehydrogenase．D-LDHと略す．EC 1.1.1.28）は，基質特異性だけでなく，その立体構造においてもL-LDHと大き

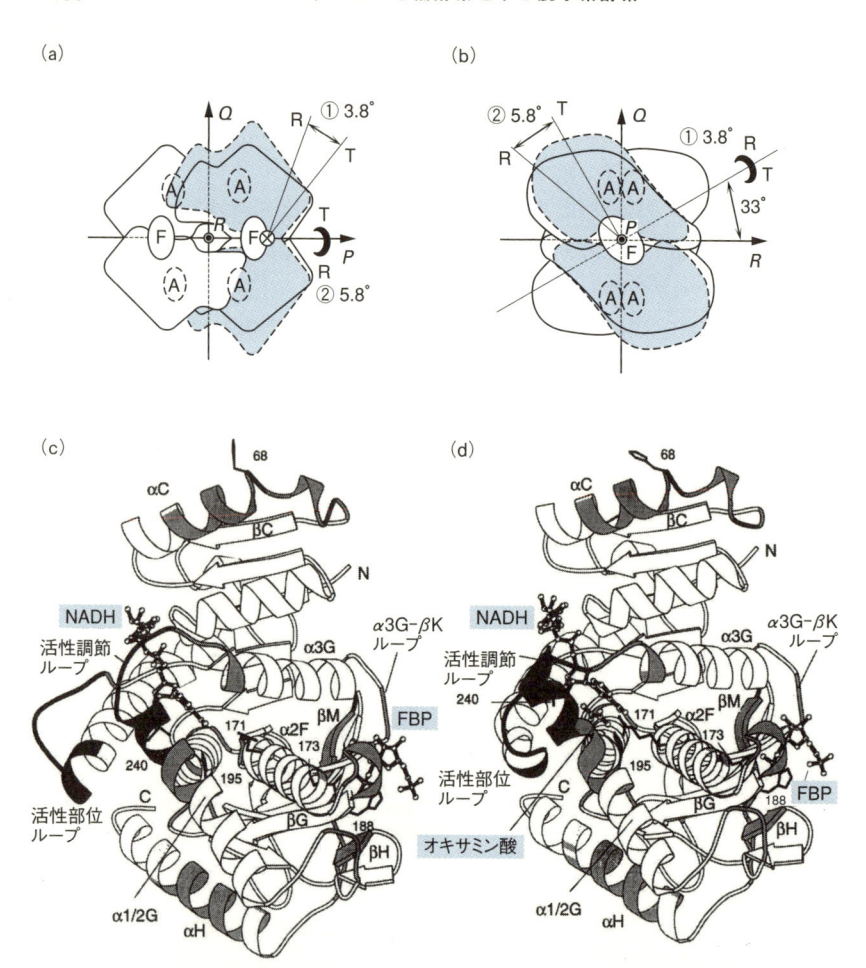

図 8・6 *Bifidobacterium longum* L-LDH のアロステリック転移における構造変化. (a), (b) は四次構造変化の模式図. それぞれ活性化 (R) 状態の構造 (実線で囲まれた部分) に不活性 (T) 状態の構造 (破線で囲まれた青色部分) の P 軸対称二量体部分を重ね合わせて示している. F は FBP 結合部位, A は活性部位を示す. (a) は R 対称軸方向から, (b) は P 軸方向からみたものである. R 状態と比較して, T 状態では P 軸二量体は ① の軸を中心に 3.8°回転してやや開いた形をとっており, 二つの P 軸二量体も P 軸を中心に 5.8°回転してそれぞれの相対位置を変化させている. (c) は T 状態, (d) は R 状態のサブユニットの三次構造. T 状態, R 状態とも FBP, NADH が結合している. T 状態では基質類似体のオキサミン酸が結合していないが, R 状態では結合して活性部位ループが閉じ, そしてヘリックス α1/2G と活性調節ループが動いている. 活性部位と FBP 結合部位 (これらの詳細は図 8・7 参照) 以外の部分には両状態で特に際だった相違はみられない. 〔S. Iwata, et al., *Nat. Struct. Biol.*, **1**, 176 (1994)〕

8・2 触 媒 機 構

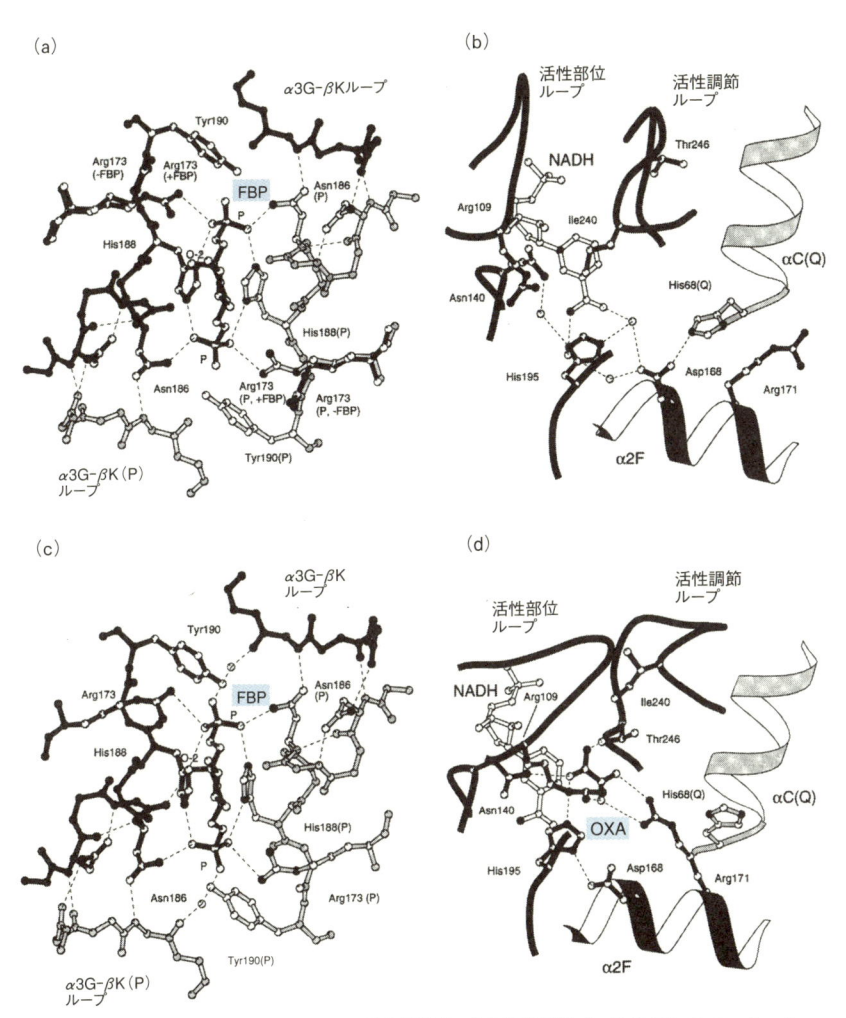

図 8・7　*B. longum* L-LDH の FBP 結合部位 (a, c) と活性部位 (b, d) のコンホメーション. (a) と (b) は不活性 (T) 状態, (c) と (d) は活性化 (R) 状態を示す. FBP 結合部位 (a, c) は P 軸, 活性部位は Q 軸サブユニット接触面にあり, それぞれ異なるサブユニットのアミノ酸側鎖を色分けして示している. T 状態の L-LDH では, FBP 結合部位に FBP が結合した構造と結合していない構造が決定されている. (a) の図においては, FBP の結合した T 状態の FBP 結合部位に, FBP が結合していない T 状態の Arg173 (黒) だけを重ね合わせている. Arg173 の側鎖が FBP の結合で大きく動いていることがわかる. P 軸二量体あたり 1 分子の FBP が結合し, この結合に二つのサブユニットからの Arg173 と His188 のほかに, Asn186, Tyr190 (R 状態のみ) の側鎖が二つずつ関与している. FBP 分子が擬似対称構造をもつため, FBP 結合部位の構造は擬似対称形に保たれている.

(次ページへ)

(図8・7つづき)
　活性部位(b,d)においては,基質結合に重要なArg171の側鎖と隣接サブユニットのHis68(Q)との連動がT ⟷ R状態変化に最も本質的と考えられる.T状態(b)では,His68(Q)が基質結合部位に入り込み,これに伴ってArg171側鎖は基質の結合に不適切な方向を向いている.一方,R状態(d)では,基質(図では基質類似体のオキサミン酸,OXA)の結合に伴い隣接サブユニットのαC(Q)が動き,その上のHis68(Q)が基質結合部位から遠ざかり,Arg171が基質結合に適した方向を向き,そして活性部位ループと活性調節ループが大きく動いて基質と補酵素が正しく配置される.触媒反応は両ループの開閉の繰返しとともに進行する.〔S.Iwata, *et al.*, *Nat. Struct. Biol.*, **1**, 176 (1994)〕

く異なっている(口絵7参照).二量体酵素であるこの酵素のサブユニットは,L-LDHのものと同様に補酵素結合ドメインと触媒ドメインの二つのドメインからなっているが,両ドメインの一次ならびに三次構造上における相対的な位置関係もL-LDHのものとは大きく相違している.また,補酵素結合ドメインはL-LDHと類似するRossmannフォールドをもつが,触媒ドメインの構造はL-LDHのそれとは異なり,これもRossmannフォールドに類似する折りたたみ構造をもっている.D-LDHと共通する立体構造は,D-グリセリン酸脱水素酵素,**3-ホスホグリセリン酸脱水素酵素**(3-phosphoglycerate dehydrogenase.PGDH),D-ヒドロキシイソカプロン酸脱水素酵素などのD型基質特異的反応を触媒する酵素群にみられるが,さらに興味深いことには,**ギ酸脱水素酵素**(formate dehydrogenase.FDH)やL-アラニン脱水素酵素などの本質的にこれらと異なる反応を触媒するNAD(P)依存型脱水素酵素にも見いだされている.これらの酵素のうちで,PGDHとL-アラニン脱水素酵素はそれぞれ四量体と六量体であるが,いずれもD-LDHと相同な二量体構造を基本的な触媒の機能単位として含んでいる(PGDHの構造については§8・5・2でふれる).FDHの場合は,アポ型酵素とリガンド結合型酵素両者の立体構造が決定されており,その触媒過程にドメインの蝶つがい運動による触媒クレフトの開閉運動が存在することが強く示唆されている(口絵8).このような構造の動きはD-LDH関連酵素群すべてに共通すると考えられ,おもに十数残基程度のループ領域の開閉運動によって触媒が進行するL-LDHとはこの点においても対照的である.

a. D-LDHの触媒機構　D-LDHにおいては,アポ型酵素の構造解析と並行してアミノ酸置換による触媒部位の解析も行われ(表8・1),変異型酵素の解析結果からL-LDHと基本的には類似した触媒モデルが提唱された(図8・5b).L-LDHのHis195にあたるD-LDHの触媒基はHis296と考えられ,これをTyrへ置換(H296Y)するとk_{cat}値の大幅な低下をもたらす(表8・1).しかし,基質ピルビ

酸に対する K_m 値が大きく変化しないのは，Tyr は His の代わりに基質と水素結合を形成できるためと考えられる．さらに，Tyr のフェノール側鎖は His のイミダゾール側鎖よりも大きな pK_a 値をもつため，酵素反応の pH 依存性も大きく変化した．野生型酵素のピルビン酸還元反応においては，基質に対する K_m は pH 7 付近以下ではほぼ一定で，それよりアルカリ側では pH の増大とともに大きく増大する．これに対して，変異型酵素は pH 9 付近までほぼ一定の K_m を示した．

また，立体構造において Glu264 はこの His296 と対を形成していることから，L-LDH の Asp168 に相当する残基と考えられる．Glu264 残基を負電荷をもたないグルタミンに置換した E264Q の場合に比較して，負電荷をもつ Asp に置換した E264D の場合には比較的活性への影響が小さい（表 8・1）．このことは，Asp168 の場合と同様にこの負電荷が触媒作用に重要であることを示している．これに対して，L-LDH の Arg109 と Arg171 の二つの Arg に相当しうる残基は Arg235 の 1 残基しか存在しない．この残基を L-LDH の例にあわせて Gln と Lys に置換（R235Q および R235K）すると，いずれも大幅な k_{cat} の低下と K_m の増大をひき起こす（表 8・1）．D-LDH ではこの 1 残基の Arg が L-LDH の二つの Arg の役割（基質の結合と分極化の促進）を兼ねており，その不足を主鎖のアミド基の水素原子が基質結合に参加することで補っていると考えられる（図 8・5 b）．

b. ギ酸脱水素酵素の触媒機構　D-LDH 以外の D-2-ヒドロキシ酸脱水素酵素群も基本的に上述の D-LDH と同じ触媒機構をもつと考えられるが，ギ酸脱水素酵素（FDH，EC 1.2.1.2）などの触媒反応が本質的に異なる酵素群はその例外である．FDH の反応は，

$$HCOO^- + NAD^+ \longrightarrow CO_2 + NADH$$

すなわち，FDH はその基質が C1 化合物であるだけでなく，その反応過程に溶媒と基質間の H^+ 授受を伴わない点でも特異である．FDH の触媒部位において特徴的なのは，第一に D-LDH にはない Asn146 の存在であり，第二に D-LDH の場合とはその向きを反転し，基質側に酸素原子を向けた主鎖カルボニル基の存在である（図 8・5 c）．これらによって，FDH は基質を D-LDH と異なる向きに結合し，基質の異なる部位の分極化を促進することで独自な反応を触媒するものと考えられる．

FDH においても，D-LDH の Arg235 と His296 に相当する位置に Arg（Arg284）と His（His332）が保存されている．FDH の場合には His332 が触媒基として働く

必要はないが，基質結合に関与しており，この残基を Phe に置換すると FDH の触媒機能がほぼ完全に失われる．また，この His332 と対を形成しているのは酸性残基の Glu ではなく中性残基の Gln（Gln313）である．この Gln313 残基を Glu に置換しても FDH に本質的な活性低下はみられないが，アルカリ条件下での基質結合能が大きく失われる．これらのことから，Gln313 は水素結合によって His332 を固定し，His332 が部分的な正電荷を保持するのを助けることで，His332 とギ酸の負電荷との相互作用を助けていると考えられる．Gln が Glu に置換されるとアルカリ条件下での基質結合が低下するのは，His がアルカリ条件下で脱プロトンしたときに 2 残基間の適正な水素結合が失われるためと解釈されている．このように，FDH は D-LDH と基本的には同じ構造フレームを用いながら，部分的なアミノ酸置換によって独自の触媒機能を獲得していると考えられる．

8・3　補酵素特異性の改変

　NAD(P)依存型脱水素酵素には，NAD と NADP のいずれか一方のみを厳密に識別して利用するものもあれば，両者を同等に利用するものもある．多くの脱水素酵素において，こうした補酵素識別の分子機構が解析され，その改変設計が試みられている．

　Rossmann フォールドの補酵素結合ドメイン（図8・2）をもつ脱水素酵素においては，おもにその β ストランドと α ヘリックスを結ぶ折返しループ部分に補酵素認識にかかわる部位がある（図8・3）．一般に，NAD に特異的な酵素においては，この部位に存在する酸性アミノ酸残基の側鎖の負電荷が NADP に付加したリン酸基と静電的に反発することで NADP を排除するが，NADP 依存型酵素は相当位置に塩基性側鎖を配して NADP への親和性を向上させている．L-LDH の場合には，βB の C 末端側ループの Asp53 が NAD のアデノシンリボースの 2′-OH と水素結合し，NAD の認識に重要な役割を果たしている（図8・3）．これをもとにするとたとえば NAD に特異的な酵素を NADP にも作用させるための改変設計として，第一に上記の酸性アミノ酸の除去，第二に塩基性残基の導入が考えられる．ただし，塩基性アミノ酸の導入には，その側鎖が NADP のリン酸基と適切に相互作用できる位置を推定する必要がある．これらの設計に従った改変例は多いが，表8・2に NAD 特異的なアルコール脱水素酵素と L-LDH の例を示した．いずれの酵素の補酵素特異性もこれらのアミノ酸置換によって，特に二重の置換によってより大きく変化していることがわかる．

8・3 補酵素特異性の改変

直接的に補酵素認識に関与する部位の残基だけでなく，結合ループ部分全体の二次構造的な要素も考慮した設計を行えばさらに大きな特異性の改変も期待できる．この場合には天然に存在する酵素のアミノ酸配列を参考とする．**L-リンゴ酸脱水素酵素**（L-malate dehydrogenase．L-MDHと略す）には，NADに特異的なもの（EC 1.1.1.37）とNADPに特異的なもの（EC 1.1.1.82）がある．高度好熱菌 *Thermus flavus* の酵素は前者であり，葉緑体の酵素は後者である．二つのタイプの酵素のアミノ酸配列を比較し，NAD-酵素複合体の結晶構造から，アデニンリボース環の2′位のリン酸基の有無を認識する部位が推定された．そして，前者の認識ループ部分を含む配列EIPQAMKを後者の相当部分の配列GSERSFQにそっくり

表8・2 RossmannフォールドをもつNAD依存型脱水素酵素における補酵素特異性の改変

(a) ショウジョウバエのアルコール脱水素酵素の例

	NAD⁺			NADP⁺			活性比
	K_m [mM]	k_{cat} [s⁻¹]	k_{cat}/K_m [s⁻¹・mM⁻¹]	K_m [mM]	k_{cat} [s⁻¹]	k_{cat}/K_m [s⁻¹・mM⁻¹]	
野生型	0.048	10.2	213	3.09	0.715	0.23	925
A46R	0.057	7.3	127	1.27	1.9	1.5	84.5
D39N	0.073	15.3	210	0.050	6.80	136	1.55
A46R/D39N	0.260	15.0	58	0.100	5.7	58	1

(b) *B. stearothermophilus* の L-LDH の例

	NADH			NADPH			活性比
	K_m [μM]	k_{cat} [s⁻¹]	k_{cat}/K_m [s⁻¹・μM⁻¹]	K_m [μM]	k_{cat} [s⁻¹]	k_{cat}/K_m [s⁻¹・μM⁻¹]	
野生型	63	240	3.8	290	41	0.14	25
D53G	550	12	0.02	740	10	0.01	2
D53S	480	44	0.09	260	16	0.06	1.5
I52K/D53S	1020	160	0.16	710	160	0.23	0.7

アミノ酸置換による見掛け上の速度論パラメーターの変化を示している．活性比は(NAD⁺またはNADHを用いたときのk_{cat}/K_m)/(NADP⁺またはNADPHを用いたときのk_{cat}/K_m)を表す．アルコール脱水素酵素の結果はZ. Chen, *et al., FEBS Lett.,* **356**, 81(1994)，L-LDHの結果はN. Holmberg, *et al., Protein Engineering,* **12**, 851(1999)による．L-LDHのアミノ酸の番号はこの酵素において統一的に用いられている番号(N-システム)で表示した．

表 8・3 高度好熱菌 *T. flavus* の NAD 依存型 L-リンゴ酸脱水素酵素 (L-MDH) の NADP 依存型酵素への改変

酵素および補酵素	K_m [μM]			k_{cat} [s^{-1}]	k_{cat}/K_m [s^{-1}・μM^{-1}]
	NADH	NADPH	オキサロ酢酸		
野生型酵素					
NADH	3.1			259	83.5
			2.4	308	128
NADPH		42.1		164	3.9
			477	171	0.4
改変型酵素					
NADH	82.7			98	1.2
			16.8	100	6.0
NADPH		5.3		152	28.7
			3.1	151	48.7

野生型酵素と,野生型酵素の NAD のアデノシンリボース環の 2′-OH 基を認識するループを含む 7 アミノ酸残基の配列部分を,葉緑体の NADP 依存型 L-MDH の対応する配列に置換した改変型酵素の見掛けの速度パラメーターを示している.〔M. Nishiyama, *et al., J. Biol. Chem.,* **268**, 4656(1993)〕

置き換えることで,前者は NADP に対して特異的な酵素に変換された(表 8・3).これと同様な改変例が非 Rossmann フォールド型の脱水素酵素においても報告されている.基質からの脱炭酸を伴う共通した反応を触媒する *Thermus thermophilus* のイソプロピルリンゴ酸脱水素酵素と *E. coli* のイソクエン酸脱水素酵素は,類似する非 Rossmann フォールド型の立体構造をもつが,前者は NAD,後者は NADP に対して特異的である.両者の補酵素認識部位の折返し構造をもとに,相当部分のアミノ酸配列を入れ換えることで補酵素特異性がほぼ完全に逆転している.

8・4 基質特異性の改変
8・4・1 L-LDH の L-MDH への改変

L-LDH においては,タンパク質工学的手法の確立当初から基質特異性のさまざまな改変が試みられてきた.その多くは,基質主鎖の α-ケト酸(あるいは 2-ヒドロキシ酸)に対する本質的な触媒作用は残して,図 8・8 のような種々の側鎖をもつ基質に作用できる酵素への改変設計である.特に先駆的かつ劇的な改変例は,そ

8・4 基質特異性の改変

の特異的な基質をピルビン酸(図8・8a)からオキサロ酢酸(図8・8b)へ,すなわちL-LDHをL-MDHへ変換した例である.2種類の基質の側鎖は,その大きさ,

α-ケト酸基質 R-COCOO⁻ の側鎖 R の構造			
a	$-CH_3$ (ピルビン酸)	e	$-CH_2CH_2CH_2CH_3$
b	$-CH_2COO^-$ (オキサロ酢酸)	f	$-CH(CH_3)_2$
c	$-CH_2CH_3$	g	$-CH_2CH(CH_3)_2$
d	$-CH_2CH_2CH_3$		

図 8・8 改変型 L-乳酸脱水素酵素(L-LDH)の基質特異性の解析に用いられた α-ケト酸基質.側鎖 R 部分(a〜g)に対する特異性の改変が試みられている.

極性と電荷の有無などにおいて相違する.一方,L-LDH と L-MDH はきわめて立体構造の類似した酵素であるが,構造比較から両者の基質特異性の相違に関与する

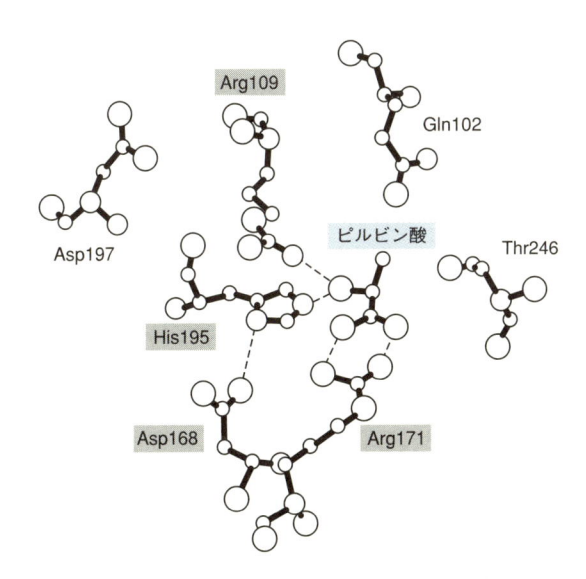

図 8・9 *B. stearothermophilus* L-LDH の L-MDH への変換実験において置換が導入されたアミノ酸残基.結合したピルビン酸の周囲の残基のほか,L-LDH の触媒機能に本質的に必須な残基である Arg109, His195, Asp168, Arg171 もともに示した.これらの必須残基は天然の L-MDH にも保存されている.〔H. M. Wilks, *et al.*, *Science*, **242**, 1541 (1988)〕

部位として結合基質の側鎖近傍に位置している3箇所のアミノ酸残基（Asp197, Thr246, Gln102）が置換の標的として考えられた（図8・9）．第一に，L-LDHのAsp197はL-MDHでは中性アミノ酸に置換されている．L-LDHではこのAspの

表8・4　*B. stearothermophilus* L-LDH の L-MDH への変換 [a]

	LDH 活性 (基質：ピルビン酸)			MDH 活性 (基質：オキサロ酢酸)			活性比 [†]
	K_m 〔mM〕	k_{cat} 〔s^{-1}〕	k_{cat}/K_m 〔s$^{-1}\cdot$M^{-1}〕	K_m 〔mM〕	k_{cat} 〔s^{-1}〕	k_{cat}/K_m 〔s$^{-1}\cdot$M^{-1}〕	
野生型	0.06	250	4.2×10^6	1.5	6.0	4.0×10^3	9.5×10^{-4}
D197N	0.66	90	1.3×10^5	0.15	0.50	3.0×10^3	2.3×10^{-2}
T246G	13.0	16.0	1.3×10^3	0.20	0.94	4.7×10^3	3.6×10^0
Q102R	1.8	0.9	5.0×10^2	0.06	250	4.2×10^6	8.4×10^3

a） H. M. Wilks, *et al., Science,* **242**, 1541 (1988).
†　活性比は（MDH 活性の k_{cat}/K_m）/（LDH 活性の k_{cat}/K_m）を表す．

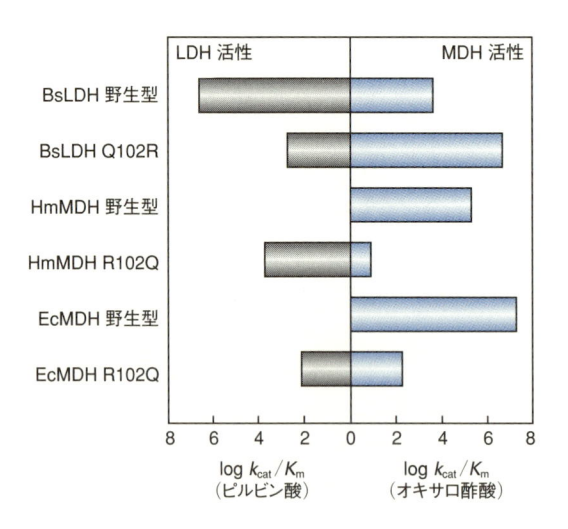

図8・10　**L-LDH の102位にあたる残基の Gln (Q) ⟷ Arg (R) 置換と L-LDH ⟷ L-MDH 変換との相関図．** *B. stearothermophilus* L-LDH (BsLDH)，好塩性古細菌 *Haloarcula marismortui* L-MDH (HmMDH) と *E. coli* の L-MDH (EcMDH) の各野生型と102位変異型（R102Q または Q102R）が示すピルビン酸とオキサロ酢酸に対する触媒効率（k_{cat}/K_m）をプロットした．横軸は対数目盛であることに注意．〔C. R. Goward, D. J. Nicholls, *Protein Science,* **3**, 1883 (1994)〕

負電荷がオキサロ酢酸側鎖の負電荷と静電的に反発して，その結合を妨げることが考えられる．第二に，Thr246はL-MDHではより小さなサイズの側鎖をもつアミノ酸に置換されている．この置換によってL-MDHの基質結合部位が，より大きな基質側鎖を収容できるように広がっていることが考えられる．第三に，活性部位ループ上のGln102の位置にL-MDHでは保存性の高いArgが存在している．モデリングから，L-LDHのGln102をArgに置換すると，そのグアニジウム側鎖がオキサロ酢酸の側鎖カルボキシル基と好ましいイオン結合を形成できることが推定された．そこで，Asp197を中性のAsnに（D197N），Thr246を側鎖のないGlyに（T246G），そしてGln102をArgに置換（Q102R）した3種類の変異型酵素が作製された（表8・4）．これらの酵素はいずれも二つの基質に対して顕著に変化した特異性を示したが，特にQ102Rの変異型酵素は劇的であり，このわずか1残基の置換によって二つの基質に対する特異性が完全に逆転することが示された．

L-LDHの102位のアミノ酸残基が基質特異性と大きくかかわっていることは，逆にL-MDHにおける相当位置のArgの置換からも検証されている（図8・10）．ただし，上述の変異型L-LDHの高いL-MDH活性に対して，これらの変異型L-MDHのL-LDHの活性はあまり高いものとはいえない．この結果は102位の残基以外にも両酵素の基質特異性に関与しうる部位があることを示唆している．

8・4・2 基質特異性拡張型酵素への改変

L-LDHの補酵素-オキサミン酸（基質類似体）複合体の結晶構造解析をもとに，L-LDHをより大きな疎水性側鎖をもつα-ケト酸基質に対して作用できるような改変設計が行われている．この複合体の立体構造において，基質側鎖はおもに活性部位ループの102-103-105位（図8・3，図8・6d，図8・7dを参照）にあるGln-Lys-Pro配列と235と236位のAla-Ala配列（図8・6dのα1/2Gにある）の側鎖群が形成する空間内におかれている．前者の配列は図8・6の(c)と(d)の構造変化でわかるように，基質結合に伴って後者の配列上に引き寄せられる．この空間により大きな疎水性の基質側鎖（図8・8，c～g）が入れるように，前者の配列をMet-Val-Serに，後者をGly-Glyの配列に置き換えた．いずれの置換にも改変効果が認められたが，両者をともに置換した場合には特に大きな効果がみられた（表8・5）．これらの置換は，本来の基質ピルビン酸に対する活性を低下させたが，より大きな基質に対する活性を向上させ，結果として酵素はより広い基質特異性を示すようになった．L-LDHは現在最も基質特異性に関する研究知見の多い

酵素の一つであるが，現在でもなおランダム変異（後述）や自然界の関連酵素などをもとにしてその改変研究が進められている．

表 8・5　*B. stearothermophilus* L-LDH の基質特異性の拡張 [a]

基質[†]	触媒効率 k_{cat}/K_M [$s^{-1} \cdot mM^{-1}$]			
	野生型	[102-103-105]MVS 型	[235-236]GG 型	二重変異型
a	4.2×10^6	4.2×10^5	4.2×10^4	8.0×10^3
c	1.7×10^5	1.8×10^5	3.2×10^4	6.2×10^4
d	6.4×10^3	9.5×10^3	7.0×10^3	4.2×10^4
e	8.5×10^3	8.7×10^3	4.3×10^4	2.6×10^4
f	12	67	50	570
g	50	353	110	1.3×10^3

a）H. M. Wilks, *et al., Biochemistry,* **29**, 8587 (1990).
†　基質の構造は図 8・7 参照．

8・5　アロステリック特性

　アロステリック制御には一般にタンパク質の立体構造（コンホメーション）変化が大きくかかわり，その機構の解析や改変設計は容易ではないが，それだけに今後のタンパク質工学において重要な位置を占める研究分野ともいえる．アロステリック制御の基礎知識については第 5 章で解説されているので参照されたい．NAD(P)依存型酵素群は細胞の代謝経路と深くかかわり，多くのアロステリック型酵素が代謝調節の鍵をにぎっているが，その多様な調節特性はアロステリック制御の研究素材としても注目される．本章では，特に研究が進んでいるもののなかから，K_m 調節型酵素である L-LDH と V_{max} 調節型酵素である 3-ホスホグリセリン酸脱水素酵素（PGDH）という異なるタイプの調節特性をもつ酵素の研究例を中心に述べる．

8・5・1　L-LDH の制御機構とその改変

a. アロステリック型 L-LDH　　アロステリック制御は，基質に対する親和性（K_m）の変化を通して行われることが一般的であるが，L-LDH にもこのタイプの活性制御を受ける酵素が存在する．脊椎動物の L-LDH が調節特性をもたないのに対して，細菌の L-LDH には解糖系の中間代謝産物，フルクトース 1,6-ビスリン酸（FBP）を共通の活性化因子（正の**アロステリックエフェクター**）として調節され

8・5 アロステリック特性   169

るアロステリック型の酵素が存在する．これらの酵素はFBP非存在下でピルビン酸に対して大きなK_m値を示し，多くの場合は**S字形**の基質飽和曲線を示す．そして，FBPが存在することによって飽和曲線が**双曲線形**へと移行し，酵素はFBP非

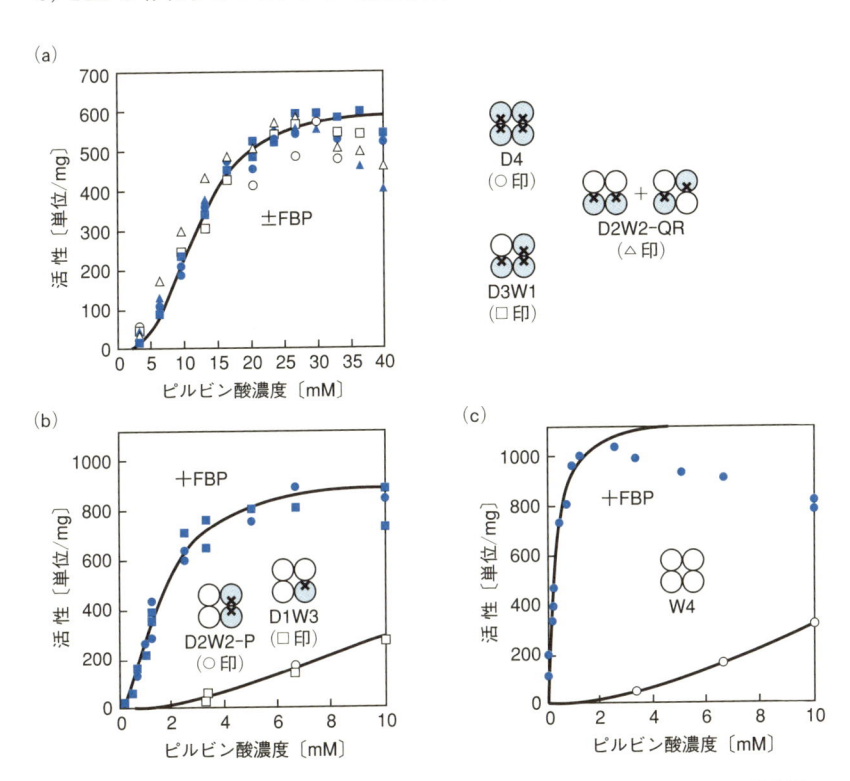

図8・11 ***B. longum*** **L-LDHの野生型(W)とArg173Gln/His188Tyrの二重変異をもつFBP結合部位欠損型(FBP脱感作型，D)サブユニット混成酵素のピルビン酸飽和曲線．** FBP非存在下と存在下の活性をそれぞれ白抜きと青の記号で示している．四量体の模式図におけるサブユニットの相対的な配置は図8・12と同様である．一つのFBP結合部位を形成する二つのサブユニットのうちで，少なくとも一方のサブユニットに上記置換変異(×)があるとFBP結合部位は正常な機能を果たすことができない．2種のサブユニットを二つずつ含むものには，各同一サブユニットが，Q軸二量体(D2W2-Q)，P軸二量体(D2W2-P)，およびR軸二量体(D2W2-R)におかれた3種類の組合わせがある．このうちでD2W2-Pのみが正常なFBP結合部位をもつ組合わせである．(a)は機能するFBP結合部位をもたないタイプの混成酵素の場合を示しており，いずれもFBPに脱感作して活性化がまったくみられない．(b)は一つだけFBP結合部位が正常なタイプで，(c)は二つとも正常な野生型である．(b)では(c)に比べて程度の相違はあるが，FBPによる活性化がみられる．〔S. Fushinobu, *et al., J. Biol. Chem.*, **271**, 25611 (1996)〕

存在下よりもはるかに低濃度の基質と反応するようになる（K_m が低下する）．このように，L-LDH は K_m 調節型のアロステリック酵素であり，その典型例を図 8・11 c に示した．Monod, Wyman, Changeux の提唱した**協奏モデル**（対称モデル，MWC モデル）は，酵素が基質への親和性の高い **R 状態**（relaxed state）と親和性の低い **T 状態**（tense state）の二つのコンホメーションをとり，この 2 者間の平衡を想定してこのような制御を説明している（第 5 章参照）．このシンプルなモデルは，少なくとも後述する *Bifidobacterium longum* の L-LDH の解析結果と今のところ矛盾していない．この協奏モデルに従えば，L-LDH のアロステリック因子 FBP は R 状態を安定化させることによって酵素活性を調節することになる．すなわち，基質と FBP はそれぞれホモトロピックおよびヘテロトロピックな協同効果により R 状態を安定化させる活性化因子ということができる．

なお，よく知られている**フィードバック制御**が代謝経路の下流の物質が上流の酵素活性を変化させるのに対して，細菌のアロステリック型 L-LDH では代謝経路の上流にある FBP が下流の L-LDH の活性を制御している．このような現象を**フィードフォワード制御**という．そして，FBP による L-LDH の活性化はフィードフォワード活性化（賦活）の一例である．

b. アロステリック制御機構の解析：サブユニット間相互作用による活性化　*B. longum* のアロステリック L-LDH においては，不活性状態（T 状態）と活性化状態（R 状態）のコンホメーションをもつ分子（いずれも FBP 分子が結合している）の結晶構造が決定されている（口絵 6 参照）．FBP を結合していない T 状態の構造も解析されているが，FBP 結合型の T 状態と大きなコンホメーションの相違はない．T と R の二つの状態のコンホメーションはいずれもほぼ完全な対称形の四次構造をもつが，両者を比較すると，アロステリック転移に伴って各サブユニットが対称軸に沿って回転し，全体的に四次構造が変化していることがわかる（図 8・6 a, b）．この構造変化は FBP と基質の両結合部位の構造の変化と連動している（図 8・7）．FBP 結合部位（アロステリック部位）は P 軸を介して隣接する二つのサブユニット間の接触面に存在し，この二量体単位で 1 分子（すなわち酵素四量体あたり 2 分子）の FBP を結合する（口絵 6，図 8・7 a, c）．この FBP 結合部位で特に重要な残基は His188 と Arg173 である．これらの 2 残基はいずれも結合 FBP 分子と直接相互作用し，いずれか一方を他のアミノ酸に置換すると酵素は FBP に対する感受性を大きく失う（後述）．構造解析のうえからは，Arg173 の側鎖が FBP 結合に伴ってかなり大きく動く点が，His188 の場合との違いとして認められる（図 8・7 a, c）．

8・5 アロステリック特性

一方,基質結合部位の方に目を向けると,T⇔R構造変化に伴って,前述した基質結合に必須なArg171が大きく動くことが注目される(図8・7 b, d).この動きは四次構造全体の変化によって起こるQ軸隣接サブユニットの一部(His68がその上にあるαC(Q)を中心とした部分)の動きに連動している.すなわち,R状態(図8・7 d)ではArg171の側鎖は基質結合に適した位置にあり,基質類似体のオキサミン酸が結合して活性部位ループと活性調節ループを中心とした構造変化も誘

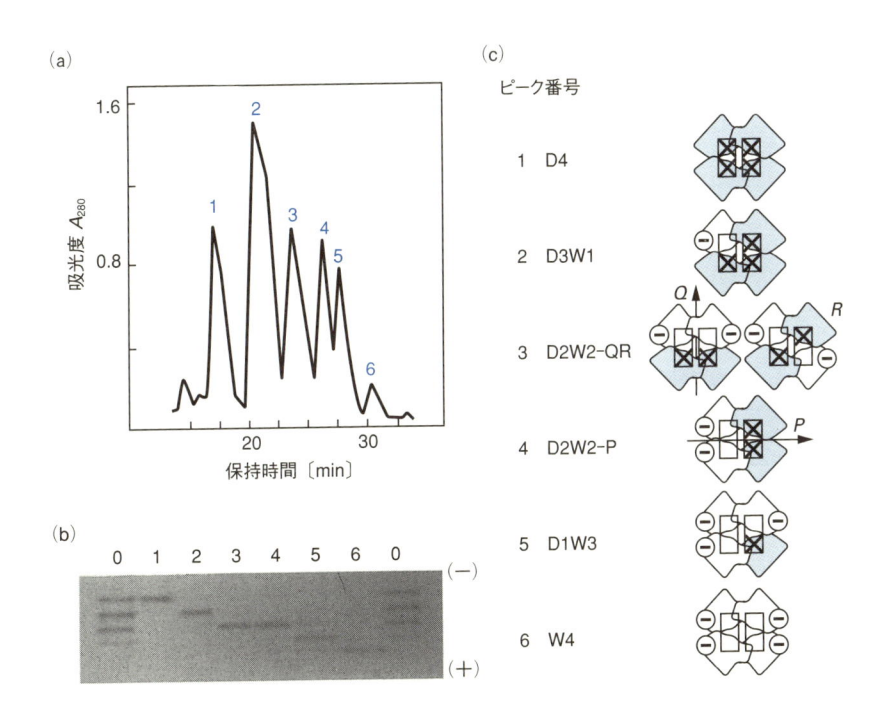

図 8・12 サブユニット混成型 *B. longum* L-LDH の分離. アミノ酸置換でFBP結合部位を破壊したサブユニット(D)と,酵素活性に影響のない残基Lys316とArg317をそれぞれGluとAspに置換して負電荷を導入した野生型サブユニット(W,ここではこれを野生型とする)からなる混成酵素の分離例を示している.(a)宿主内での同時生産によって得られた混成酵素の混合物は,陰イオン交換クロマトグラフィー上で六つのピークに分離される.(b)混合物(0)および分離画分の非変性系ゲル電気泳動.1~6の数字は(a)のピークに付した数字に対応する.(c)各分離画分1~6に含まれる混成酵素のサブユニット構成.3のピークは2種類の混合物と考えられる.〔S. Fushinobu, *et al.*, *J. Biol. Chem.*, **271**, 25611 (1996)〕

導されているのに対して，T状態（図8・7b）では隣接サブユニットのHis68（Q）が基質結合部位に入り込んでArg171は基質結合に不適切な方向に向けられ，オキサミン酸も結合していない．

　T状態とR状態の立体構造から，FBP結合部位-基質結合部位間のアロステリック情報のおもな伝達経路として，**四次構造の変化**を介してサブユニット間に伝達される経路が示唆されるが，もう一つの経路としてサブユニット内の両部位間で直接的に伝達される経路も考えられる．アロステリック部位と基質結合部位のそれぞれで鍵となるArg173とArg171は同一αヘリックス（α2F）上に存在しており（図8・6c, d），このヘリックスを介して二つの残基が直接的に連動しうるからである．しかし，少なくとも *B. longum* L-LDHにおいては，おもに前者のサブユニット間伝達経路に従うことが巧妙な混成サブユニットの実験を通して検証された．Arg173とHis188をそれぞれGlnとTyrに置換することでFBPに脱感作した（FBP非存在下で高い活性を示す）変異型酵素（D4，Dはdesensitizedに由来）が得られる（図8・11a）．この変異型酵素と野生型酵素（W4，Wはwildに由来）の遺伝子を大腸菌宿主内で同時発現させると，2種のサブユニット（DとW）がさまざまに組合わさった7種類の混成四量体酵素（図8・12c）の混合物が得られる．この混合物から個々の単一混成酵素を分離できるように，一方のサブユニットには，酵素機能に関与しない残基に置換を導入して，分子の表面電荷を変えておく（図では野生型サブユニットに負電荷を導入してある）．こうすると，それぞれの混成酵素はこのサブユニット組成によって異なる正味電荷をもつため，イオン交換クロマトグラフィーならびにポリアクリルアミドゲル電気泳動上で分離することができる（図8・12a, b）．分離された個々の混成四量体酵素を解析したところ，P軸で隣接する二つのサブユニットにより一つのFBP結合部位が形成されていること，また，四量体上に二つ存在するFBP結合部位のうち一つでも正常であれば，FBPによる活性調節が起こることが明らかになった（図8・11）．つぎに，野生型サブユニットの代わりに触媒に必須なHis195をAsnに置換して触媒機能を失わせた変異型酵素のサブユニット（I，Iはinactiveに由来）を用いて，同様にFBP結合部位欠損型サブユニット（D）との混成酵素が作製された．その結果，FBP結合能をもつが触媒機能をもたないサブユニットから，FBP結合能をもたないが触媒機能をもつサブユニットへとFBPのアロステリックシグナルが伝達され，その触媒機能の活性化がひき起こされることが示された（図8・13）．

　この酵素のように，一般のアロステリック型L-LDHは，FBP非存在下において

8・5 アロステリック特性　173

は，基質によるホモトロピックな協同活性化効果，すなわちS字形の基質飽和曲線を示す．この基質による活性中心間のアロステリック情報も，サブユニット間を伝達されることが同様な実験で示された．この解析には，活性部位ループのGln102残基をArgに置換したMDH活性をもつ変異型のサブユニットが用いられた．§8・4・1で述べたようにこの変異型酵素はオキサロ酢酸に高活性を発揮するがピ

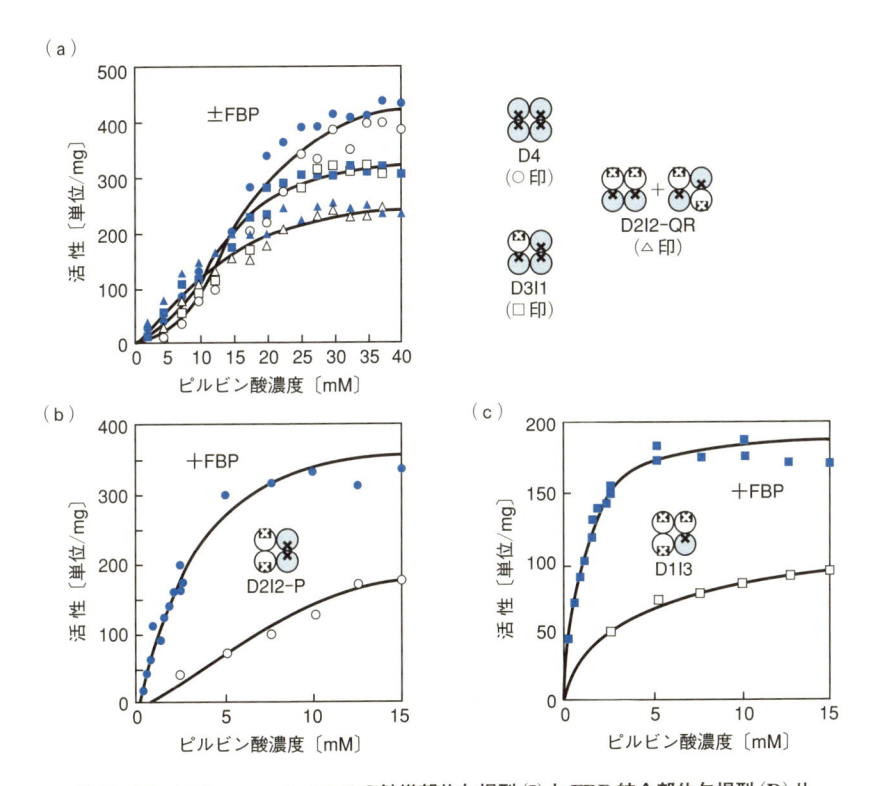

図8・13 **B. longum** L-LDHの触媒部位欠損型(**I**)と**FBP**結合部位欠損型(**D**)サブユニット混成酵素のピルビン酸飽和曲線．FBP非存在下と存在下の活性をそれぞれ白抜きと青の記号で示している．(a)は一つも正常なFBP結合部位をもたない組合わせで，FBPによる制御がまったくみられない．ただし，正常な活性部位をもつサブユニットの数の増加に従って活性の度合が増大する．(b), (c)は正常なFBP結合部位をもつ組合わせで，FBPによる制御が有意にみられる．この結果は，FBP結合能をもつが活性をもたないサブユニットから，FBP結合能をもたないが活性をもつサブユニットへ，FBPのアロステリック制御情報が伝達されたことを示している．
〔S. Fushinobu, *et al.*, *J. Biol. Chem.*, **271**, 25611 (1996)〕

ルビン酸にはほとんど作用しない．この変異型と野生型のサブユニット混成酵素では，一方のサブユニットに特異的な基質（あるいは基質と構造が類似した競争阻害剤）が，特異性の異なる他方のサブユニットの活性化をひき起こしたのである．

c. アロステリック制御特性のその他の改変例　アロステリック特性は，アロステリック因子の結合部位自体に対する化学修飾はもとより，活性型，あるいは不活性型のコンホメーションのうちいずれか一方を相対的に安定化させる変異によって変化する．アロステリックL-LDHの不活性状態を安定化させるおもな要因は，FBP結合部位を含むP軸接触面の過剰な塩基性残基の静電的な反発作用であると考えられている（図8・14）．高度好熱菌 *Thermus caldophilus* のアロステリックL-

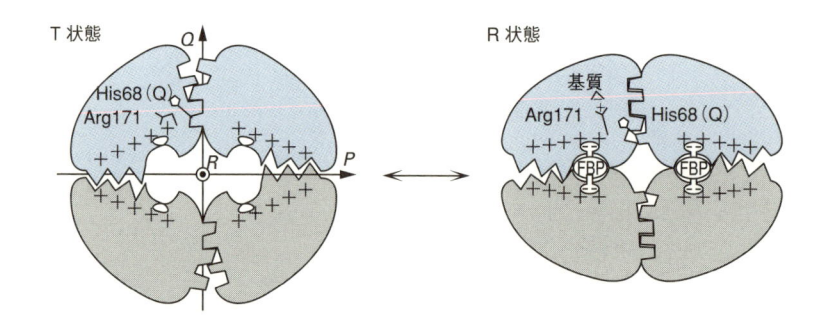

図8・14　*B. longum*　L-LDHのアロステリック四次構造変化の概略図．P軸サブユニット間にはArg173，His188などの正電荷をもつ残基が豊富にあり，これらの静電的な反発がT状態を安定化させる主要因の一つになっている．FBPの結合はこれを中和して，基質の結合とともに四次構造のコンホメーション変化を誘導し酵素をR状態へと導く．〔S. Fushinobu, *et al.*, *J. Biol. Chem.*, **273**, 2971 (1998)〕

LDHを，活性部位を保護した条件下で2,3-ブタンジオンなどのアルギニン修飾剤で処理すると，FBPに依存せず，かつ完全に活性化された状態の酵素になる．ここで修飾されるおもな残基はFBP結合部位のArg173であるが，この残基を中性のGlnに置換するとやはりFBPへの脱感作が起こり，部分的にではあるが活性化も起こる（図8・15）．FBPはその負電荷で，また化学修飾やアミノ酸置換は正電荷を減少させることで，P軸の静電的反発を打消し，活性化状態を安定化させると考えられる．*T. caldophilus* のL-LDHでは，P軸接触面の近傍に位置するArg216残基を中性アミノ酸のLeuに置換しても部分的な活性化が起こる．

　これまで述べてきたアロステリック型L-LDHはFBP非存在下でもある程度の

活性を発揮することができるが，天然に存在するL-LDHの調節特性は多様であり，FBP非存在下で事実上ほとんど活性を発揮できないタイプの酵素も知られている．

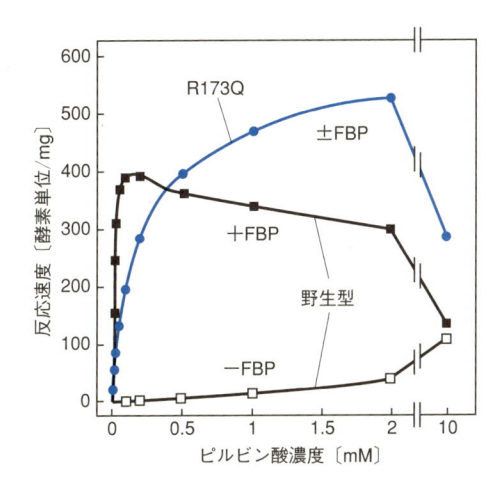

図 8・15　**Arg173 を Gln に置換した *T. caldophilus* L-LDH の示す基質飽和曲線**．野生型酵素の基質飽和曲線はFBP非存在下でS字形，FBP存在下では高濃度の基質で基質阻害がみられるものの基本的には双曲線形となる．変異型酵素の活性はFBPに非依存的であり，FBPの存在にかかわりなく双曲線形の飽和曲線を示す（高濃度の基質では，野生型酵素と同様基質阻害がみられる）．〔H. Matsuzawa, *et al.*, *FEBS Lett.*, **233**, 375 (1988)〕

Lactobacillus casei のL-LDHは中性条件では活性発現に絶対的にFBPを要求するが，酸性条件に限ってはFBPが存在しなくてもある程度の活性を発揮できる．しかし，この酵素のHis205をGlnに置換する（H205Q）と，酸性条件下で絶対的にFBPを要求するようになる（図8・16）．この酵素では，His205はP軸で隣接するサブユニット上の酸性残基とR状態に特異的なイオン結合を形成し，R状態の安定化に寄与するものと考えられる．このイオン結合はHis205がプロトン化される酸性条件で形成されるが，中性条件やHis205の置換で形成できなくなると，基質ピルビン酸の効果だけでは酵素を十分に活性化できなくなるのだろう．これらの改変例は，L-LDHの調節特性が少数のアミノ酸残基の置換によって多様に改変することができることを示している．

d. 非アロステリック型 L-LDH の構造の特徴

非アロステリック型の脊椎動物 L-LDH においても，FBP 結合部位に相当する部位が存在しており（有機酸や硫酸イオンが結合することから**陰イオン結合部位**とよばれている），Arg173 や His188

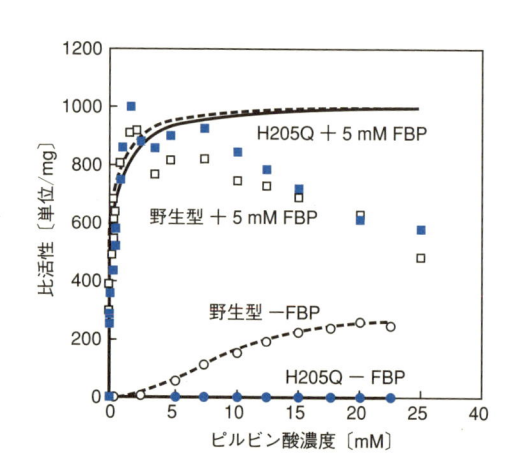

図 8・16 *L. casei* アロステリック型 L-LDH の FBP 絶対要求型酵素への改変．酸性条件 (pH 5.0) で野生型酵素は FBP 非存在下 (○) ではピルビン酸のホモトロピック協同効果によって活性化され，FBP によってヘテロトロピックな活性化を受ける（□）．一方，H205Q 変異型酵素は FBP 存在下（■）では野生型酵素と本質的に同等な活性を示すが，FBP 非存在下（●）での活性が大きく低下している．破線と実線の曲線はそれぞれ野生型と H205Q のデータを基質阻害効果を考慮せずにフィッティングしたものである．FBP 存在下では，野生型酵素と H205Q は事実上双曲線形の飽和曲線を示し，見掛けの K_m はそれぞれ 0.6 mM と 0.8 mM，V_{max} はそれぞれ 1000 単位/mg である．また，FBP 非存在下での野生型の半飽和ピルビン酸濃度は 18 mM，V_{max} は 270 単位/mg，ヒル係数は 2.7 である．〔K. Arai, *et al.*, *Protein Engineering*, **15**, 35 (2002)〕

も保存されている．一方，細菌の非アロステリック型酵素である *Lactobacillus pentosus* の L-LDH では His188 が Asp に置換されており，これを His に置換すると酵素に FBP 結合能は生じるが，調節特性までは生じない．こうした自然界の非制御型 L-LDH は，FBP 結合部位とは別の何らかの要因によって活性化状態の構造を安定化させ，FBP 非依存的に活性を発揮できる能力を獲得している．

脊椎動物の酵素の場合は細菌酵素にはない付加配列をアミノ末端部分に備えてお

り，この付加部分は立体構造のうえでR軸を介して隣接するサブユニットへと伸びて，R軸面に特異なサブユニット間相互作用を形成している．この相互作用が脊椎動物の酵素を活性状態のコンホメーションに固定している大きな要因と考えられる．

一方，$L.\ pentosus$ のL-LDHはこうした付加配列をもたないが，その代わりに，Q軸やR軸サブユニット間にアロステリック型L-LDHにはみられない特異的な塩橋がいくつか見いだされている．こうした塩橋や水素結合のような特異的で指向性が高い相互作用は，この酵素の四次構造を活性状態に固定するうえに大きく寄与すると考えられる．アロステリック型のL-LDHの場合は，こうした相互作用の代わりに，ファンデルワールス力や疎水的相互作用のような，非特異的でより柔軟性の高い相互作用を用いることで，活性調節に必須な四次構造の柔軟性を獲得していると考えられる．こうした構造的知見は酵素のアロステリック ⇌ 非アロステリック変換をタンパク質工学的に設計するための重要な手掛かりとなるだろう．

8・5・2　3-ホスホグリセリン酸脱水素酵素の制御機構とその改変

3-ホスホグリセリン酸脱水素酵素（PGDH）はセリン合成経路の初発反応である3-ホスホグリセリン酸の還元反応を触媒する酵素であるが，大腸菌のPGDHは代謝経路産物のセリンによってアロステリックなフィードバック阻害を受けることが知られている．PGDHにおいては，阻害分子（負のアロステリックエフェクター）であるセリンは基質と非競争的（noncompetitive）に作用し，見掛けのV_{max}を低下させることで酵素反応が調節される．

PGDHの反応は基質側鎖に対する特異性の相違を除いては前述のD-LDHと共通しており，その立体構造にも共通性がみられる．図8・17に構造を模式的に示したが，PGDHはホモ四量体酵素であり，その三次構造の中にD-LDHと共通する補酵素結合ドメインと触媒ドメインを含んでいる（D-LDHの構造は口絵7を参照）．PGDHにおいて特徴的なのは，第三のドメインとして調節ドメインを備えていることである．この調節ドメインが酵素を四量体に会合させるとともに，阻害分子のセリンを結合するための結合部位を形成している．セリン結合部位は二つのサブユニットの調節ドメイン間にあるが，そのなかで直接的にセリン結合にかかわる残基はHis344，Asn346，および隣接サブユニットのAsn364′と考えられる（図8・18）．これらの残基をそれぞれAlaに置換しても酵素活性自体には低下がみられないが，セリンの阻害活性は大きく低下し，さらに阻害剤としてのセリンの特異性も低下する（表8・6）．

178   8. NAD，NADP を補酵素とする脱水素酵素

　PGDH の立体構造から，そのおおまかな調節機構を推定することができる．まず，PGDH も D‑LDH や FDH などの関連酵素と同様な触媒機構をもつことから，当然その触媒作用には共通した触媒ドメインの蝶つがい運動（触媒クレフトの開閉

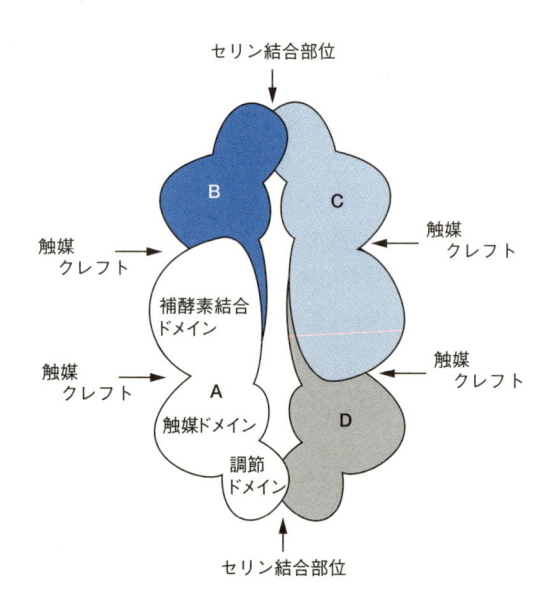

図 8・17　**PGDH の四量体構造の模式図**．四つのサブユニットを A〜D で示した．各サブユニットは三つのドメインからなり，おもに補酵素結合ドメイン間と調節ドメイン間の相互作用によって四量体に会合している．このうちの調節ドメインを除いた二量体構造部分は D‑LDH（口絵 7）や FDH（口絵 8）の二量体構造と類似する．セリンは上下 2 箇所の調節ドメイン接触面に二つずつ結合できる．〔G. A. Grant, et al., J. Biol. Chem., **276**, 17844 (2001)〕

表 8・6　セリン結合部位のアミノ酸置換が PGDH 活性阻害に及ぼす影響[a]

	活性を 50% 阻害する濃度 (IC_{50}) [mM]			
	セリン	グリシン	アラニン	β‑アラニン
野生型	0.008	1.8	5	165
H344A	0.8	14	6.5	175
N346A	6	32	92	>250
N364′A	48	>250	>250	>250

a) R. Al‑Rabiee, et al., J. Biol. Chem., **271**, 23235 (1996).

8・5 アロステリック特性

(a)

サブユニット A サブユニット D

His 344
Ser
Asn364′ Asn346

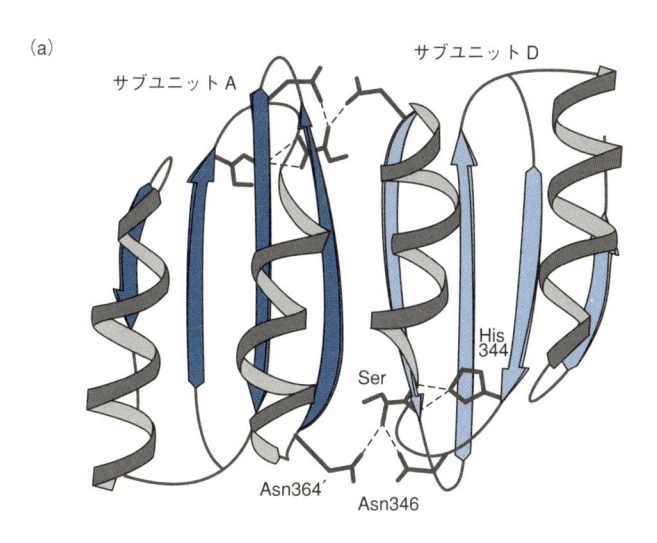

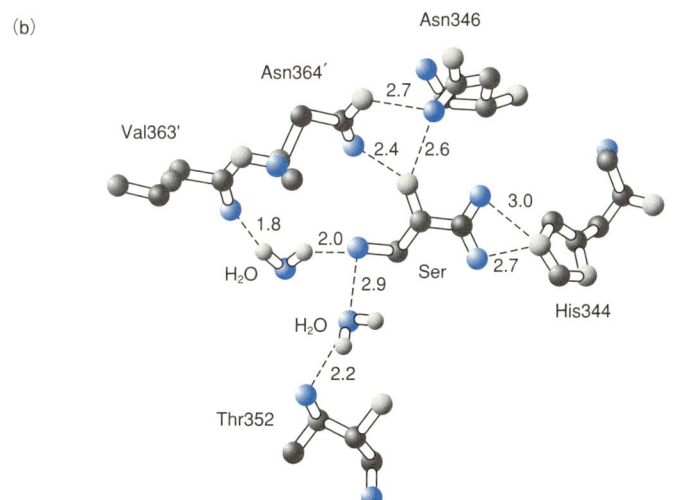

(b)

Asn346
Asn364′
Val363′
2.7
2.4 2.6
1.8 2.0   3.0
H₂O   Ser
              2.7
         2.9   His344
    H₂O
       2.2
Thr352

図 8・18 **大腸菌 PGDH のセリン結合部位**. (a) は調節ドメイン間接触面を示している. セリンの結合部位は二つの調節ドメイン接触面に 2 箇所ずつ, すなわち四量体あたり 4 箇所あり, 各結合部位は二つのサブユニットの調節ドメインのアミノ酸残基によって構成されている. (b) はそのうちの一つのセリン結合部位を示している. 灰色の球は窒素原子, 青い球は酸素原子, H₂O は結合している水分子を示し, 番号に ′ を付したものは隣接するサブユニットのアミノ酸であることを示している. 図中の数字は各原子間距離〔Å〕を示す.〔(a) は D. J. Schuller, *et al., Nat. Struct. Biol.*, **2**, 68 (1995), (b) は R. Al-Rabiee, *et al., J. Biol. Chem.*, **271**, 23235 (1996)〕

運動）（口絵8参照）が伴うと考えられる．この触媒ドメインの動きに，隣接する調節ドメインの動きも連動しているが，セリンが調節ドメイン間に結合すると，調節ドメインの動きが固定され，結果としてこれと連動関係にある触媒ドメインも固定される．すなわち，酵素は触媒反応に必須な触媒ドメインの運動を阻害され，活性が阻害されることになる．このような調節モデルを想定してPGDHの調節特性の改変が設計された．調節ドメイン間に向かい合って存在する適当な位置の残基をCysで置換すると，二つのドメインがS-S結合で架橋され，セリンが結合した場合と同様に調節ドメインの動きが固定されることが考えられる．立体構造からAla359とGly349がそのために適した残基として選ばれ，これらをCysに置換した変異型酵素が作製された．この変異型酵素はセリンに対する感受性は野生型の1/100に低下したが還元的条件下では野生型酵素とほぼ同様な活性を示した．しかしながら酸化的な条件下に移すと，変異型酵素は野生型とは異なり，その酵素活性を経時的に失った（図8・19）．この活性低下とともにサブユニット間にS-S結合の形成がみられ，想定していたPGDHの調節機構と矛盾しない結果が得られた．

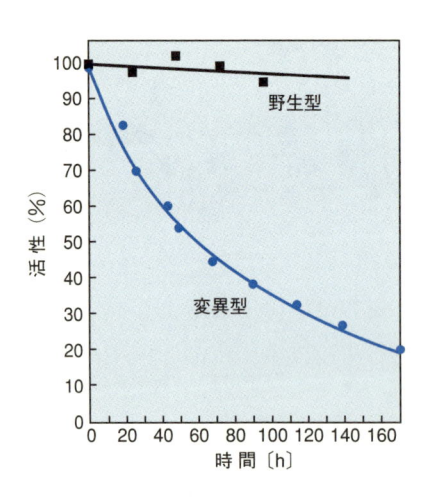

図 8・19 空気酸化する条件下においたときの野生型とAla359Cys, Gly349Cys置換変異型酵素の活性変化．野生型に比較して変異型の活性に顕著な経時的な減少がみられる．〔R. Al-Rabiee, et al., J. Biol. Chem., **271**, 13013 (1996)〕

8・6 進化分子工学の利用

進化の過程で洗練を受けてきた天然のタンパク質はきわめて精巧な構造を備えており，安定性や触媒機能の向上など，天然のタンパク質の機能をさらに高める改変

8・6 進化分子工学の利用

設計は一般に困難である．現状のタンパク質工学の知識では，部位指定変異によるタンパク質の改変設計の範囲はまだ大きく制限されているといえる．こうしたなかで，酵素遺伝子に**ランダム変異**を導入し，目的にかなった改変型の変異タンパク質をコードする遺伝子を選抜する，いわゆる**進化分子工学**の手法が注目されている．この手法では，いかにして目的にかなった機能をもつ変異型を選択できるかが重要な要素となるが，NAD(P)依存型脱水素酵素はこうした手法を導入するうえにおいてもいくつかの利点を備えている．この節では，いくつかの例を簡単に紹介する．

8・6・1 熱安定性の向上

これらの酵素の利点として第一に考えられるのは，その多くが生体内の代謝に密接に関与している点である．これを巧妙に利用した例がイソプロピルリンゴ酸脱水素酵素（IPMDH）を素材にして行われている．IPMDHはロイシン合成経路の重要な酵素であり，その酵素遺伝子を欠失した宿主細菌はロイシンを含まない培地では生育できない．この宿主に温度などの生育環境が宿主とまったく異なる生物に由来するIPMDH遺伝子，あるいはその改変遺伝子を組込むと，組換え体細菌がロイシン非存在下で生育できる条件範囲は，宿主自体が本来生育できる条件範囲と導入IPMDHが機能を発揮できる条件範囲の二つを満たす範囲だけに限定される．しかし，外来IPMDH遺伝子が変異して酵素の機能範囲が変化すれば，これに応じて組換え体細菌が生育可能な条件範囲も変化する．生育範囲の広がった組換え体細菌を選択することで，これと対応した表現型をもつ変異型IPMDHが得られるのである．こうした方法により，耐熱化されたIPMDHや低温での活性が向上した好熱菌IPMDHが得られている．

8・6・2 基質特異性の改変

これらの酵素のもつ利点の第二は，触媒活性の検出が一般に容易な点である．還元型補酵素のNAD(P)Hはフェナジンメトスルフェートと共役してテトラゾリウムを還元し，これを青色のホルマジル化合物に変えるので，NAD(P)H依存型脱水素酵素の活性を半定量的に測定することができる（図8・20）．たとえば，組換え体細菌ライブラリーのコロニーをレプリカした膜上などで，これらの組換え体がもつ酵素活性を観測することもできる．これを利用して，好熱菌 *B. stearothermophilus* L-LDHから基質特異性が変化した酵素が得られている．

ランダム変異はタンパク質分子上の特定の領域に限定して導入することもできる．L-LDHの基質特異性に大きく関与する活性部位ループのAsn101とGln102の2残基だけをランダムに置換したライブラリーを作製し，本来の基質とは異なる基

```
L-乳酸    ─ NAD⁺  ─  フェナジンメトスルフェート ─  テトラゾリウム塩
       L-LDH              (還元型)                    (酸化型)
ピルビン酸  ─ NADH  ─  フェナジンメトスルフェート ─  テトラゾリウム塩
                              (酸化型)                    (還元型)
```

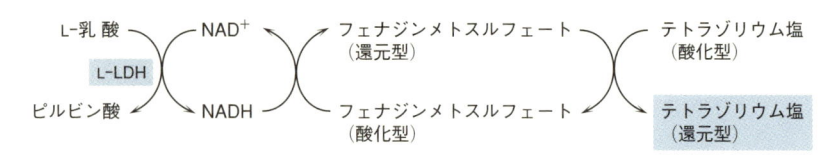

図 8・20 **L-LDHの酸化還元反応との共役による呈色反応**．フェナジンメトスルフェート，テトラゾリウムの共存下でL-乳酸からピルビン酸への反応を行うと，共役的に酸化還元反応が進み，最終的にテトラゾリウムが還元されて青色を呈するホルマジル化合物になる．L-LDHの反応に限らず，補酵素NAD(P)⁺を還元できる酵素反応であれば，このような試薬を共役させることにより酵素活性を検出することができる．

質を用いる活性染色による選択を行うことで，目的の変異型酵素を取得した例がある．リンゴ酸を基質として選択した場合には，前述のGln102Argの変異をもつL-MDH型酵素も得られているが，興味深いのは，特に塩基性残基を含まないSer101-Leu102変異型が高L-MDH活性の酵素として得られていることである．一方，塩基性アミノ酸をもつPro101-Lys102変異型酵素がフェニルピルビン酸に高活性を示す酵素の一つとして分離されている．これらの結果は，活性部位ループの立体的な構造や動きの柔軟性なども，L-LDHの基質特異性に大きく関与していることを示唆している．こうした通常の設計範囲（予想）を超えた変異型酵素が得られるのがこの手法の特長といえる．

8・6・3 アロステリック特性の改変

B. stearothermophilus L-LDHにおいては，そのアロステリック特性を改変，消失させた酵素も得られている．上述のように細菌L-LDHの多くは活性発現にFBPを必要とするが，酵素の実用面を考えるとFBPに依存せずに高活性を発揮できる酵素がより望ましい．調節特性の改変設計はなお困難であるが，ランダム変異法はこうした改変の場合にも有効である．この場合にはタンパク質分子全体をランダム変異させた遺伝子ライブラリーのなかから，野生型が活性を発揮できないFBP非存在下でも活性を顕著に発揮できるものが検索され，活性染色陽性を示した組換え

菌から，FBP非依存的に高い活性を示す酵素の遺伝子が分離された．得られた酵素のアミノ酸配列には3箇所に置換がみられ，118位のArg残基がCysに，203位のGlnがLeuに，307位のAsnがSerにそれぞれ置換されていた．この酵素の立体構造をもとにすると，これらの置換のうち，おそらく203位の置換が本質的なものと考えられる．この部位はP軸のサブユニット間接触面に存在しており，前述のようにL-LDHの活性調節にこうしたサブユニット接触面が大きく関与しているからである．この部位の残基が極性をもつGlnから疎水性のLeuに置換されたことで，おそらくサブユニット接触面の相互作用が変化し，それが調節特性の変化につながったものと推測される．

こうした進化分子工学的手法で得られた結果は，必ずしも現状の知識だけからただちに明瞭な解釈ができるケースばかりとは限らないが，それだけに今後のタンパク質工学の研究発展に大きな可能性を与えているといえる．

参考文献

1) J. J. Holbrook, *et al.*, "The Enzymes", 3rd Ed., ed. by P. D. Boyer, Vol.11, p.191, Academic Press, New York (1975). (やや古い総説であるが，タンパク質工学的手法が導入される以前に得られた乳酸脱水素酵素に関する知見が集大成されている)

2) A. R. Clarke, T. Atkinson, J. J. Holbrook, *Trends Biochem. Sci.*, **14**, 101, 145 (1989). [タンパク質工学的な解析の知見をもとにL-LDHの構造と機能が解説されている．1)の補遺ともいえる]

3) M. G. Rossmann, *et al.*, "The Enzymes", 3rd Ed., ed. by P. D. Boyer, Vol.11, p.61, Academic Press, New York (1975). (タンパク質の立体構造をもとにNAD依存型脱水素酵素の進化が論じられている)

4) E. I. Garvie, *Microbiol. Rev.*, **44**, 106 (1980). (細菌にみられる多様なLDHの特性について解説されている)

5) C. R. Goward, D. J. Nicholls, *Protein Science*, **3**, 1883 (1994). (リンゴ酸脱水素酵素の構造と機能，進化に関する知見を，タンパク質工学的な解析の知見もまじえて解説されている)

6) V. O. Popov, V. S. Lamzin, *Biochem. J.*, **301**, 625 (1994). (ギ酸脱水素酵素の構造と機能に関する知見が解説されている)

9

プロテアーゼ

9・1 はじめに

プロテアーゼ（protease）は，タンパク質およびポリペプチド中のペプチド結合を加水分解する反応を触媒する酵素の総称で，タンパク質分解酵素ともよばれる．正確には，タンパク質内部のペプチド結合に作用する**エンドペプチダーゼ**（または**プロテイナーゼ**；EC 3.4.21〜24）と，タンパク質やペプチドのアミノ末端またはカルボキシル末端近くのペプチド結合に順次作用する**エキソペプチダーゼ**（または**ペプチダーゼ**）に分かれる．このエキソペプチダーゼは，それぞれアミノペプチダーゼ（EC 3.4.11），カルボキシペプチダーゼ（EC 3.4.16〜18）とよばれる．通常，プロテアーゼといえばエンドペプチダーゼのことをさす場合が多く，その存在様式や基質特異性は多種多様であるが，触媒反応機構の違い，つまり触媒作用にかかわるアミノ酸残基や原子団によって，大きく4種類（セリンプロテアーゼ，システインプロテアーゼ，アスパラギン酸プロテアーゼ，金属プロテアーゼ）に分類される．

一般に，プロテアーゼは自然界に広く分布しており，動物，植物，微生物など生物すべての細胞内あるいは細胞外に存在し，おもに次のような生理的役割を有している．

1) 消化系器官で栄養分としてのタンパク質を分解し，吸収を助ける．また，微生物でも同様の目的で，細胞外に存在するタンパク質を分解し，栄養分として細胞内に取込むのを助ける．

2) リソソーム（植物や酵母では液胞）や細胞質などにおいて，役目を終えて寿

命がきたり，熱ショックなどによって構造が異常になった不要タンパク質（変性タンパク質）を分解し，除去する．
3) 血液凝固や血圧調節にかかわる酵素，およびインスリンやブラジキニンのようなタンパク質（ペプチド）の不活性型前駆体を限定分解し，活性や機能を有する成熟体に変換する．この作用を**プロセシング**という．
4) 細胞外や小胞体などの細胞内小器官に分泌されるタンパク質が目的部位に正しく移行できるように，各タンパク質のアミノ末端に付加しているシグナルペプチドの役割が終わった後に，これを切断分解し，膜透過を助ける．この作用もプロセシングという．

　最近では，個々のプロテアーゼについての構造や機能だけでなく，複雑な生命現象に直接関係する細胞内タンパク質分解の分子機構がおおいに注目されている．たとえば，細胞周期，細胞増殖と分化，ストレス応答，免疫応答，シグナル伝達，タンパク質の品質管理，多細胞生物におけるプログラム細胞死（アポトーシス）など重要な細胞機能の制御に，プロテアーゼによる選択的なタンパク質分解が深くかかわっている．特に真核生物では，ATP依存性のプロテアーゼを含む**プロテアソーム**（proteasome）とよばれる巨大な複合体（普通のプロテアーゼの約100倍の大きさ）が，**ユビキチン**（ubiquitin）という小さなタンパク質が結合した標的タンパク質をエネルギー依存的に分解し，細胞機能を巧みに調節していることがわかってきた（p.30参照）．また，がんの転移やウイルス感染などにもプロテアーゼが密接に関与している．さらに，アルツハイマー病，パーキンソン病などの神経変性疾患や筋ジストロフィーなどの遺伝性疾患は，プロテアーゼによるタンパク質分解が正常に行われないために発症するとの報告も増えてきた．このようなタンパク質分解の生理機能や分子機構を解明することは，現代の生命科学や基礎医学に大きなインパクトを与えるであろう．

　一方，プロテアーゼは古くから食品加工，家庭用洗剤，医薬品原料をはじめ産業にも広く応用されており，おもにカビ，酵母，細菌など微生物由来のプロテアーゼが数多く工業化されている．最近では，環境や健康に対する消費者の意識向上に伴い，従来の化学プロセスをプロテアーゼに置き換える試みも行われつつあり，さまざまなタイプのプロテアーゼが必要になっている．したがって，自然界から目的の酵素を探索するだけでなく，タンパク質工学を用いて既存の酵素の機能を改変し，これまでにない性質を備えた新しいプロテアーゼをつくることも重要な技術である．このように，プロテアーゼは生体の基本的な仕組みに密接にかかわっているだ

けでなく，人間生活の中でも盛んに利用されており，基礎科学と応用の両面において非常に重要な酵素である．

9・2　プロテアーゼの構造と機能

プロテアーゼの**活性部位**（active site，または**活性中心** active center）には，**触媒部位**（catalytic site）のほかに，基質となるタンパク質やペプチドのアミノ酸残基（P_1, P_1' など；Pはペプチドの意）と相互作用するアミノ酸残基から構成される**基質結合部位**（substrate binding site，または**基質結合ポケット** substrate binding pocket；S_1, S_1' などの構造単位からなる．Sはサブサイトの意）が触媒部位の近傍に存在する（図9・1）．プロテアーゼの基質特異性は基質結合部位を形成するアミノ酸側鎖の種々の性質により決定されるものであり，水素結合，静電的相互作用，疎水性相互作用などの非共有結合力の組合わせによるものである．

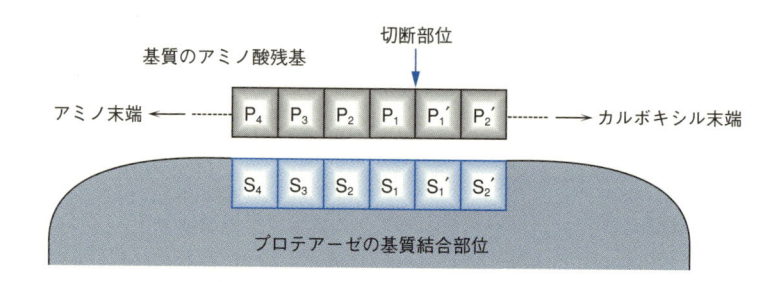

図9・1　**プロテアーゼの基質結合部位と基質ペプチドの模式図**．基質となるペプチドのアミノ酸残基（P_1, P_1' など）と相互作用するプロテアーゼの基質結合部位（S_1, S_1' など）が触媒部位の近傍に存在する．矢印は加水分解される基質のペプチド結合の位置を示す．

9・2・1　セリンプロテアーゼ

セリンプロテアーゼ（serine protease；EC 3.4.21）の触媒部位は Ser, His, Asp からなる**触媒三つ組残基**（catalytic triad）で構成されており，特に Ser の側鎖のヒドロキシ基（OH基）が活性に重要である．セリンプロテアーゼは，*Bacillus* 属細菌が分泌する**サチライシン**（subtilisin；ズブチリシン，サブチリシン，スブチリシンともよばれる）やカビ由来のプロテイナーゼKなど微生物由来の酵素（サチライシン型）と**トリプシン**（trypsin），キモトリプシン，エラスターゼなど哺乳類由

来の酵素（キモトリプシン型）に大別される．両者の一次構造や立体構造は異なっているが，活性部位の構造や触媒機構は酷似していることから，両者は無関係の祖先タンパク質から**収束進化**して，同じような触媒機構を獲得したと考えられる（サチライシン，トリプシンの口絵9参照）．ジイソプロピルフルオロリン酸（DFP）はセリンプロテアーゼの特異的阻害剤で，触媒部位のSer残基と共有結合して活性を阻害する．

プロテアーゼのなかでは，セリンプロテアーゼの構造と機能が最も理解されており，タンパク質工学のモデルとしても盛んに研究が行われてきた．特に，サチライシンはこれまでにその酵素化学的な性質や立体構造が詳細に調べられ，また洗剤，皮革加工など工業的にも重要な酵素であるために，タンパク質工学のターゲットとしてさまざまな解析や機能改変がなされている．サチライシンは，まず全長381残基からなる前駆体として生合成され，細胞外への分泌の過程でアミノ末端にあるシグナルペプチドとプロペプチドが順次切除され，最終的に275残基の成熟酵素とな

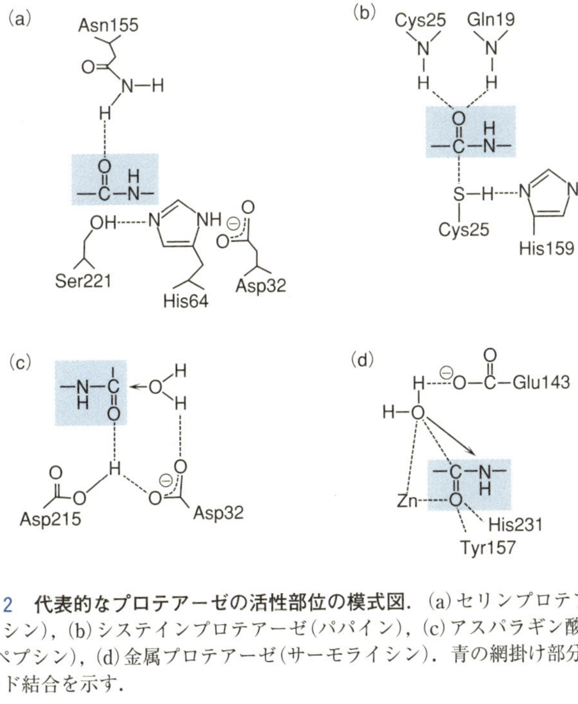

図 9・2 **代表的なプロテアーゼの活性部位の模式図．** (a) セリンプロテアーゼ（サチライシン），(b) システインプロテアーゼ（パパイン），(c) アスパラギン酸プロテアーゼ（ペプシン），(d) 金属プロテアーゼ（サーモライシン）．青の網掛け部分は基質のペプチド結合を示す．

188   9. プロテアーゼ

る（サチライシンの前駆体とフォールディングについては§9・8で詳述）．

　サチライシンの触媒部位は，Asp32, His64, Ser221 からなるセリンプロテアーゼに共通の触媒三つ組残基で構成されている（図9・2a）．サチライシンが基質のペプチド結合を加水分解する反応機構を図9・3に示す．まず，酵素と基質の間で**ミカエリス複合体**が形成された後，His64 が一般塩基触媒として働き，Ser221 の OH

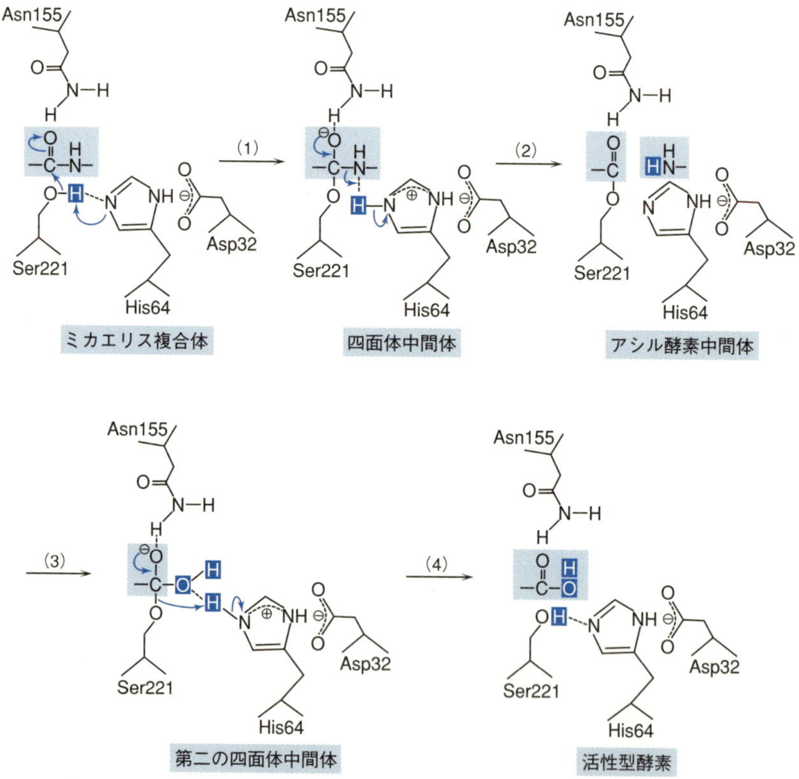

図 9・3 **サチライシンによる加水分解の模式図**．(1) Ser221 の OH 基の酸素が基質の切断されるペプチド結合のカルボニル炭素を求核攻撃し，四面体構造の遷移状態中間体を生成する．(2) 基質のペプチド結合が切断されると，基質のカルボキシル末端側が遊離し，アミノ末端側は酵素に結合したままアシル酵素中間体を生成する．(3) 水分子の酸素がアシル酵素中間体を求核攻撃し，第二の四面体中間体を生成する．(4) 基質のアミノ末端側が遊離したカルボキシル生成物ができ，酵素は活性型に戻る．網掛け部分は基質のペプチド結合と加水分解により生じたアミノ末端とカルボキシル末端を示す．

9・2 プロテアーゼの構造と機能

基から H⁺（プロトン）を引き抜き，生じた反応性の高い O⁻ が基質の切断されるペプチド結合のカルボニル炭素を求核攻撃する．つぎに，形成された**四面体構造の遷移状態中間体**は一般酸触媒として働く His64 が与える H⁺ により基質のペプチド結合が切断され，基質のカルボキシル末端側が遊離し，アミノ末端側は酵素に結合したまま**アシル酵素中間体**を形成する．四面体構造において，基質切断部位のカルボニル酸素は負電荷を帯びた**オキシアニオン**（O⁻）として存在し，Asn155 の側鎖のアミドの NH_2 基と Ser221 主鎖のアミド NH が水素結合の供与体となって四面体

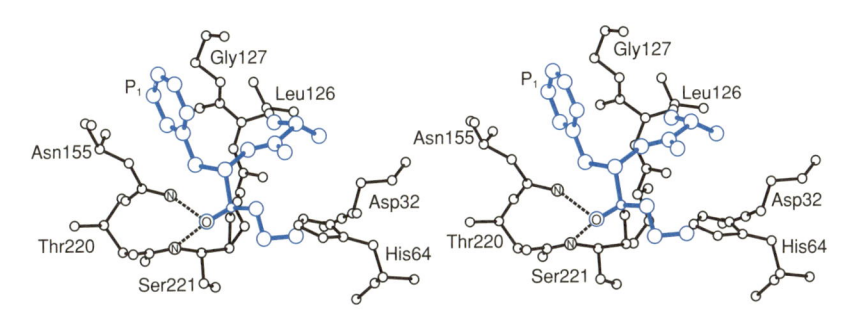

図 9・4 **四面体遷移状態にあるトリペプチド基質を結合したサチライシンの活性部位のステレオ図．**基質の P_1 のカルボニル酸素はオキシアニオンとして Asn155 の側鎖のアミドの NH_2 基と Ser221 主鎖のアミド NH と水素結合を形成し，四面体中間体を安定化する．このことをわかりやすく示すように，遷移状態にある基質の仮想的なコンホメーションが描かれている．重要な残基を三文字表記で示す．〔P. Bryan et al., *Proc. Natl. Acad. Sci. U.S.A.*, **83**, 3743 (1986)〕

中間体は安定化する（図9・4；トリプシン，キモトリプシンでは，主鎖の二つのアミド基が水素供与体となっている点が異なる．）この空間は**オキシアニオンホール**とよばれ，遷移状態の静電的安定化による活性化エネルギーの減少をひき起こし，加水分解反応の効率的な進行に大きく寄与すると考えられる．さらに，水分子がアシル酵素中間体を求核攻撃し，第二の四面体中間体を経て基質のアミノ末端側が遊離したカルボキシル生成物ができると，酵素は活性型に戻る．この後半の脱アシル反応においても，His64 は一般酸・塩基触媒として働く．

広い基質特異性を示すサチライシンには，大きな疎水的空間の基質結合ポケットがあり，Ser125 - Leu126 - Gly127 の伸びた主鎖と Ala152 - Ala153 - Gly154 の主鎖と側鎖でポケットの両壁をつくり，底部には Val165 - Gly166 - Tyr167 - Pro168 が存在している．特に，Gly166 は基質特異性を決定する重要な残基であり，S_1 ポケット

としてTyrをはじめ種々のアミノ酸残基を受入れることができる（口絵9a）.

また，サチライシンは分子内に2箇所のCa^{2+}結合部位を有しており，Ca^{2+}がないと立体構造が不安定になり，自己分解が進行し全体の活性が減少する．Ca^{2+}の役割としては，他のサチライシンによって自分が分解されないように構造を安定化していると考えられている．

なお，最近**セリン-カルボキシルプロテアーゼ**（セドリシン sedolisinともいう）と命名された一群の新しい酵素がセリンプロテアーゼファミリーに加えられた．この酵素は細菌，古細菌，粘菌，原生動物，ラット，ヒトと生物界に広く分布しているが，この酵素の特徴はSer，Glu，Aspを触媒三つ組残基とすることで，Gluが一般酸・塩基として働き，Hisがこの役割をする既知のセリンプロテアーゼと異なる．

9・2・2　システインプロテアーゼ

システインプロテアーゼ（cysteine protease；EC 3.4.22）の触媒部位にはCysとHisが存在し，チオールプロテアーゼともよばれる．立体構造が明らかになっている植物パパイヤ由来の**パパイン**（papain）では，二つのドメイン（それ自体で安定な構造を形成する領域）が接触する部位にCys25が存在し，セリンプロテアーゼのSerがCysに置き換わった構造をしている．そして，His159がCys25のSH基のプロトンを受取る役割をしており，セリンプロテアーゼと類似の作用機構であると考えられ（図9・2b），アシル酵素中間体の存在も証明されている．また，基質のカルボニル酸素はGln19の側鎖とCys25の主鎖のアミドNHと水素結合している．しかしながら，セリンプロテアーゼのAsp（サチライシンのAsp32やトリプシンのAsp102）に相当するAsp158をAsnに置換した酵素でも，活性はそれほど低下しなかったことや，他のシステインプロテアーゼにはAspが存在しないことから，触媒反応においてAspはほとんど関与していないと思われる．さらに，セリンプロテアーゼで見られるオキシアニオンホールも必要でないことと合わせて，進化的にはシステインプロテアーゼの後にセリンプロテアーゼが現れたという説もある．

9・2・3　アスパラギン酸プロテアーゼ

アスパラギン酸プロテアーゼ（aspartic protease；EC 3.4.23）の触媒部位にはAspが存在し，酸性において反応が進むことから，酸性プロテアーゼともよばれる．消化酵素として有名な**ペプシン**（pepsin）や仔ウシの第四胃でつくられるチーズ製造に欠かせない**キモシン**（chymosin）は，立体構造が解析されているが，いまだに

正確な反応機構は明らかでない．ペプシンでは，アミノ末端側およびカルボキシル末端側からなる二つのドメインの間に二つの Asp（Asp32, Asp215）を含む活性部位が存在する（図9・2 c）．活性中心に存在すると考えられる水分子が基質に対して求核攻撃をする際に，おそらく，どちらかの Asp の COO^- 基が酸塩基触媒として作用しているのであろう．また，COOH 基から遊離したプロトンが二つの COO^- 基の中央に配位し，酸触媒として基質のカルボニル炭素を攻撃するとも考えられる．このほかにも，アミノ末端側のドメインから伸びたフラップとよばれる短いループの主鎖のアミド NH が，基質のカルボニル酸素と水素結合し，セリンプロテアーゼのオキシアニオンホールのような構造をとっている可能性も考えられている．

9・2・4 金属プロテアーゼ

金属プロテアーゼ（metalloprotease; EC 3.4.24）の触媒部位には金属イオン（Zn^{2+}, Mn^{2+} など）が存在し，除去すると失活する．**サーモライシン**（thermolysin）は，*Bacillus thermoproteolyticus* が分泌する金属プロテアーゼで，有機溶媒中での安定性が高いことから，プロテアーゼの逆反応であるペプチド合成反応による人工甘味料（**アスパルテーム**ともよばれるアスパルチルフェニルアラニンメチルエステル）の製造に用いられている．サーモライシンでは，His231 や Glu143 だけでなく，Zn^{2+} が活性に必要であり，酵素の安定化には Ca^{2+} が関与している（図9・2 d）．立体構造の解析から，図9・5 のような反応機構が提唱されている．このモデルでは，

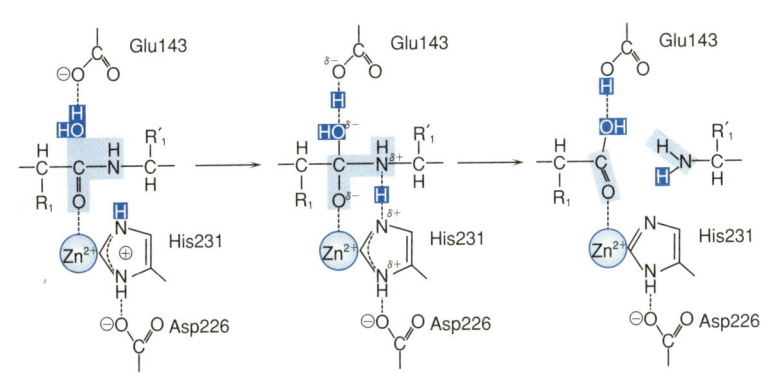

図9・5 **サーモライシンによる加水分解の模式図．**Glu143 の COO^- 基が水分子のプロトンを引抜き，活性化された水分子の酸素原子がペプチド結合のカルボニル炭素を求核攻撃し，ペプチド結合が切断される．〔W. R. Kester, B. W. Matthews, *Biochemistry*, **16**, 2506 (1977) を改変〕

Glu143のCOO⁻基により活性化された水分子が求核攻撃し，ペプチド結合を切断する．なお，基質のカルボニル酸素はZn^{2+}に配位しており，His231や近傍のTyr157の側鎖との水素結合によってオキシアニオンホールを形成し，遷移状態を安定化すると考えられている．

次節からは，セリンプロテアーゼを中心に，タンパク質工学による各機能の解析や改変例について述べる．

9・3 触媒機構の解析

酵素の触媒機構は，X線結晶構造が明らかになっても不明な点が多い．特にプロテアーゼの場合，酵素によってペプチド基質が速やかに分解されるため，酵素と基質の相互作用が経時的に追跡できない．また，酵素表面の疎水的な割れ目に存在する活性部位の構造は柔軟性に富み，基質が結合すると全体の立体構造に影響を及ぼさない程度に活性部位が変化する**誘導適合**も知られている．したがって，プロテアーゼの場合，基質と同じように酵素に結合するが，強固に結合するため分解されない阻害剤との複合体として解析されることが多い．さらに，立体構造から推定された触媒機構を証明したり，各アミノ酸残基の役割や機能を明らかにするために，タンパク質工学は重要な技術である．

9・3・1 触媒三つ組残基とプロトンリレー系

触媒三つ組残基（catalytic triad）に関しては，サチライシンの求核基であるSer221のOH基をSH基に変えたチオールサチライシンで加水分解反応の極端な低

表9・1 触媒残基をAlaに置換した変異型サチライシンの動力学パラメーター[a]

酵素	k_{cat} 〔s^{-1}〕	K_m 〔μM〕	k_{cat}/K_m 〔$s^{-1}\cdot M^{-1}$〕	k_{cat}(変異型)/k_{cat}(野生型)
野生型	5.9×10^1	220	2.7×10^5	1.0
Ser221Ala変異型	3.4×10^{-5}	420	8.2×10^{-2}	5.8×10^{-7}
His64Ala変異型	3.8×10^{-5}	390	9.6×10^{-2}	6.4×10^{-7}
Asp32Ala変異型	2.3×10^{-3}	480	4.7	3.8×10^{-5}
Asp32Ala/His64Ala/Ser221Ala変異型	3.0×10^{-5}	230	1.3×10^{-1}	5.1×10^{-7}
酵素なし	1.1×10^{-8}	—	—	1.9×10^{-10}

a）P. Carter, J. A. Wells, *Nature*(London), **332**, 564 (1988) を改変．
† 合成ペプチド基質スクシニル-Ala-Ala-Pro-Phe-*p*-ニトロアニリドの分解活性を測定した．

下が知られている．さらに，B. amyloliquefaciens 由来のサチライシン BPN′ を用いて，三つの触媒残基を Ala に置換した変異を組合わせて活性を調べた結果（表9・1），基質との親和性の尺度である K_m はあまり変わらなかったが，反応速度定数 k_{cat} は軒並み大幅に低下した．しかし，3残基すべてを Ala に置換しても非酵素的なペプチド結合の加水分解反応に比べて $10^3 \sim 10^4$ 倍 k_{cat} が大きかった．この残存活性は，遷移状態に生じるオキシアニオンを安定化する Asn155 の N 原子との水素結合によると考えられる．

さらに，Asp32 の Ala への置換（Asp32Ala）では，他の残基の置換に比べて k_{cat} の低下は小さく，トリプシンの触媒三つ組残基の一つである Asp102 を Asn に置換した結果からも，Asp の役割は His のコンホメーション安定化や機能補助であると考えられている．また，触媒三つ組残基を構成する His は Ser のプロトンを受取り，基質の脱離基（-NH-）に渡すが，Asp の COO$^-$ 基は解離したままである（図9・3）．これらの知見から，触媒三つ組残基の機能として従来から提唱されていた3残基間の**電荷リレー系**（charge relay system）は否定され，Asp‐His と Ser および周辺残基との相互作用による**プロトンリレー系**（proton relay system）が定説になってきた．

9・3・2　オキシアニオンホールとサチライシンの Asn155 の重要性

先に述べたように，サチライシンの触媒反応の過程において形成される四面体中間体のオキシアニオンは Asn155 側鎖と Ser221 主鎖の二つのアミド基と水素結合し，オキシアニオンホールは安定化している（図9・4）．オキシアニオンホールと Asn155 の重要性は次の実験によって明らかにされた．サチライシン BPN′ の Asn155 を Leu に置換した．Leu は Asn と立体配置は似ているので，変異型酵素の局所的な立体構造変化を起こしにくいが，水素結合の水素供与体にはなれない．そ

表9・2　Asn155Leu 変異型サチライシンの動力学パラメーター [a]

酵　素	k_{cat} [s^{-1}]	K_m [M]	k_{cat}/K_m [s$^{-1}\cdot$M^{-1}]
野生型	44	2.1×10^{-4}	2.2×10^5
Asn155Leu 変異型	0.17	2.2×10^{-4}	0.76×10^3

a）P. Bryan et al., Proc. Natl. Acad. Sci. U.S.A., **83**, 3743 (1986) を改変.
†　合成ペプチド基質スクシニル-Ala-Ala-Pro-Phe-p-ニトロアニリドの分解活性を測定した．

の結果, 表9・2に示すように, 変異型酵素では K_m は野生型酵素と変わらなかったが, k_{cat} は約250分の1に減少した. Asn155をThr, Gln, His, Aspに置換した場合でも同様であった. こうして, 酵素反応におけるオキシアニオンホールの重要性とAsn155の役割が確認された.

9・4　pH依存性の改変（酵素分子の表面電荷の変更による改変）

目的のpHで酵素が効率よく作用するように, pH依存性を改変することもタンパク質工学の目標の一つである. 各酵素の最適pHは, 活性部位やその近傍のアミノ酸残基がつくる環境によって決まるが, 酵素分子表面の静電的状態の変化に伴って変わることも知られており, 特に分子表面の解離性残基が重要な役割を担っている.

最適pHがアルカリ性にあるサチライシンの活性のpH依存性は, 触媒残基の一つであるHis64の側鎖**イミダゾール基**の非プロトン化状態に依存している. すなわち, His64のイミダゾール基はSer221のヒドロキシ基からプロトンを引抜く一般塩基として働く（図9・3）. 低pHにおいては, イミダゾール基はプロトン化して**イミダゾリウムイオン**（正電荷をもつ）となるため, 酵素は活性を発揮することができない. そこで, サチライシンBPN′の解離性表面残基で, His64の近傍にあるAsp99とGlu156に着目した. Asp99とGlu156は, His64のイミダゾール基からそれぞれ約13 Å, 約15 Åの距離に負電荷をもって存在する（図9・6）. Asp99と

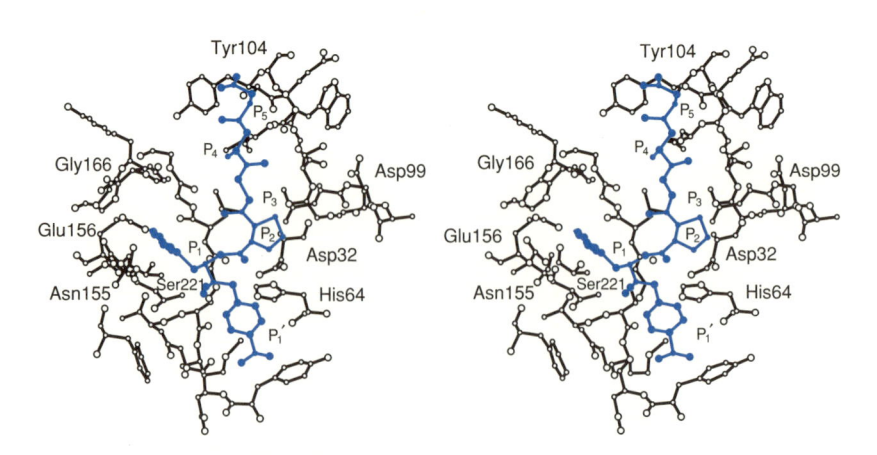

図 9・6　**ペプチド基質が結合したサチライシンBPN′のステレオ図**. サチライシンの重要な残基を標識し, 基質スクシニル-Ala-Ala-Pro-Phe-p-ニトロアニリドを青の太線で示す. 〔P. Carter, J. A. Wells, *Nature* (London), **332**, 564 (1988)〕

Glu156 の置換変異型酵素と野生型酵素の触媒効率（k_{cat}/K_m）の pH 依存性を調べ，His64 の pK_a を決定した（図 9・7）．触媒効率の最大値の 2 分の 1 を与える pH 値が His64 の pK_a に相当するが，野生型酵素の His64 の pK_a は約 6.9 であった（His 残基

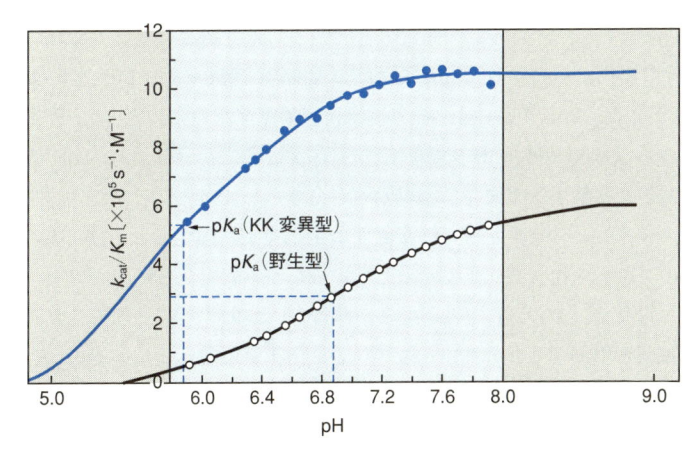

図 9・7　サチライシン BPN′ の触媒効率の pH 依存性．野生型酵素 (○) と Asp99Lys / Glu156Lys (KK) 変異型酵素 (●) の各 pH におけるペプチド基質（スクシニル-Ala-Ala-Pro-Phe-p-ニトロアニリド）分解活性を測定し，触媒効率 k_{cat}/K_m を図示した．His64 の pK_a は，野生型酵素で約 6.9，KK 変異型酵素で約 5.9．〔A. J. Russell et al., Nature (London), 328, 496 (1987) を改変〕

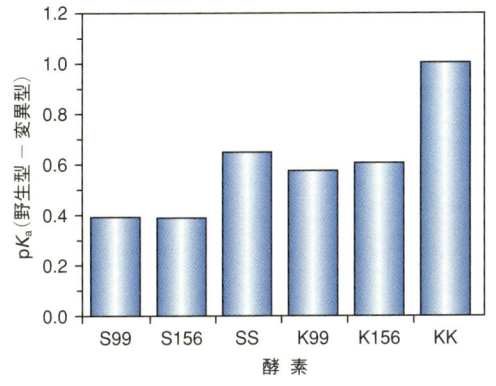

S99　: Asp99Ser
S156 : Glu156Ser
SS 　: Asp99Ser/Glu156Ser
K99 　: Asp99Lys
K156 : Glu156Lys
KK 　: Asp99Lys/Glu156Lys

図 9・8　変異型サチライシン BPN′ の His64 の pK_a 変化．野生型酵素と変異型酵素の pK_a の差（変化量）を縦軸に示す．〔A. J. Russell et al., Nature (London), 328, 496 (1987)〕

の側鎖イミダゾール基のpK_aは約6.0). 図9・8は野生型酵素と変異型酵素のpK_aの差(変化量)をまとめたものである. Asp99とGlu156をSerに置換すると, いずれの1残基置換によってもpK_aは約0.4単位低下した(酸性側に移動した). また, これらの残基を正に帯電するLysに置換すると, いずれの1残基置換の場合もpK_aは約0.6単位低下した. さらに, 両者のLysへの二重置換変異型酵素では(これは4個の電荷の変化に相当する), pK_aは約5.9となり(図9・7), 野生型酵素より約1.0単位低下した. そして, Lysへの二重置換変異型酵素のk_{cat}/K_mは, 野生型酵素に比べアルカリ側で2倍, pH 6では10倍に増大するというように, pH依存性が酸性側に大きく移動すると同時に触媒効率が全体として向上していた(図9・7).

これらの結果は, His64近傍の酵素表面の正電荷が増加すると, His64のイミダゾール基のプロトン化状態(正に帯電している)が不安定化し, 脱プロトン化状態を取りやすくなり, そのpK_aが低下する(酸性側へ移動する)と理解される. 逆に負の表面電荷が増加すると, His64のプロトン化状態が安定化し, そのpK_aは増大する(アルカリ性側へ移動する)ことになる.

また, Asp99とGlu156の置換変異によってk_{cat}とK_mが変化していた. Lysへの二重置換変異型酵素のk_{cat}/K_mの向上については, 基質に用いたスクシニル-Ala-Ala-Pro-Phe-p-ニトロアニリドのスクシニル基の負電荷が酵素表面の正電荷と相互作用することにより, K_mが小さくなったことが大きく影響していると考えられる.

静電的相互作用は溶媒のイオン強度が小さい環境で強く働く. 上で述べた結果はイオン強度が比較的小さい(緩衝液濃度は1～10 mM)ときに得られた結果であり, KClが1.0 Mという高電解質濃度の溶媒では, 野生型酵素と変異型酵素の間のHis64のpK_aにほとんど差は認められなくなる.

9・5 酵素活性の向上

工業用酵素として用いられるプロテアーゼには, 酵素自身の活性が向上すれば反応制御や製造コストの点で利点があるものも多い. ここでは, サチライシンの活性を向上させる試みについて述べる.

9・5・1 サチライシンの活性向上

B. subtilis 由来のサチライシンEにおいて, 触媒部位の近傍に存在するアミノ酸残基に着目した研究が行われた. 触媒残基の一つAsp32の隣に位置するIle31は

9・5 酵素活性の向上

Asp32の機能（触媒活性に重要なHis64の構造安定化など）を好ましい状態に保っていると考えられるが，Ileが最適であるかどうかは明らかでない．そこで，Ileをプロトンリレー系に影響を与えない8種類の非イオン性アミノ酸に置換した．その結果，ValとLeuへの置換の場合のみ活性が保持されており，野生型のIleと合わせて31番目残基が分枝鎖アミノ酸であることが活性発現に必要であると考えられた．特にLeuに置換すると，種々のペプチド基質に対してk_{cat}の向上に起因した触媒効率（k_{cat}/K_m）の大幅な増加が認められた（表9・3）．おそらく，IleからLeuへの置換（側鎖の分枝がβ炭素からγ炭素に変化）により，触媒部位の構造が微妙に変化し，基質ペプチド鎖の切断効率が高まったものと思われる．

表9・3 Ile31Leu変異型サチライシンの合成ペプチド基質に対する動力学パラメーター[a]

酵 素	ペプチド基質のP_1部位のアミノ酸残基[†]				
	Ala	Phe	Lys	Leu	Met
野生型	3.1 (2.5, 0.81)	9.3 (18, 2.0)	5.2 (30, 5.7)	6.2 (30, 4.9)	16 (15, 0.97)
Ile31Leu 変異型	6.4 (5.4, 0.83)	58 (120, 2.0)	21 (120, 5.7)	22 (110, 4.9)	63 (63, 1.0)

a) H. Takagi *et al.*, *Protein Engineering*, **10**, 987 (1997)を改変．
† 数値は上段が触媒効率$k_{cat}[s^{-1}]/K_m[mM]$，下段が(k_{cat}, K_m)を示す．ペプチド基質はスクシニル-Ala-Ala-Pro-X-p-ニトロアニリド（X＝Ala, Phe, Lys, Leu, Met）を使用．

9・5・2 進化分子工学による低温適応プロテアーゼの取得

最近，**進化分子工学**（evolutionary molecular engineering）とよばれる技術が開発されてきた．これはタンパク質をコードする遺伝子に**ランダム変異**を導入し，多くの変異体のなかから目的の変異体を選抜する操作を繰返すことにより，実験室内で"進化"を高速で行わせ，新しいタンパク質をつくり出す方法である．この方法を用いて，サチライシンBPN′を低温域でも高い活性を有する"低温適応酵素"に改造する試みがなされた．

まず，サチライシンBPN′遺伝子DNAにヒドロキシルアミン処理（G・C→A・Tの塩基置換を誘発）によるランダムな変異を与えた後，大腸菌に導入した．スキムミルクを含む寒天培地でコロニーが生じると，温度を10℃に下げてさらに培養した．すると，サチライシンによってスキムミルクが分解され，周囲に透明なハロー

を形成するコロニーがいくつか現れた．このような操作を繰返した後に，それらの菌株から DNA を抽出し，塩基配列を調べたところ，たとえば Val72 が Ile に，Ala92 が Thr に，Gly131 が Asp に置換された三重変異体（m-63）が得られた（表9・4）．m-63 では，基質との親和性が向上したため 10℃ での触媒効率（k_{cat}/K_m）が野生型の2倍に増加していた．また，変異を一つずつ導入した酵素との比較からも，変異の加算性が明らかになった．低温で酵素活性の向上した原因については詳しい解析が必要であるが，進化分子工学は立体構造や機能に関する情報の乏しいタンパク質にも有効な方法である．

表9・4　三重変異体（m-63）および各変異型サチライシンの 10℃ での動力学パラメーター [a]

酵　素	k_{cat} [s^{-1}]	K_m [μM]	k_{cat}/K_m [$\times 10^5 s^{-1}\cdot M^{-1}$]
野生型	20.6	135.3	1.5
三重変異体（m-63）	20.9	68.6	3.0
Val72Ile 変異型	18.3	184.3	1.0
Ala92Thr 変異型	14.6	70.6	2.1
Gly131Asp 変異型	23.5	107.1	2.2
Val72Ile/Ala92Thr 変異型	17.2	78.9	2.2
Val72Ile/Gly131Asp 変異型	21.5	157.3	1.4
Ala92Thr/Gly131Asp 変異型	19.6	80.4	2.2

a）S. Taguchi *et al.*, *Appl. Environ. Microbiol.*, **64**, 492（1998）を改変．
†　合成ペプチド基質スクシニル-Ala-Ala-Pro-Phe-*p*-ニトロアニリドの分解活性を測定した．

9・6　基質特異性の改変
9・6・1　トリプシン

　一般にプロテアーゼの基質特異性は，触媒部位の近傍に存在する疎水的な基質結合ポケットの構造や性質によって決まることが多い（図9・9）．トリプシンやキモトリプシンなどの哺乳類セリンプロテアーゼは基質の P_1 部位特異性が高いが，トリプシンでは，S_1 ポケットの底部に位置する Asp189 側鎖の COO^- 基が，基質の P_1 部位の Arg や Lys の側鎖の正電荷（それぞれグアニジウムイオンとアンモニウムイオン）と静電的相互作用によって結合する．キモトリプシンでは，ポケットの底は Ser なので基質としては電荷をもったアミノ酸側鎖は結合できず，Trp などの芳香族アミノ酸が好んで入り込む．また，エラスターゼでは，ポケットの両壁に Val や

9・6 基質特異性の改変

Thr がありポケットが一段と狭くなっているので，側鎖の小さなアミノ酸（Gly, Ala など）だけが選択的に結合し分解される．これらセリンプロテアーゼの反応機

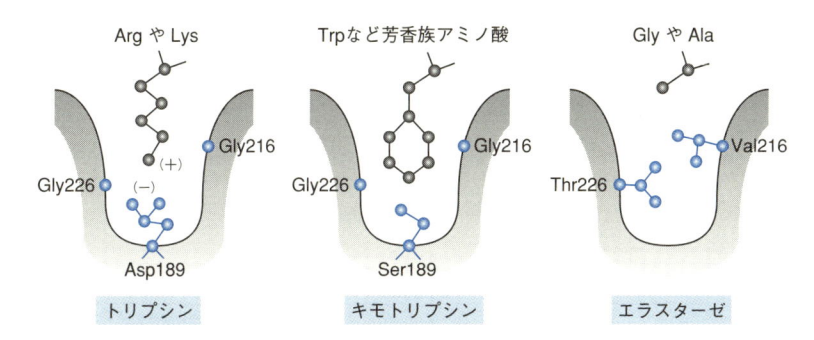

図 9・9　哺乳類セリンプロテアーゼの基質結合ポケット S_1 の模式図．トリプシンでは，S_1 ポケット底部の Asp189 側鎖の COO^- 基が，基質の P_1 部位の Arg や Lys の側鎖の正電荷と静電的相互作用によって結合する．キモトリプシンでは，ポケット底部は Ser なので，Trp などの芳香族アミノ酸が入り込みやすい．エラスターゼでは，ポケットの両壁に Val や Thr があるため，小さなアミノ酸（Gly, Ala）だけが入り込める．

構はほぼ同一であり，立体構造も似ているが，基質結合ポケットの構造が異なっており，共通の祖先タンパク質から**分岐進化**したと考えられている．

そこで，トリプシンの基質特異性に重要な Asp189 をキモトリプシンと同じ Ser に置換した変異酵素を作製すると，予想どおり P_1 部位が Lys である基質に対する活性が低下し，逆に芳香族アミノ酸に対する活性が上昇し，キモトリプシン型の基

表 9・5　**Asp189Ser 変異型トリプシンの合成ペプチド基質に対する触媒効率** [a]

酵　素	ペプチド基質の P_1 部位のアミノ酸残基 [†]				Trp/Lys
	Phe	Tyr	Trp	Lys	
キモトリプシン	4.9×10^5	8.6×10^5	1.3×10^6	69	1.9×10^4
トリプシン	6.0	8.9	1.5	1.9×10^5	7.8×10^{-6}
Asp189Ser 変異型トリプシン	38	38	4.8	7.3	0.65

a) L. Hedstrom *et al.*, *Biochemistry*, **33**, 8757 (1994) を改変．
† 数値は触媒効率 $k_{cat}[s^{-1}]/K_m[M]$ を示す．ペプチド基質はスクシニル-Ala-Ala-Pro-X-アミノメチルクマリン（X=Phe, Tyr, Trp, Lys）を使用．

質特異性に近づいた（表9・5）．トリプシンは，同じ塩基性アミノ酸でも側鎖の長いArgの方をよく分解するが，Asp189を側鎖の長いGluに置換すると，逆に側鎖の短いLysに対する活性が増加し，基質特異性が逆転した．しかし，Asp189を塩基性アミノ酸のLysに置換しても，Lys側鎖が基質結合ポケットの内部を向いておらず，P_1部位がGluである基質に対する分解活性は向上しなかった．このような実験では，たしかに基質特異性そのものは変化するが，基質結合ポケット外部のコンホメーションに影響が及ぶこともあり，触媒活性が相対的に低下することが多い．

9・6・2 サチライシン

a. P_1特異性の改変　サチライシンは比較的大きい疎水的な基質結合部位をもっている．Gly166は基質結合部位のポケットの底に位置し，基質のP_1部位の側鎖が結合するS_1部位にあり，P_1特異性を決定する重要な残基である（図9・10）．

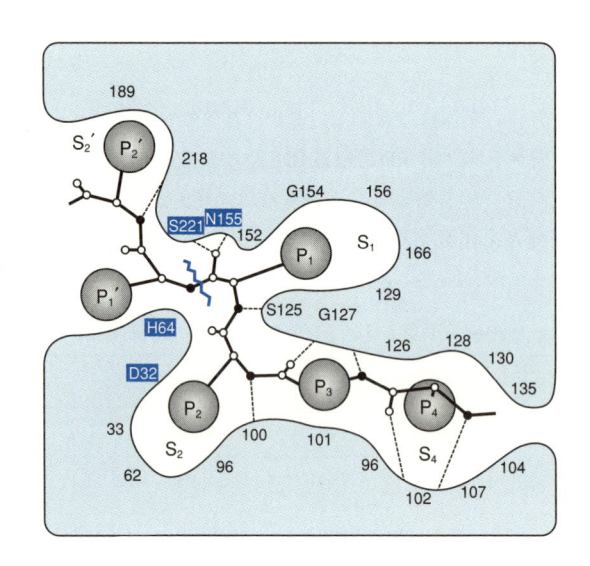

図 9・10　**サチライシンBPN′とペプチド基質の結合を示す模式図．** D32, H64, S221は触媒部位，N155はオキシアニオンホールを形成する残基を示す．破線は酵素と基質間の水素結合，青の波線は基質の切断されるペプチド結合を示す．大きな丸印は基質のP_4–$P_2′$部位の側鎖を示し，それらと相互作用する酵素の残基を基質結合部位（S_1, S_2など）の周囲に数字で示す．本文に出てくるGly166はS_1部位の底にある（166の位置）．〔R. J. Siezen, J. A. M. Leunissen, *Protein Science*, **6**, 501 (1997)〕

そこで，サチライシン BPN′ の Gly166 を 12 種類のアミノ酸残基に置換し，P_1 部位に Ala, Met, Phe, Tyr をもつ合成ペプチド基質に対する活性が体系的に調べられた（図 9・11）．その結果，野生型酵素は P_1 部位が Tyr のときに最も高い触媒効率を示した．Val, Leu, Ile への置換では，Ala のような比較的小さな側鎖の残基をもつ基質を効率よく分解するようになったが，Phe, Tyr, Trp への置換では，Tyr のような大きな側鎖をもつ基質は分解しにくくなった．全体的な傾向としては，166 番目残基の側鎖と P_1 部位の側鎖の体積の和が $160 \pm 30 \text{Å}^3$ の場合に，基質が基質結合ポケットに効率的に結合して分解された．なお，Phe, Tyr のような大きな側鎖をもつ

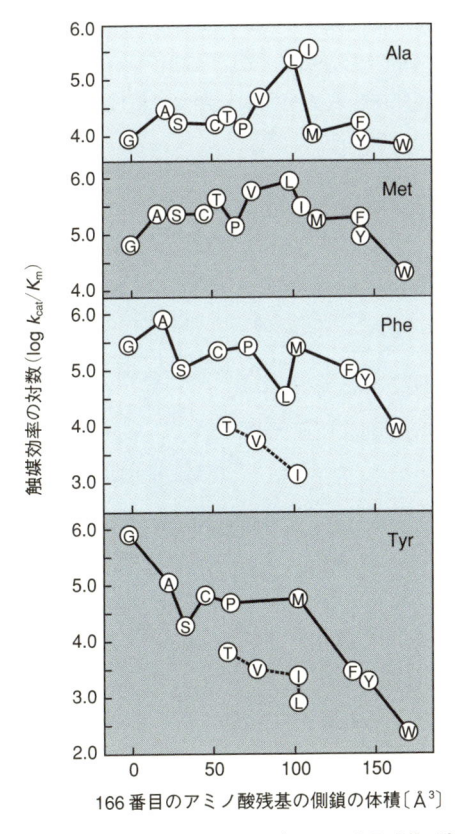

G ： Gly　グリシン
A ： Ala　アラニン
S ： Ser　セリン
C ： Cys　システイン
T ： Thr　トレオニン
P ： Pro　プロリン
V ： Val　バリン
L ： Leu　ロイシン
I ： Ile　イソロイシン
M ： Met　メチオニン
F ： Phe　フェニルアラニン
Y ： Tyr　チロシン
W ： Trp　トリプトファン

図 9・11　サチライシン BPN′ の 166 番目残基が基質特異性に及ぼす影響．図の上から P_1 部位が Ala, Met, Phe, Tyr (=X) のペプチド基質（スクシニル‐Ala‐Ala‐Pro‐X‐p‐ニトロアニリド）を用いた．〔D. A. Estell *et al.*, *Science*, **233**, 662 (1986) を改変〕

基質の場合には, β または γ 分岐アミノ酸である Thr, Val, Ile, Leu への置換では, 他の直鎖アミノ酸の変異型酵素の触媒効率と異なる直線に乗っており, 効率は一段と低下していた.

また, 酵素と基質間の静電的相互作用に注目し, Gly166 とその近傍の Glu156 の解析も行われた. Glu156 を Gln, Gly166 を Lys に置換し, S_1 部位の負電荷の除去と正電荷の導入 (正電荷 2 個の増加に相当) を行ったところ, サチライシンが分解しにくい酸性残基 Glu を P_1 部位にもつ基質に対する活性が約 2000 倍向上した. これらの結果は, 酵素の基質特異性において, 酵素と基質の立体障害, 疎水的および静電的相互作用が重要であることを示している.

b. P_2 部位が His の基質に対する特異性の向上　基質補助触媒反応 (substrate-assisted catalysis) という新しい反応機構によって, プロテアーゼの基質特異性を高めることが可能である. これは触媒部位の残基を置換したため活性を失った酵素

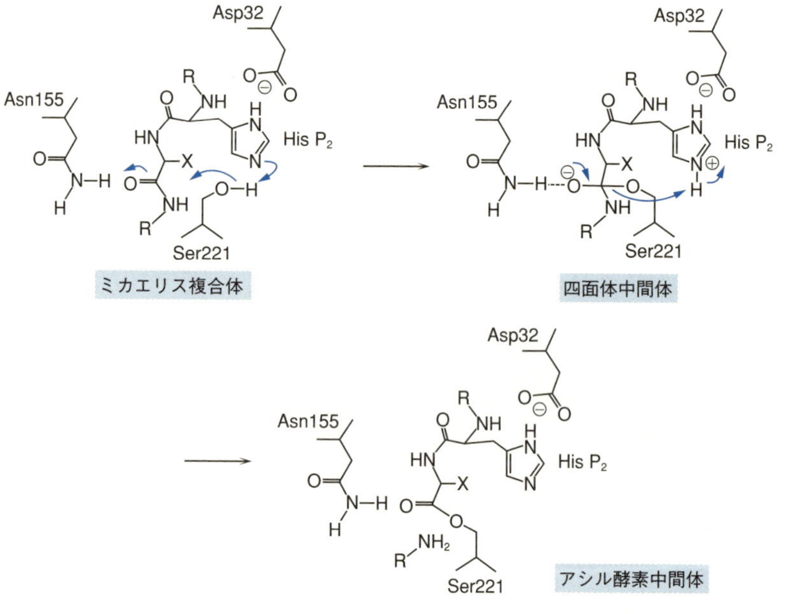

図 9・12　**His64Ala 変異型サチライシン BPN' と P_2 部位が His のペプチド基質との基質補助触媒反応機構**. 基質の P_2 部位の His がサチライシンの His64 の機能を補い, 基質の加水分解反応が進行する. X が P_1 の側鎖. 〔W. Dall'Acqua, P. Carter, *Protein Science*, **9**, 1 (2000)〕

が，ペプチド基質の助けを借りて活性を一部回復するという現象である．まず，X線結晶構造解析から，P_2 部位が His である基質はサチライシンの触媒残基の一つ His64 に近い場所に入り込むと推測された．そこで，サチライシン BPN′ の His64 を Ala に置換したところ，P_2 部位が Ala あるいは Gln である基質に対する活性はほとんど消失したが，His の基質に対しては数百倍ほど上昇した（特に k_{cat} が増大）．分子モデリングからも，失われた His64 の機能が基質の His によって補われ，P_2 部位が His である基質を好んで分解すると考えられた（図 9・12）．こうした基質補助触媒反応は，セリンプロテアーゼだけでなく制限酵素（*Eco*RV）や GTP アーゼなど他の加水分解酵素でも報告されており，基質特異性を改変するためのアプローチとして有効である．

9・6・3 凝乳酵素活性の向上

近年，多くの産業分野でプロテアーゼの利用が進んでおり，特定のアミノ酸配列だけを分解するような基質特異性の高いプロテアーゼが必要になっている．そこで，基質特異性が比較的広い微生物由来のプロテアーゼを改変し，基質特異性を狭める試みがなされた．仔ウシの第四胃に存在する**キモシン**は，牛乳を凝固させる活性（凝乳活性；カゼインタンパク質の Phe105‐Met106 間の切断によって始まる）があり，チーズ製造に用いられる非常に高価な酵素である．部位特異的変異の導入実験から，キモシンの Tyr75 が S_1 残基として基質の認識や触媒活性にかかわることが知られていた．一方，カビ（*Mucor pusillus*）由来の酵素である**ムコールレンニン**は，キモシンと一次構造が類似しており凝乳活性もあるが，通常のプロテアーゼ活性も強い．そこで，キモシンの Tyr75 に相当するムコールレンニンの Tyr を他の残基に置換した．その結果，Asn への置換によってチーズの苦味を生じる原因となる通常のプロテアーゼ活性が低下し，凝乳活性が向上した．このように基質特異性が変化した酵素は，キモシンの代替酵素となる可能性がある．

9・7 安定性の改変

タンパク質の安定性は，酵素がその機能を発揮するために必要な正しい立体構造を保持するのに重要な性質である．プロテアーゼを有効な触媒として利用するためには安定なプロテアーゼが望ましく，タンパク質工学によって温度，pH，酸素，有機溶媒，圧力などに対する酵素の安定性を高める試みが盛んに行われている．そのために，タンパク質の安定性に関与する水素結合，静電的相互作用，疎水性相互

作用などの非共有結合，ジスルフィド結合（S-S結合），金属イオン結合部位などを理論的な設計に基づくアミノ酸置換によってタンパク質に導入し，分子内部の疎水性コアのパッキングを強化したり，二次構造のαヘリックスを安定化するなどの方法が用いられる．また，逆にタンパク質の構造を不安定化させる因子（たとえばAsnのように高温下で脱アミドされやすい残基）の除去も有効である．

9・7・1 S-S結合の導入による安定化

サチライシンの一次構造には，S-S結合を形成しうるCys残基が一つも存在しない．そこで，高度好熱菌 *Thermus aquaticus* YT-1が生産し，サチライシンと一次構造の相同性が高く（約40％），立体構造も類似していると考えられる耐熱性セリンプロテアーゼ（アクアライシンI）の知見をもとに，サチライシンEへのS-S結合の導入が行われた．アクアライシンIの分子内には耐熱性の要因と考えられるS-S結合が2箇所に存在する（Cys67/Cys99, Cys163/Cys194）．したがって，サチライシンEにも相当する位置のアミノ酸をCysに置換してS-S結合を導入すれば，熱安定性の向上が期待できると考え，アミノ酸のα炭素間の距離が短いと予測されたアミノ末端側のS-S結合（Cys67/Cys99）に対応するGly61とSer98をCysに置換した．その結果，変異酵素は予想どおりS-S結合を形成し，しかもk_{cat}とK_mに変化はなく，熱に対する安定性（自己消化による半減期や自然状態から変性状態への中間温度T_mを測定）が野生型酵素よりも高まった（表9・6）．また，

表9・6 ジスルフィド結合を導入した変異型サチライシンの熱安定性 [a]

酵 素	55℃での活性半減期〔min〕[†1]		変性の中間温度 T_m〔℃〕[†2]	
	DTT[†3]無添加	DTT 添加	DTT 無添加	DTT 添加
野生型	31	31	58.5	NT[†4]
Cys61/Cys98変異型	81	32	63.0	50.5

a) H. Takagi *et al*., *J. Biol. Chem.*, **265**, 6874 (1990) を改変．
†1 酵素を55℃で一定時間保った後，その残存活性をスクシニル-Ala-Ala-Pro-Phe-*p*-ニトロアニリドを基質として37℃で測定し，活性が半分になる時間を半減期とした．
†2 温度上昇による酵素の変性に伴い，酵素が吸収する熱量を示差走査型熱量計で測定し，吸収熱量が最大になる温度を変性の中間温度T_mとした．
†3 DTT：ジチオトレイトール　　†4 未検査

還元剤ジチオトレイトールによりS-S結合を切断すると安定性は野生型のレベルに戻った．この結果は，サチライシンにS-S結合を導入し，酵素活性を保持したまま熱安定性を向上させた最初の例である．また，新たなS-S結合は分子内部の構造に影響を与えない分子表面に導入することが望ましいことを示唆している．サチライシンでは，これ以前にX線結晶構造データに基づく分子モデリングによりS-S結合の導入が設計されたが，いずれも活性ある酵素の安定化には成功しなかった．したがって，タンパク質の安定性に対する我々の理解はまだ不十分であり，天然の酵素に安定化戦略を学ぶことの重要性を示している．

9・7・2 疎水性残基の導入による安定化

サーモライシンは耐熱性のプロテアーゼで，X線結晶解析により立体構造が決定されている．*B. stearothermophilus* の中性プロテアーゼの一次構造はサーモライシンのものと85％相同であり，両者の立体構造はよく似ていると考えられる．サーモライシンの立体構造は二つのドメインからなり，αヘリックスが二つのドメインを連結している．このαヘリックスは，中性プロテアーゼではIle137からGly154までのペプチド鎖からなっており，この部分のアミノ酸配列は，中性プロテアーゼのGly141に相当する残基がサーモライシンではAlaである以外は同一である．サーモライシンは中性プロテアーゼより耐熱性が高い．そこで，中性プロテアーゼ

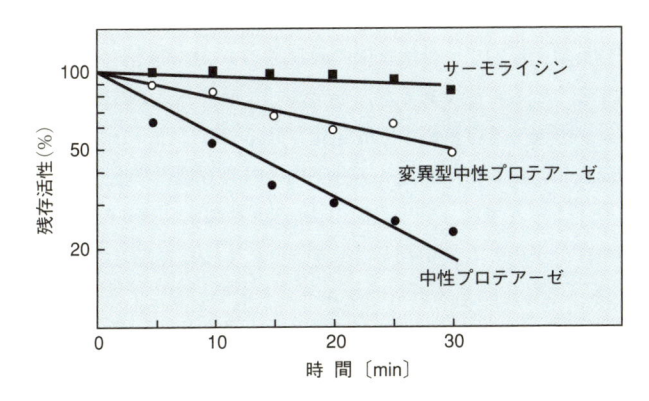

図9・13 **変異型中性プロテアーゼの熱安定性**．サーモライシン（■），中性プロテアーゼ（●），Gly141Ala変異型中性プロテアーゼ（○）を75℃で一定時間保った後（横軸），ペプチド基質の分解活性を測定し，75℃未処理での活性を100とする相対値を残存活性として縦軸に示した．〔T. Imanaka *et al.*, *Nature* (London), **324**, 695 (1986)を改変〕

の Gly141 を疎水性残基の Ala に置換することによる熱安定化が試みられた．その結果，図 9・13 に示すように，変異型酵素は予想どおり高温下での安定性が向上していた．このように，わずか一つの疎水性残基の導入により熱安定性が著しく向上する例が多い．

9・7・3　複数の非共有結合の導入・強化による安定化

いくつかの変異を組合わせると，加算的に安定性が向上することもある．サチライシン BPN′ では，別々の実験によって安定性を高める変異が複数知られていた．たとえば Met50Phe は Trp113 の側鎖との疎水性相互作用を強める変異，Asn76Asp は Ca^{2+} 結合部位近傍の静電的相互作用を強める変異，Gly169Ala は溶媒とほとんど接しない残基の疎水度を高める変異，Gln206Cys は分子モデリングで設計された S-S 結合導入部位であるが，Cys 単独変異でも安定性が向上する変異，Tyr217Lys は触媒残基の一つである His64 の近傍に静電的相互作用を導入する変異，Asn218Ser は Ser204 との水素結合を強化する変異などである．これら 6 種類の変異を同時に導入すると，T_m が野生型酵素に比べて約 14 ℃も上昇した．また，変性状態の自由エネルギーは各変異で 1.3 ～ 5.4 kJ/mol（0.3 ～ 1.3 kcal/mol），すべての変異を組合わせると 16 kJ/mol（3.8 kcal/mol）も増加し，熱に対する失活速度が野生型酵素の 300 分の 1 に落ちた．

9・7・4　有機溶媒に対する安定化

プロテアーゼは有機溶媒中で，分解反応の逆反応によって高濃度のアミノ酸からペプチドを合成することも可能であるが，通常のプロテアーゼは有機溶媒中で変性してしまう．タンパク質を有機溶媒中で安定化させるためには，分子表面の荷電を減少させ有機溶媒による凝集を防いだり，分子内の非共有結合を強化するなどが考えられる．サチライシン E では，分子表面の Asp248 を疎水性残基の Asn, Ala, Leu に置換したものや，分子内の水素結合を増やすことによって熱安定性が向上した変異酵素が，高濃度（40 ％）のジメチルホルムアミド中でも安定であった．しかし，有機溶媒耐性と耐熱性は必ずしも一致しない報告も多く，有機溶媒中での安定化のための一般的な法則はまだ確立されていない．

9・7・5　酸化耐性の向上

サチライシンの触媒残基の一つ Ser221 に隣接する Met222 は酸化を受けやすく，

過酸化水素によるサチライシン失活の原因となる．そこで，サチライシン BPN′ の Met222 を周囲の構造に影響を及ぼしにくいと考えられる Ser と Ala に置換すると，活性は保たれたまま過酸化水素に対する抵抗性が著しく向上した（図 9・14）．さ

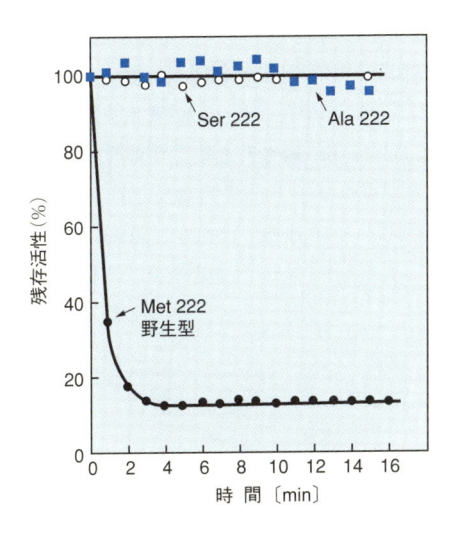

図 9・14 **過酸化水素に対する変異型サチライシン BPN′ の安定性**．野生型酵素（Met222）と変異型酵素（Ser222, Ala222）を 1 M 過酸化水素中で一定時間保った後（横軸），ペプチド基質の分解活性を測定し，過酸化水素未処理での活性を 100 とする相対値を酵素活性として縦軸に示した．〔D. A. Estell *et al.*, *J. Biol. Chem.*, **260**, 6520（1985）を改変〕

らに，活性を高める別の変異（Gly195 を Glu に置換）も導入した変異酵素は，酸素系漂白剤の存在下でも安定であり，衣料用の洗剤添加物として実用化された．これはタンパク質工学の成果によって商品化された最初の酵素である．

9・8 サチライシンの前駆体とフォールディング
9・8・1 前駆体の構造とフォールディング

プロテアーゼは通常アミノ末端に 10〜100 アミノ酸残基からなる**プロペプチド**（propeptide）とよばれる領域をもつ不活性な前駆体として細胞内で生合成される．前駆体は，そのプロテアーゼ自身によって（自己触媒的）あるいは他のプロテアーゼによってプロペプチドが切断され，活性型の成熟酵素に変換される．この過程を

プロセシングという．したがって，プロペプチドは，プロテアーゼが適切な時期に適切な場所で機能を発揮するまで不活性な状態に保つ役割をしており，プロテアーゼの活性を厳密に制御していると考えられる．

最近，いくつかのプロペプチドは，そのプロテアーゼ前駆体が**フォールディング**（folding，立体構造形成）し，機能を発現するために必要であることが明らかになってきた．このような例として，サチライシンについて述べる．サチライシンは，まずプレプロサチライシンとして生合成され，細胞膜を通過する際にシグナルペプチド（プレ配列）（29残基）が切り離された後，プロサチライシン自身の微弱なプロテアーゼ活性によってプロペプチド（77残基）が分子内切断され，最終的に活性を有する成熟サチライシン（275残基）になる（図9・15）．サチライシンE遺伝子を大腸菌で発現させると，活性を有する成熟サチライシンが大腸菌のペリプラズ

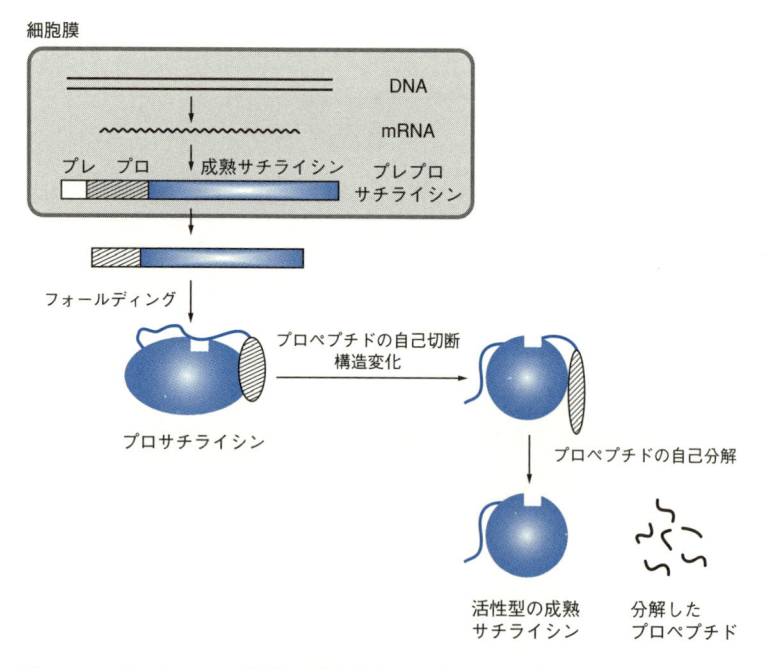

図9・15 サチライシン前駆体の成熟酵素へのプロセシングとフォールディングの模式図．白色のボックスはシグナルペプチド（プレ配列），斜線のボックスはプロペプチド，青色のボックスは成熟サチライシンの領域を示す．〔U. Shinde *et al.*, *J. Biol. Chem.*, **274**, 15615（1999）を改変〕

ム空間に分泌される.しかし,部位特異的変異の導入によってプロペプチドを欠失させた遺伝子からは活性型酵素はまったく得られなかった.また,触媒残基の一つAsp32をAsnに置換しても活性はほとんど検出されず,プロサチライシンだけが菌体内に蓄積した.これらの結果は,プロペプチドはプロサチライシンの成熟サチライシンへのフォールディングに必須であり,またプロペプチドは自己触媒的に切断分解されることを示している.

サチライシンやα-リティックプロテアーゼの試験管内でのリフォールディング(再生)実験から,プロペプチドが存在しなくてもタンパク質は安定で,部分的に折りたたまれた中間体構造を形成していることが明らかになった(当然,酵素活性はない).この中間体の二次構造は天然状態と似ているが,明確な三次構造はとっておらず,**モルテングロビュール**(molten globule;球状タンパク質における変性と非変性の中間構造)状態であった.そして,この中間体は添加されたプロペプチドとの相互作用により,安定で活性型の構造に変換される.

サチライシンのプロペプチドとの複合体の結晶構造では,プロペプチドのカルボキシル末端側残基が活性部位に結合し,末端のTyr残基が基質結合ポケットのS$_1$にはまり込んでいた(口絵9b).さらに,サチライシンEの触媒三つ組残基の一つSer221をAlaに置換した変異酵素(Ser221のOH基がCH$_3$基に置換されているため,プロペプチドが自己切断されず,プロサチライシンが蓄積)とCysに置換した変異酵素(Ser221のOH基がSH基に置換されているため,プロペプチドは自己切断を受けるが,分解はされずに中間体が蓄積)の解析から次のことがわかった.プロサチライシンは,まずモルテングロビュール中間体を形成後,プロペプチド領域と成熟サチライシン領域の相互作用によって,プロペプチドが自己切断される.その後,両者の複合体に構造変化が起こり,安定化のためのCa^{2+}結合部位が形成される.その間,プロペプチドは一時的な競争的酵素阻害剤として機能した後,プロペプチドは自己分解によって消失し,活性型の成熟サチライシンになる(図9・15).以上をまとめると,アミノ末端にプロペプチドを有するプロテアーゼは,①フォールディング,②プロペプチドの自己切断,③プロペプチドの自己分解の3段階を経て機能を発揮するプロテアーゼになると考えられる.

9・8・2 プロテインメモリー説と分子内シャペロン

プロテアーゼを含むすべてのタンパク質の構造と機能は,立体構造により決定されており,立体構造に関する情報は,その一次構造(アミノ酸配列)にコードされ

ている．ところが，サチライシンEではプロペプチドのカルボキシル末端から48番目のIleがValに置換すると，成熟酵素の一次構造は野生型酵素と同じであるにもかかわらず，二次構造が野生型と少し異なっており，安定性や基質特異性なども変化することが観察された．このようにプロペプチドの配列の違いによって，同じ一次構造の成熟酵素の構造や機能が変わる現象が見いだされ，プロペプチドが成熟酵素の立体構造に記憶を残すという概念から**プロテインメモリー説**（protein memory theory）と名づけられた（図9・16）．細胞内でこのような現象が起こると，

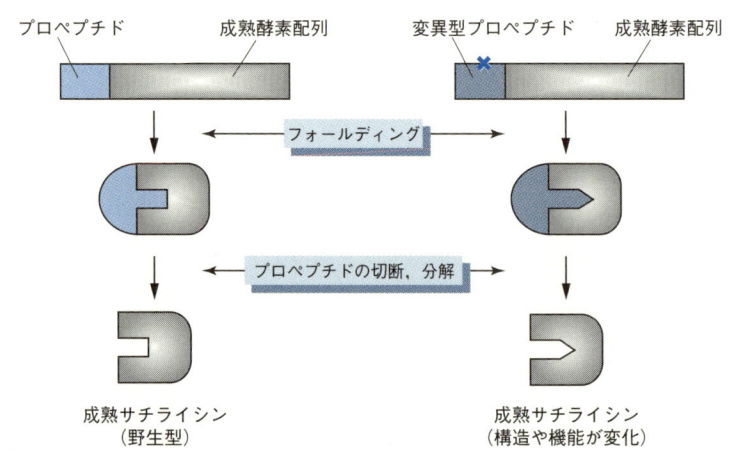

図9・16 プロテインメモリー説の模式図．変異型プロペプチド内の×印は変異（アミノ酸置換など）を示す．U. Shinde *et al.*, *Nature* (London), **389**, 520 (1997)で提唱された説をイメージで示す．

本来のタンパク質の機能が損なわれる危険性があるが，人為的にプロペプチド配列を変えることにより，同じタンパク質の構造や機能を変化させることも夢ではない．

　現在，タンパク質のフォールディングに不可欠なプロペプチドは，サチライシンだけでなく，他のプロテアーゼでも発見されており，グラム陰性細菌（α-リティックプロテアーゼ，アクアライシンⅠ），放線菌（Nprプロテアーゼ），酵母（カルボキシペプチダーゼY，プロテイナーゼA，プロテイナーゼB），原生動物（クルザイン），真核生物（フリン，Kex2，カテプシンL）など生物種を超えて広く存在している．これらのプロペプチドは長さや構造も異なるが，同じようなメカニズムで

フォールディングに関与すると考えられており，収束進化の一例であろう．また，このようなプロペプチドは，細胞内でのタンパク質の立体構造形成や膜透過に関与する一連のタンパク質である**分子シャペロン**（molecular chaperone）と対比させ，**分子内シャペロン**（intramolecular chaperone）ともよばれている．一方，トリプシン，キモトリプシン，エラスターゼ，レニンなどのプロテアーゼも前駆体として合成されるが，短いプロペプチドはフォールディングに必須ではなく，他のプロテアーゼによって切断され活性化される．しかし，多くの分泌型プロテアーゼは，生合成された場所と異なる場所で機能を発揮するので，細胞にとって有害になりかねないタンパク質分解活性を抑え，かつフォールディングに働くプロペプチドが必要であろう．また，プロテアーゼ以外にもリパーゼ，成長因子，インスリン，コレラ毒素などにもフォールディングに必要なプロペプチドが存在する．

今後，このようなプロペプチドの研究によって，現在の生命科学の大きな課題であるタンパク質のフォールディング機構が解明されると，アルツハイマー病やウシ海綿状脳症（BSE）など単一タンパク質のコンホメーション異常によって発症すると考えられる中枢神経障害（プリオン病ともいう）の治療に役立つ可能性もある．また，フォールディングを助ける人工的なペプチドをデザインし，種々のプロテアーゼ活性の制御に利用できるかもしれない．

参 考 図 書

1) "タンパク質の構造入門"，第2版，C.ブランデン，J.トゥーズ著，勝部幸輝，竹中章郎，福山恵一，松原 央訳，ニュートンプレス(2000)．
2) "プロテアーゼと生体機能 ― 分子から病態まで(現代化学増刊22)"，鈴木紘一編，東京化学同人(1993)．
3) "蛋白質分解酵素Ⅰ，Ⅱ(生物化学実験法 30, 31)"，鶴 大典，船津 勝編，学会出版センター(1993)．
4) "新・入門酵素化学(改訂第2版)"，西澤一俊，志村憲助編，南江堂(1995)．
5) "Intramolecular Chaperones and Protein Folding"，ed. by U. Shinde, M. Inouye, Springer(1995)．
6) "タンパク質分解 ― 分子機構と細胞機能"，鈴木紘一，小南英紀，田中啓二共編，シュプリンガー・フェアラーク東京(2000)．

10

リゾチーム

10・1 構造と機能
10・1・1 リゾチームの構造

　リゾチームは植物,動物を問わず幅広く生物に分布し,溶菌作用を有する酵素の総称である.その酵素機能は真正細菌（バクテリア）の細胞壁を構成する**ペプチドグリカン**（N-アセチルグルコサミンとN-アセチルムラミン酸の二糖の反復単位とそれを架橋するペプチド部分からなる網状巨大分子）のN-アセチルムラミン酸とN-アセチルグルコサミンの間の$\beta 1 \rightarrow 4$結合の**加水分解**によって発現される.アミノ酸配列が決定されたリゾチームには,脊椎動物に存在するニワトリ卵白型やガチョウ卵白型のほか,ファージ型,バクテリア型,昆虫型および植物型が知られている（図10・1）.これらのリゾチームのなかでタンパク質工学的な研究の対象とされているのはニワトリ卵白リゾチーム（以下**卵白リゾチーム**,図10・1a）やヒトリゾチームなどのニワトリ卵白型リゾチームとT4ファージリゾチーム（以下**T4リゾチーム**,図10・1c）である.これら二つのリゾチームにはアミノ酸配列（一次構造）上の相同性はまったく見られないが,その立体構造的な特徴は類似している.すなわち両者はαヘリックスからなるドメインとβシートからなるドメインの二つのドメイン構造を有し,そのドメイン間に形成されるクレフトが基質結合部位を構成し,高分子基質である糖を取込む.また基質結合部位には,酵素反応に直接関与する触媒基が配置されている.

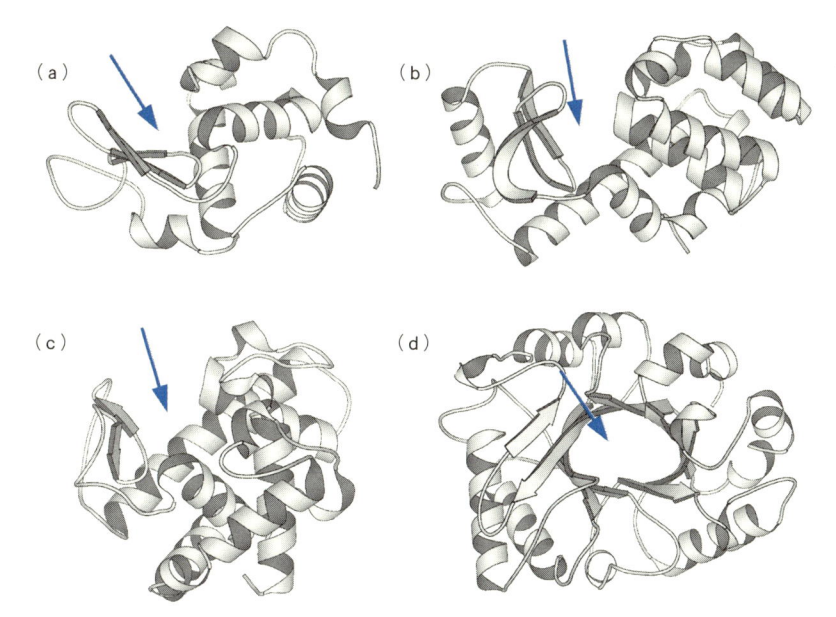

図 10・1　**代表的な四つの型のリゾチームの立体構造**．(a) ニワトリ卵白リゾチーム（1HEL）．(b) ガチョウ卵白リゾチーム（153L）．(c) T4 ファージリゾチーム（2LZM）．(d) 植物エンドキチナーゼ（1LLO）．矢印は活性部位の存在するクレフトの位置を示す．括弧内はプロテインデータバンク（PDB）における登録名である．

10・1・2　卵白リゾチームと T4 ファージリゾチームの基質認識

　リゾチームのアミノ酸組成は一般にリシンやアルギニンなどの塩基性アミノ酸に富み，分子表面の状態は著しく正荷電に偏っている．それは，リゾチームの基質となる細菌の表面が負に荷電していることと関係がある．実際にリゾチーム表面の正電荷を増減させることにより，リゾチームの溶菌活性が変化することが見いだされている．リゾチームが作用するのは，主としてペプチドグリカンの糖鎖部分である．したがってリゾチームは，アミラーゼやセルラーゼのような糖加水分解酵素の一つとして分類されることもある．しかしながら同じリゾチームとよばれても，溶菌をひき起こす細菌の種類には違いがあり，その違いは基質認識機構の違いに由来すると考えられている．

　ニワトリ卵白型リゾチームがその基質である糖をどのように認識しているのかを解明するために，卵白リゾチームの反応生成物の解析が行われた．その結果，少なくとも六つの**基質認識部位**（**サブサイト A～F**）が存在し，基質の切断がサブサイ

トDとEの間で生じていることが解明された．その後，卵白リゾチームとA〜Dサイトに結合した反応生成物との複合体構造が決定され，基質である糖との詳細な結合様式が解明された（図10・2）．

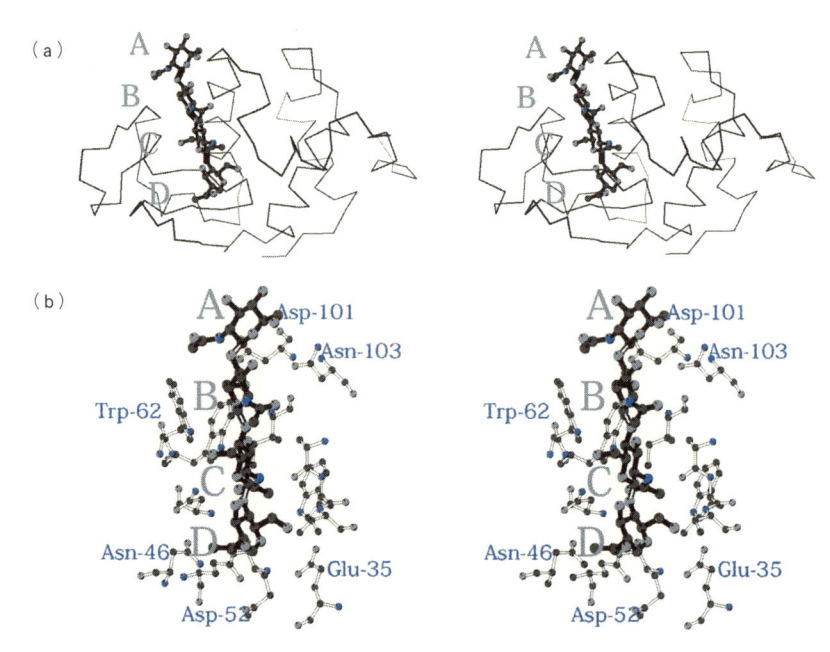

図10・2　卵白リゾチームの基質認識機構（ステレオ図）．(a) 卵白リゾチームと反応生成物（N-アセチルグルコサミン四量体）の複合体構造．卵白リゾチームは，A〜Fまでの六つのサブサイトからなり，糖がA〜Dに結合した構造が解析されている．(b) A〜Dサイトにおけるアミノ酸側鎖との相互作用の様子．B, Cサイトの周辺に疎水的なアミノ酸（Trpなど）が集まっている．

一方T4リゾチームでは，野生型酵素の反応生成物との複合体の立体構造は決定されていないが，安定な加水分解反応中間体を生成する変異体のX線結晶構造が決定された．その結果T4リゾチームは切断される糖だけでなく，ペプチド部分も強く認識することがわかった（図10・3）．T4リゾチームは，大腸菌の細胞壁を分解するが，卵白リゾチームのようなキチン分解活性（キチナーゼ活性）をもたない．その理由は，卵白リゾチームは細胞壁を構成する糖ペプチド（図10・4）において，糖のみを認識しているが，ペプチド部分も認識するT4リゾチームは，ペプチド部分がないキチンを基質とすることができないからである．

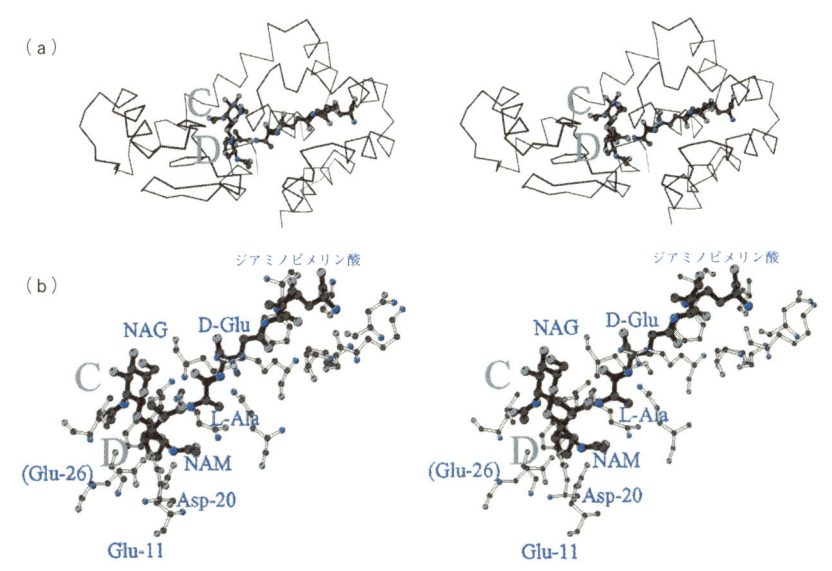

図 10・3 **T4リゾチームの基質認識機構**（ステレオ図）．(a) T4リゾチーム変異体において観測された基質との反応中間体の構造．T4リゾチームには，卵白リゾチームのCおよびDに相当するサイトが確認されている．(b) 反応生成物とアミノ酸側鎖の相互作用の様子．NAG：N-アセチルグルコサミン，NAM：N-アセチルムラミン酸

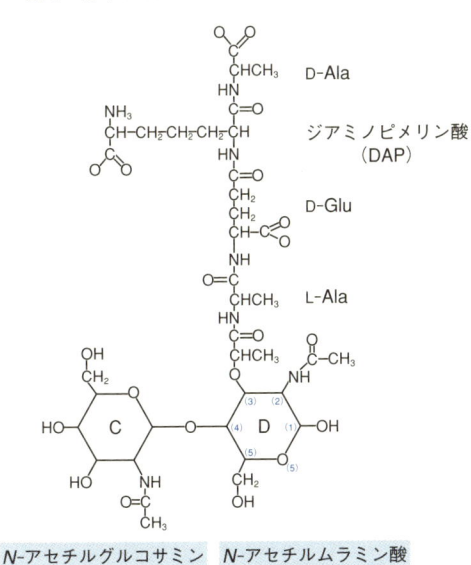

図 10・4 **大腸菌細胞壁を構成するペプチドグリカンの構成単位**．卵白リゾチームは糖鎖部分のみを認識し，T4リゾチームはさらにペプチド部分（L-アラニン-D-グルタミン酸-ジアミノピメリン酸）も認識する．

10・1・3 触媒基の探索

酵素の触媒作用において直接反応にかかわるアミノ酸残基を**触媒基**という．異なる生物種由来のリゾチームの立体構造が決定され，そのクレフトには，通常二つの酸性アミノ酸（グルタミン酸とアスパラギン酸）残基が存在することがわかった．ここでは触媒基がどのように探索されてきたのかを紹介する．

a. 化学修飾による探索　卵白リゾチームの触媒機構の探索においては，化学修飾からの知見が重要であった．酵素の活性部位は特殊な環境に存在することが多いので，触媒基を選択的に化学修飾できる可能性がある．このような手法をアフィニティーラベリングという．実際，卵白リゾチームでは疎水的な試薬（たとえば，4-ジアゾメチル-N,N-ジメチルスルホンアミド）や正電荷をもつ試薬（たとえば，3-ブロモプロピル トリメチルアンモニウムブロミド）によって，触媒基である Glu35 と Asp52 を選択的にエステル化することができる．エステル化酵素は，凍結乾燥後，水と性質のよく似た液体アンモニアに溶かすこと（加アンモニア分解）によってアミドに（グルタミン酸をグルタミンに，アスパラギン酸をアスパラギンに）変換できる．こうして得られたアミド化酵素は基質結合能を保持していたがほとんどの活性を消失してしまった．こうして Glu35 および Asp52 が卵白リゾチームの触媒基であることが証明された．その後，遺伝子工学的な手法で，同様のアミノ酸置換体（E35Q, D52N）が調製され，化学修飾による実験結果が確認された．化学修飾によるリゾチームの触媒基の部位特異的置換は数年間の研究を要したが，遺伝子工学技術が発達した現在ではほんの数週間の作業となってしまっている．

b. 部位特異的変異導入法による探索　立体構造の知見のない新しい酵素の場合，触媒基がどのアミノ酸であるかを証明するには非常に多くの作業が必要である．T4 リゾチームは 164 個のアミノ酸からなっているが，最初の Met1 を除いた 163 個のアミノ酸をそれぞれ 13 種類に置換し，T4 リゾチーム変異体の活性と耐熱性が検討された．これらのうち触媒基である Glu11 の，他のアミノ酸への置換体では活性が消失した（表 10・1）．触媒基の置換が酵素を失活させることは容易に考えられるが，この研究の重要な点は，触媒基以外のアミノ酸への変異導入では失活がなかなか起こらなかったことである．遺伝子工学的な改変により酵素の触媒基を同定する場合には，前もってある程度の領域の絞り込みと触媒基の性質や種類に関する情報が不可欠である．

c. 立体構造情報からの探索　酵素の立体構造情報から活性部位を同定することが可能となってきた．先に述べたように，これまでにいくつかのリゾチームの立

表 10・1　T4リゾチームの**Glu11**付近をアミノ酸置換した場合の酵素活性

	Gly	Ala	Leu	Gln	Cys	Ser	Tyr	Phe	His	Pro	Glu	Arg	Lys
Ile9	++	++	++	++	++	++	++	++	++	++	++	++	++
Asp10	−	−	+	+	−	+−	−	−	−	−	++	−	−
Glu11	−	−	−	−	−	−	−	−	−	−	++	−	−
Gly12	++	++	++	++	+	++	+	++	++	−	++	++	+−
Leu13	++	++	++	++	++	++	++	++	++	++	++	++	++

Thr26	++	++	−	−	++	++	−	−	+	−	−	−	−

酵素活性は，変異型T4リゾチームを発現するファージの大腸菌溶菌作用で測定．
＋＋は野生型と同程度の活性を，＋は野生型よりも低い活性を，−は酵素活性の失活を表す．〔D. Rennell, S.E. Bouvier, L.W. Hardy, A.R. Poteete, *J. Mol. Biol.*, **222**, 67 (1991) より一部を抜粋〕

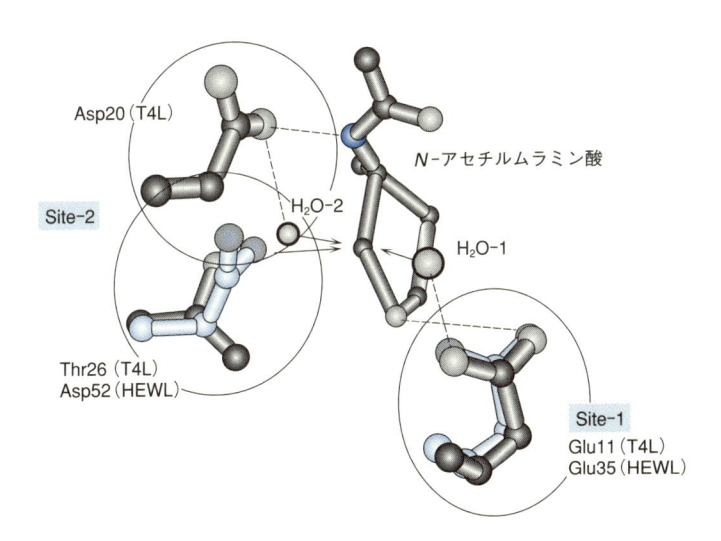

図 10・5　卵白リゾチーム（**HEWL**）およびT4リゾチーム（**T4L**）における触媒基の配置．HEWLは結合を青色で表示，それ以外はT4Lの触媒基を示す．灰色の球は酸素原子，青は窒素原子，破線は水素結合，矢印は酸素原子の攻撃方向を示す．二つのリゾチームにおいて，Site-1に位置するグルタミン酸の位置はほとんど同じだが，Site-2に位置するアスパラギン酸の位置は異なる．Site-1のグルタミン酸は非解離型であり，Site-2のアスパラギン酸は解離型である．H_2O-1とH_2O-2はそれぞれHEWLとT4Lに存在する水分子である．HEWLでは，Glu35によって活性化されたH_2O-1が基質との反応中間体を攻撃し，T4Lでは，Site-2のAsp20によって活性化されたH_2O-2が基質を直接攻撃する．

体構造が決定されている．リゾチームは細菌の細胞壁を構成するペプチドグリカンを切断するので，その触媒部位には共通点が存在するはずである．その共通点を明らかにできれば，機能未知のタンパク質の機能を立体構造上の共通点から推定できるはずである．図 10・5 にニワトリ卵白型とファージ型リゾチームの活性部位の構造を，結合している糖分子の位置をもとに重ね合わせた．2 種類のリゾチームの全体立体構造はかなり異なっているが，活性発現に必須なグルタミン酸（卵白リゾチームでは Glu35，T4 リゾチームでは Glu11）の位置は同じである．ところが基質を挟んだ反対側のアスパラギン酸（卵白リゾチームでは Asp52，T4 リゾチームでは Asp20）には特徴的な位置のずれがあることがわかる．以降便宜上グルタミン酸の位置する側を Site-1，アスパラギン酸の存在する側を Site-2 と表すことにする．このように酵素全体の構造は異なっても，類似の機能を有する限り，酵素の活性部位は共通点が多くなる．

近年，タンパク質の立体構造決定が迅速化し，酵素の活性部位の特徴を集めたデータベースの構築も研究されているので，近い将来には立体構造解析の結果から直接機能に迫ることができるようになるだろう．

10・1・4 加水分解機構の解明

a. 酵素活性の pH 依存性
酵素反応は，触媒基として働くアミノ酸側鎖の pK_a を反映し，pH によって活性が変化する．卵白リゾチームでは酵素活性を pH を変化させて測定すると，活性の pH 依存性曲線は pH 5 付近に最大の**触媒効率**（k_{cat}/K_m）を示すつり鐘形の曲線を示す（図 10・6）．この曲線を詳細に解析した結果，卵白リゾチームの酵素活性の発現には，それぞれ **pK_a** が 4 と 6 付近に存在する二つの解離基の関与が明らかである．リゾチームと反応生成物複合体の立体構造情報から，この二つの解離基はそれぞれ Asp52 と Glu35 であると考えられる．最大の触媒効率を示すのは Asp52 と Glu35 がそれぞれ解離型および非解離型をとる場合であると示唆される．これらの知見は，後で紹介する反応メカニズムの解明において重要な手がかりとなった．一方，T4 リゾチームの活性部位にも二つのカルボン酸（Glu11 および Asp20）が存在し，それぞれ卵白リゾチームの Glu35 および Asp52 に対応すると考えられてきた．しかしながらその後の詳細な研究により，二つのカルボン酸の役割は，二つのリゾチームにおいて異なっていることが明らかとなった（詳細な説明は § 10・1・5 を参照）．

10・1 構造と機能

b. 反応生成物の解析 酵素反応によって生成された糖の還元末端には，α および β の2種類の**アノマー構造**が見られる（図10・7）．2種類のアノマー構造は相互に交換し，N-アセチルムラミン酸の場合，平衡状態では通常 α-アノマーの比率が高くなるが，加水分解反応直後の糖分子のアノマー構造は，反応機構を反映し α または β のいずれかを示す．このアノマー構造の違いは，グリコシル結合の加水分解に用いられる水分子の攻撃方向によるので，生成する糖の還元末端のアノマー構造を同定することにより，加水分解にかかわる水分子が基質のどの方向から近づいたのかを知ることができる．たとえば卵白リゾチームは β-アノマーを生成し，T4リゾチームは α-アノマーを生成する．生成物のアノマー構造が異なることは，リゾチームにおいて少なくとも2種類の加水分解機構が存在することを示している．

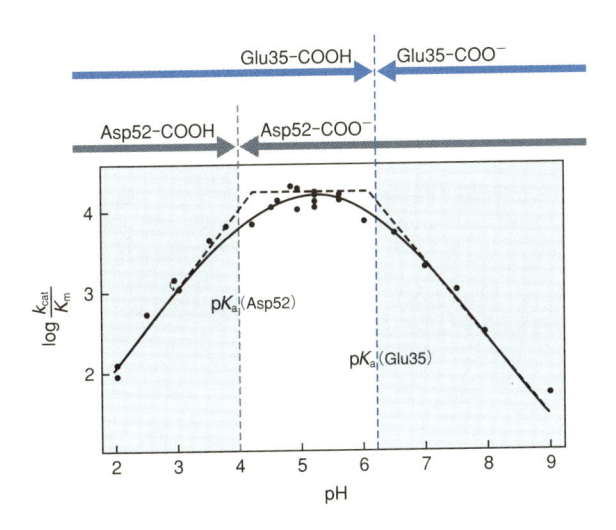

図10・6 **卵白リゾチーム酵素活性のpH依存性**．酵素活性は，N-アセチルグルコサミンの六量体 $[(NAG)_6]$ を基質として測定し，触媒効率（k_{cat}/K_m）の対数で表示した．この図から傾き1の部分が2箇所あり，$pK_a = 6$ と $pK_a = 4$ の二つの解離基の関与が示唆される．これらの解離基は活性部位に存在する二つのカルボン酸 Glu35 および Asp52 と考えられ，最も活性の高い pH では，それぞれ非解離型および解離型をとっていることになる．〔S.K. Banerjee, I. Kregar, V. Turk, J.A. Rupley, *J. Biol. Chem.*, **248**, 4786 (1973)〕

10・1・5 リゾチームの触媒機構

a. inverting型とretaining型の糖加水分解酵素　　リゾチームなどの糖加水分解酵素の反応触媒機構の解明には，上に述べた酵素活性のpH依存性と，反応生成物のアノマー構造が重要な手がかりになる．図10・7に$\beta 1 \rightarrow 4$結合を切断する糖加水分解酵素における三つの触媒機構を示した．

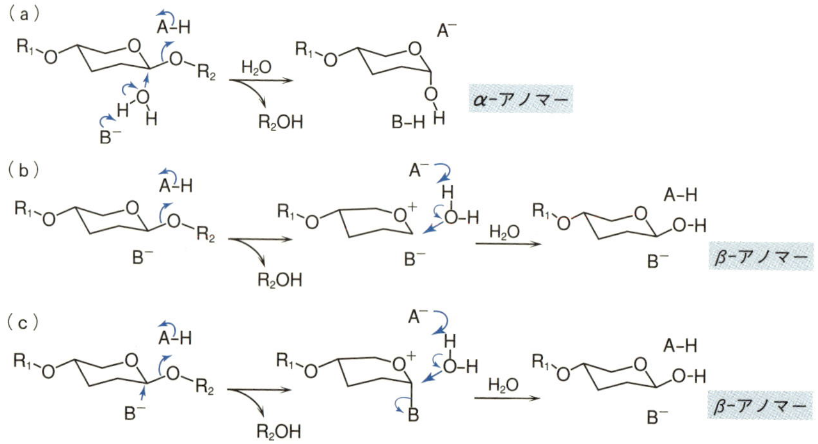

図 10・7　**糖加水分解酵素の触媒機構**．(a) 求核置換反応を1回経由する反応機構 (single displacement mechanism)．T4リゾチームの場合で，生成物はアノマー構造を保持しない．それぞれの解離基は反応終了後，存在環境に応じた解離状態に戻る．(b) オキソカルボニウムイオン中間体を経由する反応機構．卵白リゾチームの場合で，生成物はアノマー構造を保持する．(c) 求核置換反応を2回経由する反応機構 (double displacement mechanism)．図中のAおよびBは活性部位に存在する解離基を表す．いずれの反応機構においてもAは非解離型 (AH)，Bは解離型 (B^-) である必要がある．

この三つの機構では，活性部位に存在する解離性触媒基の一つで非解離型をとっているA-Hが解離し，水素原子を基質の酸素原子に移動し，グリコシド結合が切断される．この場合の解離性残基は通常グルタミン酸である．ところがその後の反応の経過は三つの触媒機構で異なっている．機構 (a) では，グリコシド結合の開裂と同時に生じる遷移状態に対して，活性化された水分子 (OH^-) が攻撃し，反応が終了する．この水分子の活性化は，近傍に位置するもう一つの解離型の触媒基B^-が，水から水素を奪うことによって生じる．このとき水分子は糖分子を挟み切断さ

れるグリコシド結合の逆側から反応するため，生成物のアノマー構造は逆転する（**inverting**）．この機構の代表例はT4リゾチームである．機構（b）および（c）では，グリコシド結合がいったん開裂した後，酵素反応中間体を形成し，水分子が脱離した糖分子と同じ側から反応するためアノマー構造が保持される（**retaining**）．機構（b）および（c）の違いは，生成する中間体の種類によって区別され，機構（b）では遷移状態のオキソカルボニウムイオン中間体（半いす形コンホメーション），機構（c）では共有結合中間体を生成する．（b）の機構を有する代表的な酵素は卵白リゾチームである．一方，機構（c）はリゾチームでは未確認だが，他の糖加水分解酵素にはしばしば見られる機構である．いずれの加水分解機構においても負電荷を有する解離型の触媒基 B^- が中間体の形成に重要な役割を有する．

b. 反応中間体における糖構造のひずみ　生じる中間体の構造を直接観測することは大変難しいが，酵素と反応生成物の複合体の構造解析，タンパク質工学的に不活性化されたリゾチームにおける酵素-基質複合体の構造解析などによって，中間体の構造が推察されている．

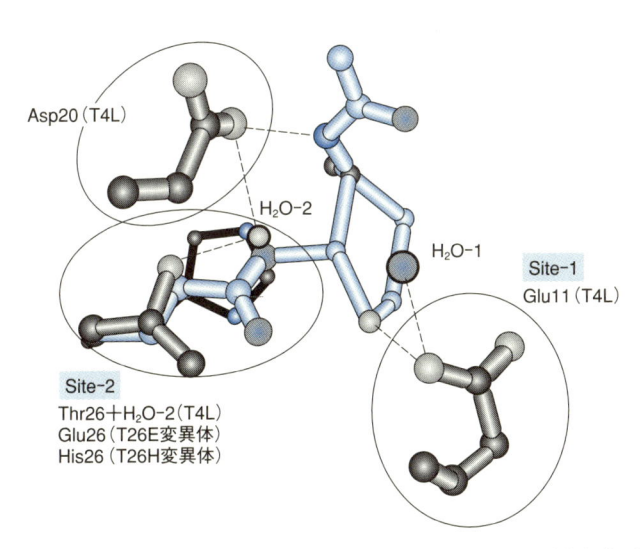

図 10・8　**T4リゾチームの活性部位変異体の立体構造**．野生型，T26E糖付加体（青），およびT26Hの活性部位の残基を重ねたもの．変異導入後も26位以外のアミノ酸側鎖の位置はほとんど変わらない．T26E糖付加体では，新たな水分子（H_2O-1）が観測された．灰色の球は酸素原子，青は窒素原子，破線は水素結合を表す．〔R. Kuroki, L.H. Weaver, B. W. Matthews, *Natr. Struct. Biol.*, **2**, 1007 (1995).; id., *Proc. Natl. Acad. Sci. U.S.A.*, **96**, 8949 (1999)〕

222   10. リゾチーム

T4リゾチームの変異体の一つT26E（Thr26をグルタミン酸に置換した変異体）において基質の一部である糖分子が酵素に共有結合したもの（中間体）が生成することがわかった．T26E変異体の立体構造を解析した結果，基質である糖分子が新たに導入したグルタミン酸の側鎖と共有結合を形成している様子が明らかになった（図10・8）．通常，N-アセチルムラミン酸の六員環は，安定ないす形コンホメーションをとっているが，T4リゾチームのT26E変異体に共有結合した糖は，その一部だけがいす形構造をとった**半いす形コンホメーション**であった（図10・9 a）．この場合のひずみは，糖のヒドロキシ基が六員環の片側に集まるように変位し，糖の六員環を構成する五つの原子（C1, C2, C4, C5, O5）が同一平面上に位置するという特徴を示した（図10・9）．このように酵素に結合した基質がひずむのは，切断部位の糖の構造を遷移状態に近づけ，グリコシド結合の開裂を容易に進行させるためであると考えられている．

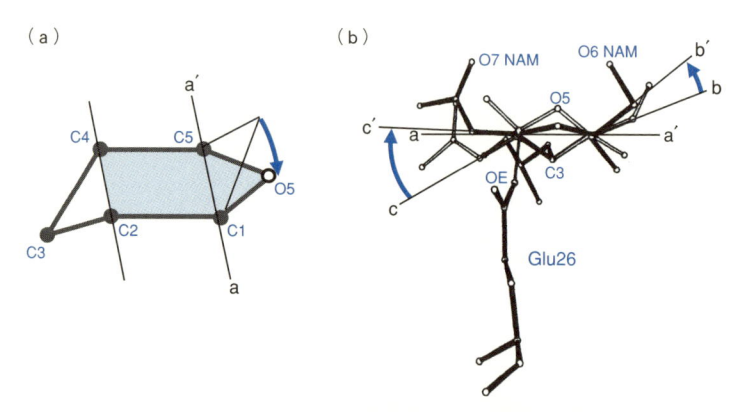

図 10・9　**T4リゾチーム変異体（T26E）の基質結合部位に取込まれた糖（N-アセチルムラミン酸）の立体構造**．(a) ひずんだ六員環構造．N-アセチルムラミン酸の六員環は通常いす形コンホメーションをとるが，T26E変異体に結合した糖は，C1, C2, C4, C5, O5がほぼ同一の平面上にある．(b) N-アセチルムラミン酸のヒドロキシメチル基およびN-アセチル基の変位．C5に結合したヒドロキシメチル基はbからb'へ，C2のN-アセチル基はcからc'へ移動している．取込まれた糖はGlu26と共有結合している．〔R. Kuroki, L.H. Weaver, B.W. Matthews, *Science*, **262**, 2030 (1993)〕

c. 触媒基の配置と触媒機構の相違　ひずんだ糖の結合位置が明らかになったことから，その周囲に配置される触媒基の特徴は次のように明らかとなった．まず，加水分解に必須の非解離型のグルタミン酸の位置（図10・5）は，これまでに知ら

れているリゾチームにおいて Site-1 に必ず保存されており，それはひずんだ糖の O5 および O6 と水素結合可能な位置である．この配置は糖の加水分解において必須なものであると考えられる．ところが，ひずんだ糖を挟んで非解離型のグルタミン酸と反対側（Site-2）に位置するアミノ酸残基にはさまざまな種類が存在する．T4 リゾチームにおいては，Site-2 に位置するアミノ酸残基はトレオニン（Thr26）である（図 10・5）．T4 リゾチームの T26E 変異体の立体構造を野生型 T4 リゾチームの立体構造と重ね合わせると，野生型 T4 リゾチームの立体構造には変異体のグルタミン酸側鎖とほとんど同じ位置に水分子（H_2O-2）が存在し Thr26 側鎖と水素結合していた（図 10・8）．T26E 変異体においてグルタミン酸の側鎖が基質と共有結合を形成した事実は，立体構造上同じ位置に存在する野生型酵素の水分子（H_2O-2）が基質と反応する可能性を強く示唆する．この水分子は隣接する Asp20 とも水素結合しており，この解離したカルボン酸の一般塩基触媒によって活性化され，基質分子と反応すると考えられる（図 10・8）．この水分子が基質と直接反応すれば，その反応の方向から生成物は α-アノマーとなり，図 10・7 における加水分解機構（a）をきわめてよく説明できる．また表 10・1 に示したように Thr26 をグリシン，アラニン，セリンに置換した場合には，十分な溶菌活性を示しているが，ロイシン，チロシン，アルギニン，リシンのような側鎖がより大型のアミノ酸に置換した場合には活性が消失する．これは導入されたアミノ酸の大型の側鎖がこの水分子（H_2O-2）を排除し，加水分解が進行しなかったのだと考えられる．Thr26 をグルタミン酸に置換した変異体（T26E）では，基質との反応によって生成した共有結合中間体がきわめて安定だったので，その立体構造を決定することができたのであろう．

10・2 リゾチーム酵素機能の改変

　自然界で進化してきた酵素の機能を改変し，目的にあった反応を触媒する酵素を作製することはタンパク質工学の重要な目標の一つである．ここでは，リゾチームの触媒機能を改変した例を紹介する．

10・2・1 リゾチームの反応機構の改変

　先に，糖加水分解酵素であるリゾチームの活性部位には特徴的な触媒基の配置が存在することを示した．まず活性発現に必須な Site-1 のグルタミン酸（図 10・5）は種々のリゾチームだけでなく他の糖加水分解酵素においても保存されており，活

性発現に決定的な役割をすると考えられる．実際，卵白リゾチームとT4リゾチームのこのグルタミン酸を他のアミノ酸に置換した変異型酵素は酵素活性を消失した（T4リゾチームのE11D変異体は例外）（表10・2）．一方，このグルタミン酸に対してひずんだ糖分子の反対側（Site-2）に配置される触媒基については違いが見られ，ある程度の変化が可能であると考えられる（図10・5）．Site-2のアミノ酸をさまざまなアミノ酸側鎖に置き換えた結果を表10・2にまとめた．

表 10・2　種々のリゾチーム活性部位変異体とその酵素反応生成物

リゾチーム	触媒基(1) A-H	触媒基(2) B$^-$	触媒基(3) B$^-$	活性または生成物	文献
卵白リゾチーム					
野生型	Glu35	Asp52		β-アノマー	a
変異型	Gln35			失活	b, c
	His35			失活	d
		Asn52		失活	b, c
		Ser52		失活	e
		Glu52		共有結合中間体	f
T4リゾチーム					
野生型	Glu11	Thr26	Asp20	α-アノマー	g
変異型	Asp11			α-アノマー	g
	Asn11			失活	g
	Gln11			失活	g
	His11			失活	g
		Glu26		共有結合中間体	h
		Gln26		失活	g
		His26		β-アノマー	g
			Asn20	失活	g
			Glu20	α-アノマー	g
			Ala20	α-アノマー	g
			Ser20	α-アノマー	g
			Cys20	α-アノマー	g

a) F.W. Dahlquist, C.L. Borders, Jr., G. Jacobson, M.A. Raftery, *Biochemistry*, **8**, 694(1969).
b) R. Kuroki, H. Yamada, T. Moriyama, T. Imoto, *J. Biol. Chem.*, **261**, 13571(1986).
c) B.A. Malcolm, S. Rosenberg, M.J. Corey, J.S. Allen, A. de Baetselier, J.F. Kirsch, *Proc. Natl. Acad. Sci. U.S.A.*, **86**, 133(1989).
d) M. Inoue, H. Yamada, Y. Hashimoto, T. Yasukochi, K. Hamaguchi, T. Miki, T. Horiuchi, T. Imoto, *Biochemistry*, **31**, 8816(1992).
e) A.T. Hadfield, D.J. Harvey, D.B. Archer, D.A. MacKenzie, D.J. Jeenes, S.E. Radford, G. Lowe, C.M. Dobson, L.N. Johnson, *J. Mol. Biol.*, **243**, 856(1994).
f) R. Kuroki, Y. Ito, Y. Kato, T. Imoto, *J. Biol. Chem.*, **272**, 19976(1997).
g) R. Kuroki, L.H. Weaver, B.W. Matthews, *Natr. Struct. Biol.*, **2**, 1007(1995).
h) R. Kuroki, L.H. Weaver, B.W. Matthews, *Science*, **262**, 2030(1993).

a. 触媒機構 (b) から (c) への変換　卵白リゾチームにおいては Site-2 に存在するアミノ酸残基はアスパラギン酸（Asp52）である．このアミノ酸をアスパラギン（Asn），セリン（Ser）に変えた場合には，その酵素活性は消失したが，同じ負電荷を有するグルタミン酸に置換した場合にはわずかに 2 ～ 3 ％活性が保持され，その加水分解反応において共有結合中間体を形成することがわかった．このことは，卵白リゾチームの加水分解機構 (b) がアミノ酸置換によって共有結合中間体を経由する加水分解機構 (c) に変換されたことを示唆する（図 10・7 b, c 参照）．

b. inverting 型酵素の retaining 型への変換　T4 リゾチームにおいて Thr26 をヒスチジンに置換した場合には，明らかな酵素活性が観測された（表 10・1）．生成物のアノマー構造を分析した結果，野生型酵素の生成物が α-アノマーであるのと異なり（図 10・10 b），T26H 変異体では β-アノマーであった（図 10・10 c）．

図 10・8 に，野生型酵素や糖が結合した T26E 変異体の立体構造とともに T26H 変異型酵素の立体構造を示した．ヒスチジン側鎖にある窒素原子（N）の位置は，野生型酵素に見られる水分子（H_2O-2）や T26E 変異体におけるグルタミン酸側鎖の酸素原子の位置とほとんど同じであった．したがってヒスチジン側鎖に存在する窒素原子がグルタミン酸側鎖と同様に反応し，共有結合中間体を形成する可能性が容易に考えられる．ヒスチジンとグルタミン酸の側鎖の性質の違いから，T26H 変異体の場合，生成した反応中間体が不安定であるため Site-1 に存在するグルタミン酸によって活性化された水分子（H_2O-1）によって容易に攻撃を受け，酵素活性を示したのだと考えられる．このように T4 リゾチームの活性部位の近傍に存在する Thr26 を一つだけ置換することにより，加水分解の機構を inverting 型から retaining 型へ変化させることができた．

リゾチームにおけるこれらの事例と，糖加水分解酵素におけるさまざまな知見を総合すると，糖加水分解酵素においては，Site-2 に存在するアミノ酸残基を 1 残基だけ置換することによって代表的な加水分解機構を相互に変換することが可能であると考えられる．実際，活性部位のアミノ酸置換によって inverting 型酵素である T4 リゾチームとは逆に retaining 型酵素である β-グルコシダーゼは inverting 型酵素へ変換されている．Site-2 に存在するアミノ酸は，加水分解反応にかかわる水分子を酵素の内側から反応させるのか外側から反応させるのかをコントロールする重要な残基であることを示している．

10. リゾチーム

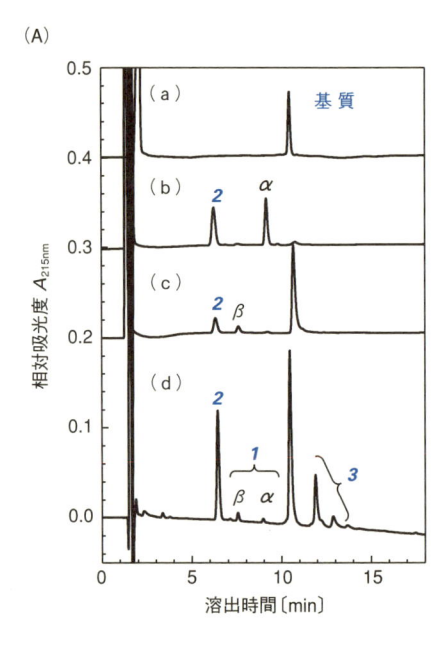

図 10・10　野生型および変異型 T4 リゾチーム (T26H) の酵素反応生成物の解析. 逆相クロマトグラフィーを用いて行った反応生成物の解析結果 (A) と種々の反応生成物の化学構造 (B). (a) 実験に用いた基質の溶出位置. (b) 野生型 T4 リゾチームの反応生成物. (c) T26H 変異型 T4 リゾチームの反応生成物. (d) 基質濃度を10倍に上げた場合の T26H 変異型 T4 リゾチームの反応生成物. 基質の分子量は 1721.6. 生成物 **3** の二つのピークの分子量は, 元の基質よりも大きく, それぞれ 2571.2 および 3422.4 であった. 各分子構造につけた番号 (**1, 2, 3**) は, 逆相クロマトグラムにおけるピークの番号 (**1, 2, 3**) に対応する. 〔R. Kuroki, L.H. Weaver, B.W. Matthews, *Proc. Natl. Acad. Sci. U.S.A.*, **96**, 8949 (1999)〕

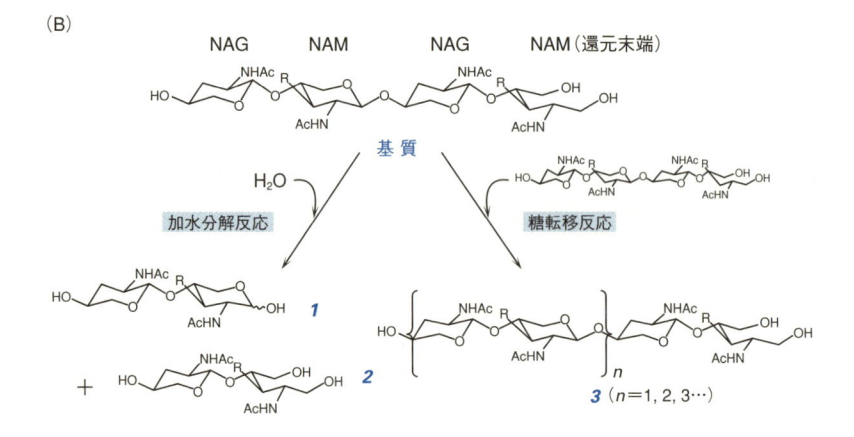

10・2・2 T4リゾチームへの糖転移活性の付与

　糖の加水分解反応においては，しばしば基質よりも大きな分子を生成する**糖転移反応**とよばれる反応が観測されることがある．糖転移反応のメカニズムは，生成した反応中間体に対して別の基質が反応し，この反応が繰返されることによって元の基質は一時的に大きくなっていく．一方，わずかだが反応中間体に水も反応（加水分解）するため，糖転移反応によって高分子化された基質はしだいに加水分解され，最後にはなくなってしまう．すなわち反応中間体に対して水と基質自身が競合するが，基質自身の反応の方が高効率であるため糖転移反応が見られるのである．卵白リゾチームでは糖転移反応の速度定数は，水による加水分解速度定数の約1000倍も高いことが知られている．したがって糖転移反応は，しばしば糖鎖合成や複合糖質の合成に利用されている．そこで，ある糖加水分解酵素に糖転移活性を付与することができれば，産業上有用な分子をつくりだすことができる可能性がある．以前から糖転移活性はretaining型の酵素に見られることが知られていた．この理由を明らかにするための一つの手段は，inverting型酵素をretaining型酵素に変換し，酵素が糖転移活性を示すかどうかを調べることである．

　先の節で述べたように，T4リゾチームのThr26をヒスチジンに置換することによりinverting型糖加水分解酵素をretaining型酵素に変換できた．野生型のT4リゾチームは糖転移活性をまったく示さない（図10・10 b）．そこでretaining型のT26H変異体では糖転移反応が見られるかどうかを検討した．図10・10 dに一定時間後の生成物を逆相HPLCを用いて分析した結果を示した．溶出された各ピークの分子量を測定したところ，かなりの量の高分子生成物（糖転移物）が検出された．このときの加水分解生成物と糖転移による生成物の割合を比較すると，やはり糖転移生成物の方が多いことがわかった．糖転移反応の効率が高い理由として，生成した反応中間体が，水分子は近づきにくく，糖分子は近づきやすい環境に存在することが考えられる．たとえばそのような環境として疎水的な環境が考えられる．実際，基質である糖の酵素との相互作用においては，トリプトファン，フェニルアラニンやチロシンなどの環状構造を有するアミノ酸との疎水的な相互作用が重要であることが知られている．したがって今回の変異型T4リゾチームにおいて強い糖転移活性が観測されたのは，1) 反応機構がretaining型機構になり，反応中間体が形成されたこと，2) 反応中間体の存在環境が疎水的な環境にあり，水分子が中間体を攻撃しにくかった，という二つの理由が考えられる．さらに反応中間体付近の環境をより疎水的にすることができれば，糖転移反応の効率をさらに向上させることがで

きるであろう．あるいは逆に親水性の環境に変えることができれば，糖転移活性を低下させ，加水分解反応の効率を向上させることができるかもしれない．この分野の研究のさらなる進展が期待される．

10・3 リゾチームの立体構造の安定化

タンパク質の熱力学的安定性の評価には，温度変化あるいは変性剤濃度変化に対するタンパク質の立体構造変化を分光学的に観測する方法と，タンパク質の熱変性によって生じる反応熱の出入りを直接観測する方法がある．タンパク質の安定性（ΔG）は，変性した状態（変性状態 D）と立体構造を保持した状態（天然状態 N）の**ギブズ自由エネルギー**の差であり，ある温度（T）におけるこの二つの状態間の平衡定数（K）によって次のように表される．

$$\Delta G = G_\mathrm{D} - G_\mathrm{N} = -RT \ln K$$

タンパク質は，ある温度において天然状態をとっている割合が多いほど安定だということができる．いいかえれば，より安定なタンパク質とは，変性状態と天然状態の自由エネルギー差がより大きいものということになる．多くのタンパク質において，変性状態と天然状態の自由エネルギー差は，40 kJ/mol (10 kcal/mol) 程度であることが知られているので，アミノ酸置換がタンパク質の安定性にわずか 10 kJ/mol (数 kcal/mol) でも影響を及ぼすと，タンパク質は容易に不安定化してしまうことになる．

10・3・1 リゾチームの安定性の解析

酵素の機能を考える場合，タンパク質としての不安定な側面に配慮する必要がある．酵素の触媒機能を向上させ産業利用する場合には，タンパク質としての安定性を改良することも重要である．したがって酵素を用いてタンパク質の安定性を解析する研究が精力的に行われてきた．タンパク質の安定性には，さまざまな尺度がある．酵素活性を生理環境とは異なった厳しい条件で用いる場合には，耐熱性，有機溶媒耐性，変性剤耐性，あるいは耐酸性・耐アルカリ性などの安定性が求められる．これらに共通する尺度となるのは，耐熱性に代表される熱力学的安定性である．ニワトリ卵白型（ニワトリ卵白およびヒト）リゾチームや T4 リゾチームをモデルとして，さまざまなアミノ酸置換体が作製され，アミノ酸置換がタンパク質の安定性へ及ぼす影響が検討された．その結果，表 10・3 に示したように，タンパク質を安

表 10・3　熱安定性が向上したリゾチーム変異体

安定化設計	リゾチームおよび変異			ΔT_m [℃]	$\Delta(\Delta G)$ [kJ/mol]	文献
1) アミノ酸の疎水性増大（基質結合基変異体の一部を抜粋）				4.2†	+7.1	
	T4L	S117I		3.6†	+6.3	a
	T4L	N132M		5.5†	+8.4	a
	T4L	S117I/N132M				a
2) ヘリックス双極子の安定化						
	T4L	S38D		2†	+3.3	b
	T4L	N144D		2†	+3.3	b
	T4L	S38D/N144D		4†	+6.7	b
3) 分子内架橋（S-S結合）導入		架橋により生じるループのアミノ酸残基数				
	T4L	127-154	28	3.0††	n.a.	c
	T4L	90-122	33	5.3††	n.a.	c
	T4L	3-97	95	6.7††	n.a.	c, d
	T4L	21-142	122	12.9††	n.a.	c, d
	T4L	9-164	156	12.9††	n.a.	c, d
4) プロリン導入	T4L	A82P		2.1†		
5) グリシン除去	T4L	G77A		0.9†		
6) リガンド結合部位構築（Ca²⁺結合型変異体）			Ca²⁺濃度 [mM]			
	hLZM	Q86D/A92D	0	−3.7†	n.a.	e
	hLZM	Q86D/A92D	10	9.2†	n.a.	e

† 変異型と野生型タンパク質の変性温度の差．†† S-S結合導入酵素における酸化型と還元型タンパク質の変性温度の差．

$\Delta(\Delta G)$ は，各変異体の安定性（ΔG）と基準となるタンパク質（野生型または還元型）の ΔG との差である．n.a.: 原著に記述なし．T4L は T4 リゾチーム，hLZM はヒトリゾチームを表す．

a) B.K. Shoichet, W.A. Baase, R. Kuroki, B.W. Matthews, *Proc. Natl. Acad. Sci. U.S.A.*, **92**, 452 (1995).
b) H. Nicholson, W.J. Becktel, B.W. Matthews, *Nature* (London), **336**, 651 (1988).
c) M. Matsumura, W.J. Becktel, M. Levitt, B.W. Matthwes, *Proc. Natl. Acad. Sci. U.S.A.*, **86**, 6562 (1989).
d) M. Matsumura, G. Signor, B.W. Matthews, *Nature* (London), **342**, 291 (1989).
e) R. Kuroki, S. Kawakita, H. Nakamura, K. Yutani, *Proc. Natl. Acad. Sci. U.S.A.*, **89**, 6803 (1992).

定化させるための方策が提唱されている．ここではリゾチームを用いた安定性の解析例と，いくつかの安定化策について紹介する．

10・3・2　アミノ酸の疎水性度の変化とリゾチームの安定性

タンパク質の安定性には，疎水性アミノ酸が重要な役割を担っている．特定の場

所に存在するアミノ酸残基の**疎水性度**を変えると，タンパク質の安定性が変化することがわかってきた．T4リゾチームの例では，Ile3を疎水性度の異なる（低い）アミノ酸に置換した場合，その熱安定性（変性の自由エネルギー変化）は，芳香族アミノ酸を除いて，置換したアミノ酸側鎖の疎水性が減少するに従って，直線的に低下した（図10・11）．

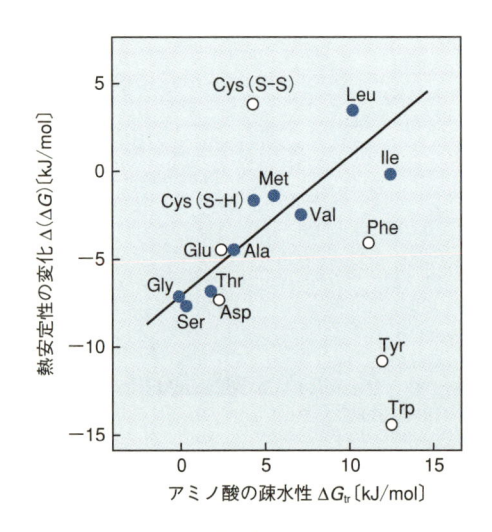

図 10・11　**置換したアミノ酸の疎水性度とT4リゾチームの安定性変化の相関**．安定性の変化は，各変異体の変性の自由エネルギー変化（ΔG）と野生型T4リゾチームの自由エネルギー変化（ΔG）の差 $\Delta(\Delta G)$ で表した．アミノ酸の疎水性度は，それぞれのアミノ酸を有機溶媒から水中へ移送する際のギブズ自由エネルギー変化（ΔG_{tr}）で表した．〔M. Matsumura, W.J. Becktel, B.W. Matthews, *Nature* (London), **334**, 406 (1988)〕

またT4リゾチームの基質認識部位に存在するSer117やAsn132をそれぞれ疎水性の高いイソロイシンやメチオニンに置換した場合，それぞれ7.1 kJ/mol (1.7 kcal/mol) および6.3 kJ/mol (1.5 kcal/mol) の安定性が向上した（表10・3）．この置換では酵素としての活性は消失する．しかし，溶媒とまったく接していないタンパク質内部のアミノ酸をより疎水性の高いアミノ酸に変える場合には，むしろタンパク質は不安定化することがある．これは導入するアミノ酸側鎖の容積変化により，立体構造に部分的にひずみが生じるためであると考えられる．したがって，疎水性アミノ酸を導入してタンパク質の安定化を計画する場合，分子内部ではなく比較的

分子表面に近い部位に導入する方がより現実的である．

10・3・3　水素結合とリゾチームの安定性

水素結合は，電気陰性度の高い原子に共有結合する水素原子が，別の電気陰性度の高い原子との間に生じる静電的な相互作用であり，タンパク質の構造安定化に重要である．水素結合の欠損がタンパク質の安定性を低下させることが変異型タンパク質の立体構造解析の結果により明らかにされた．T4リゾチームのThr157のイソロイシンへの変異体（T157I）は，古くから温度感受性変異体として知られていた．立体構造解析の結果，これらの不安定化は，Thr157の側鎖（O^γ）とAsp159主鎖のアミド基（NH）との水素結合が保存されるかどうかと大きくかかわっていた．

ヒトリゾチームを用いて行われた研究によれば，水素結合1本の消失は約8 kJ / mol（2 kcal / mol）の不安定化を起こし，リゾチームと水和水あるいは水和水同士の水素結合もリゾチームの安定性に寄与しており，その量は約5 kJ / mol（1.2 kcal / mol）と見積もられている．水素結合は，タンパク質の安定性保持に重要な役割を有するが，適切な水素結合を設計することは難しい．水素結合については別の目的でアミノ酸置換する場合に，既存の水素結合が損なわれないように配慮する必要がある．

10・3・4　αヘリックス構造の安定化とリゾチームの安定性

タンパク質のαヘリックスは，主鎖同士の水素結合によって安定化されている．その水素結合は異なる極性を有するNH基とCO基の双極子を有するのでαヘリックスも全体として**双極子モーメント**をもち，ヘリックスのアミノ末端には部分的な正電荷を，カルボキシル末端には部分的な負電荷を生じる．この電荷を安定化するようにアミノ末端側には酸性残基が，カルボキシル末端側には塩基性残基が現れることがある．それぞれ**Nキャップ**，**Cキャップ**といわれ，**αヘリックスの双極子**を安定化していると考えられる．

T4リゾチームには，11本のαヘリックスが存在し，このうち7本はすでにアミノ末端付近に酸性残基が存在したので，残りのヘリックスへのアミノ末端へ酸性残基の導入が試みられた．このうちSer38，Asn144（図10・12）をアスパラギン酸に置換した結果，期待どおり安定性が向上し，変異1箇所当たり3.3 kJ / mol（0.8 kcal / mol）の安定化効果を示した（表10・3）．したがって，タンパク質のαヘリックスの双極子を安定化させる変異（ヘリックスのアミノ末端への酸性残基の導入な

ど）は，タンパク質を安定化させることができる．

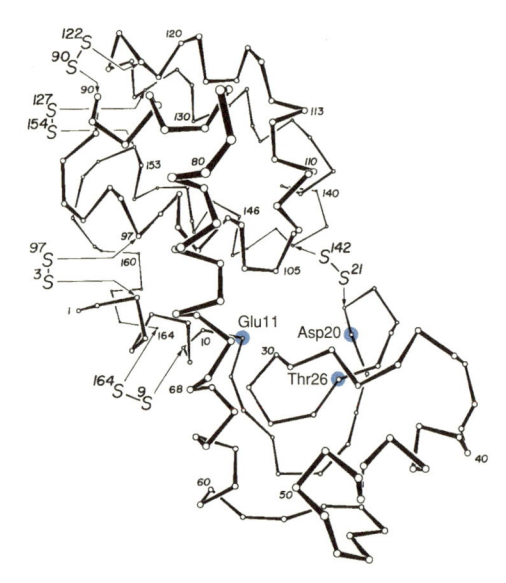

図10・12 T4リゾチームに導入された5箇所のジスルフィド結合． T4リゾチームの立体構造は各アミノ酸残基の α 炭素の位置のみで表示した．触媒基 Glu11, Asp20, および Thr26 の α 炭素は，青で示した．〔M. Matsumura, G. Signor, B.W. Matthews, *Nature* (London), **342**, 291 (1989)〕

10・3・5 ペプチド鎖の構造エントロピーとリゾチームの安定性

変性状態にあるポリペプチド鎖は明確な構造をとっておらず，その自由エネルギー状態 G_D はポリペプチド鎖そのもののコンホメーションの自由度に大きく支配されている．したがって変性状態の**ポリペプチド鎖の自由度（構造エントロピー）**を減少させる（G_D が増大する）変異を導入すると，変性した状態（変性状態）と立体構造を保持した状態（天然状態）のギブズ自由エネルギーの差 ΔG が大きくなり，タンパク質は安定化する．

a. 分子内架橋（ジスルフィド結合） 二つのシステイン残基が酸化されて生じる**ジスルフィド結合**（S-S結合）は，ある種の分泌タンパク質の構造安定性に大きく寄与することが知られている．ヒトリゾチームは分子内に4本のS-S結合を有しているが，そのうち1本のS-S結合（Cys77-Cys95）を Ala に置換して切

断した例は，その切断による不安定化がポリペプチド鎖の自由度の増大によって説明できた典型的な例である．

逆に化学修飾や変異導入によって架橋を導入すると，その安定性が向上することがある．S-S結合を導入して安定化に成功したT4リゾチームの例では5箇所にS-S結合の導入が試みられた．その熱安定性はおおむね架橋によって生じる環状構造（ループ）が大きいほど安定化したが，ポリペプチド鎖のエントロピーの変化から推定される効果よりむしろ小さかった（図10・12，表10・3）．これはジスルフィド結合の導入によってタンパク質の天然状態の立体構造にひずみが入っていることを示唆している．S-S結合導入は，ほんの2残基のアミノ酸置換で大きな安定化効果が期待できる有効な方法であるが，タンパク質の立体構造を調べ適切な導入位置を選択することが必須である．

b. プロリンの導入およびグリシンの除去　タンパク質を構成する唯一のイミノ酸であるプロリン残基は，ペプチド鎖に環状構造をもつためペプチド鎖の自由度が小さい．一方，側鎖をもたないグリシン残基は，側鎖を有する他のアミノ酸残基に比べてペプチド鎖の自由度が大きい．アミノ酸置換によるプロリンの導入やグリシンの除去は，ペプチド鎖の自由度を減少させ，変性状態の自由エネルギー G_D を増大させるため，$G_D - G_N = \Delta G$ が増大し，タンパク質は安定化する．このような観点からT4リゾチームにおいて，二つの変異体A82PとG77Aが調製され，その安定性と立体構造が解析された結果，A82P変異体では野生型よりも T_m が2.1℃，G77A変異体では0.9℃高くなった（表10・3）．いずれの変異体においても，熱安定性の向上はアミノ酸置換によるペプチド鎖の自由度の減少から期待される安定化よりも小さかったが，タンパク質のペプチド鎖の自由度を減少させることにより安定化が可能であることが示された．

10・3・6　金属結合部位導入による安定性の向上

タンパク質は基質や阻害剤あるいは金属イオンなどのリガンドの添加によって安定性が向上することが知られている．リガンド結合によるタンパク質の安定化は，リガンドが天然状態にのみ結合することにより，天然状態をとる分子の割合が増加するという化学平衡のずれに起因することが示されている．したがって，リガンド結合部位を導入すれば，リガンド共存下においてタンパク質の安定性を高めることができる．

ヒトリゾチームや卵白リゾチームにはカルシウム結合能はない．ところが，これ

らと機能はまったく異なるが、アミノ酸配列と立体構造の類似した類縁タンパク質であるαラクトアルブミンには1個のカルシウムが結合している。αラクトアルブミンのカルシウム結合部位の立体構造を形成するアミノ酸配列をヒトリゾチームの対応する配列と比較すると、αラクトアルブミンにおいてカルシウムに配位している二つのアスパラギン酸残基（Asp86およびAsp92）が、ヒトリゾチームではGln86およびAla92になっている。そこで、この2箇所のアミノ酸を一つずつアスパラギン酸に置換した変異体（Q86DおよびA92D）、そして両方同時にアスパラギン酸に置換した変異体（Q86D/A92D）を調製したところ、一つだけアスパラギン酸を導入した場合にはカルシウム結合能はなかったが、二つ同時に置換した場合にはカルシウム結合能が現れた。立体構造解析の結果、カルシウム結合能を付与されたQ86D/A92D変異体では、αラクトアルブミンと同様なカルシウム結合部位が形成されていた（図10・13）。

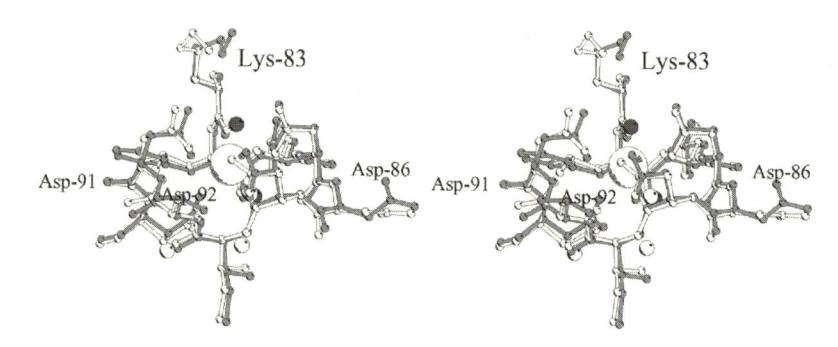

図10・13　αラクトアルブミンと変異型ヒトリゾチーム（Q86D/A92D）のCa結合部位の立体構造（ステレオ図）。ヒトリゾチーム変異体（灰色で示した）において、2箇所（Gln86, Ala92）にアスパラギン酸が導入された結果、αラクトアルブミン（白色で示した）とまったく同じCa結合部位が形成された。中央に位置する球は配位しているカルシウムイオンを表す。黒丸はCaに配位する水分子。

また、この変異型ヒトリゾチームはカルシウムイオンの増加に伴って熱安定性が上昇し、10 mM $CaCl_2$ 存在下では約10℃の熱安定性の向上を示した（表10・3）。そして野生型が70℃まで酵素活性を維持するのに対して、変異型酵素はカルシウムイオン存在下で80℃でも高い活性を示した（図10・14）。カルシウム結合能を有するヒトリゾチーム変異体では、カルシウムを結合していない（Ca^{2+}無添加の）

場合には，その安定性はむしろ低下した（表 10・3，図 10・14）．金属のようなリガンド結合部位の構築は，比較的少ないアミノ酸置換で可能なので，金属を共存させることができる環境では，タンパク質の安定化に効果的な方法である．

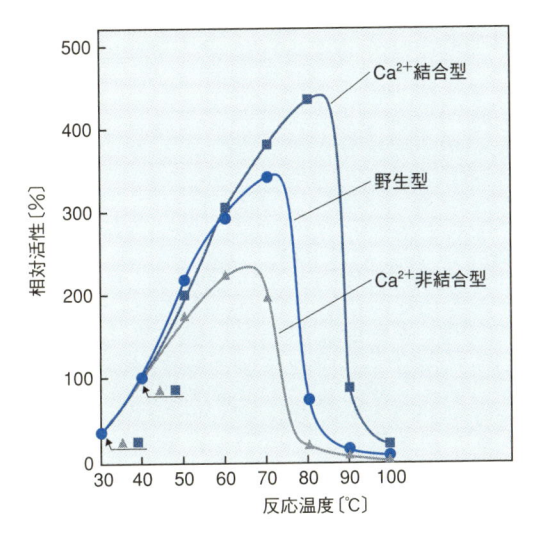

図 10・14 野生型およびカルシウム結合型ヒトリゾチーム変異体の Ca^{2+} 添加，無添加時の酵素活性の温度依存性〔R. Kuroki, Y. Tanyama, C. Seko, H. Nakamura, M. Kikuchi, M. Ikehara, *Proc. Natl. Acad. Sci. U.S.A.*, **86**, 6903 (1989)〕

10・4 立体構造情報を利用した酵素の高機能化

近年のタンパク質工学の発展により，酵素の安定性や機能の向上に対して，実用的な解決策を与えられるようになった．特に本章ではリゾチームというモデルタンパク質を例として，加水分解機構と安定性という二つの面から酵素の高機能化を紹介した．その際，立体構造の情報が有効に活用できることを述べてきた．現在，ポストゲノム研究として位置づけられ，世界規模で行われているタンパク質の立体構造解析や機能解析は，今後まったく新規に発見される酵素であっても，その機能や触媒機構について研究上有効な作業仮説を与えてくれるであろう．その一方で，酵素の巧みな反応機構の研究が終わるわけではない．さらに高精度の高機能化をめざすうえでは，酵素反応の場である反応中間体や遷移状態に関するさらに深い理解や，触媒活性とタンパク質のゆらぎの相関の解明を進めていく必要があると思われる．

参 考 図 書

1) "蛋白質工学(応用化学講座 11)", 油谷克英, 中村春木著, 朝倉書店 (1991).
2) "蛋白質機能の分子論", 濱口浩三著, 学会出版センター (1990).
3) "蛋白質工学研究法(生物化学実験法 40)", 井本泰治著, 学会出版センター (1996).

11

アミラーゼ

11・1 はじめに

 アミラーゼはデンプンを加水分解する酵素の総称であり，デンプンの主鎖の α 1→4 結合を加水分解する酵素としては，おもにエンド型で作用（内部から切断）する **α-アミラーゼ**［EC 3.2.1.1］，エキソ型で作用し，非還元末端からマルトースを切出す **β-アミラーゼ**［EC 3.2.1.2］，同じく非還元末端からグルコースを切出す **グルコアミラーゼ**［EC 3.2.1.3］，およびデンプンの枝分かれ部位に存在する α 1→6 結合を加水分解する **枝切り酵素** としてプルラナーゼ，イソアミラーゼが知られている（図 11・1）．α-アミラーゼと β-アミラーゼの α と β は生成物のアノマーのことをさす．α-アミラーゼと枝切り酵素の生成物のアノマーは α 形であり，β-アミラーゼとグルコアミラーゼの生成物はそれぞれ β-マルトースと β-グルコースである．一般的には糖質加水分解酵素の作用様式は，基質と生成物のアノマー形から **retaining** と **inverting** に大別され（p.220，§ 10・1・5 a を参照），α-アミラーゼは retaining 酵素の，β-アミラーゼとグルコアミラーゼは inverting 酵素の典型的な例となっている（図 11・2）．1925 年に R. Kuhn により麦芽の α-アミラーゼが報告されて以来多くのアミラーゼの研究が行われてきたが，種々のアミラーゼのアミノ酸配列と X 線結晶構造解析による立体構造の決定が行われ，機能の解明が進んだのはごく最近のことである．

 B. Henrisatt らによる種々のグリコシド加水分解酵素のアミノ酸配列の分類の結果から，α-アミラーゼはグリコシド加水分解酵素ファミリー 13 と 57 に，β-アミラーゼとグルコアミラーゼはそれぞれ，ファミリー 14 と 15 に分類されている．こ

のなかでファミリー13は一般的なエンド型の作用様式を示すα-アミラーゼ以外にもオリゴ糖生成α-アミラーゼ（マルトース生成α-アミラーゼ［EC 3.2.1.133］，マルトテトラオース生成α-アミラーゼ［EC 3.2.1.60］，マルトヘキサオース生成α-アミラーゼ［EC 3.2.1.98］があり，エキソ型の作用様式を示す），α-グルコシダー

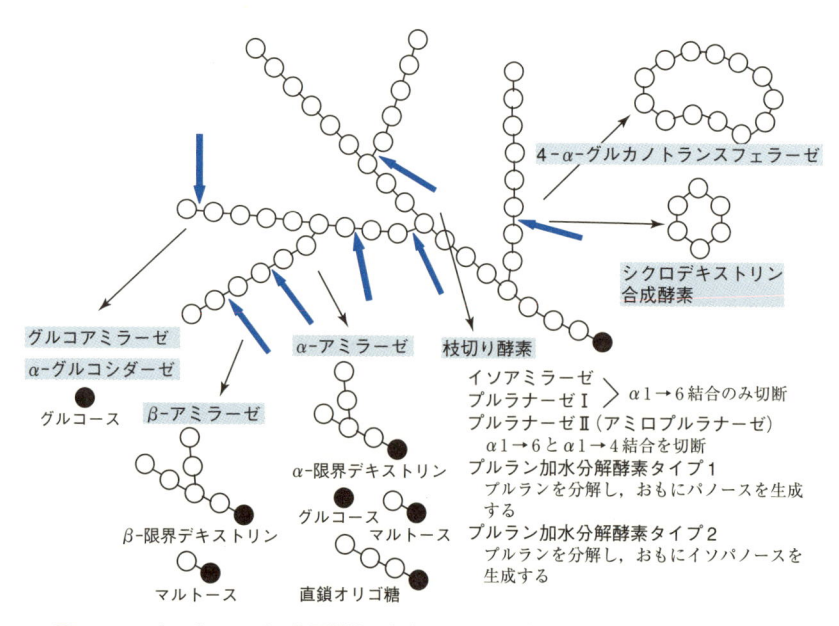

図11・1　各アミラーゼの作用部位．丸印はデンプン（アミロペクチン）中のグルコース残基を示し，黒丸は還元末端のグルコース残基を示す．各アミラーゼの切断部位を青矢印で示した．枝切り酵素以外は反応生成物を丸印で表示している．〔C. Bertoldo, G. Antranikian, *Curr. Opin. Chem. Biol.*, **6**, 151 (2002) およびB.A. van der Veen, J.C. Uitdehaag, B.W. Dijkstra, L. Dijkhuizen, *Biochim. Biophys. Acta*, **1543**, 336 (2000) を改変〕

ゼ［EC 3.2.1.20］，プルラナーゼ［EC 3.2.1.41］，イソアミラーゼ［EC 3.2.1.68］，シクロデキストリン合成酵素（シクロデキストリングルカノトランスフェラーゼ）［EC 2.4.1.19］，ネオプルラナーゼ［EC 3.2.1.135］（図11・1のプルラン加水分解酵素タイプ1に分類される）などのアミラーゼを含むスーパーファミリーであり，これらの酵素はマルチドメインで構成されることが多く，触媒ドメイン以外のドメインをもっている．ファミリー57には古細菌のα-アミラーゼと4-α-グルカノトランスフェラーゼが分類され，その立体構造が最近決定された．いずれのファミリー

のアミラーゼも触媒残基は二つのカルボキシル基で構成され，ファミリー13と57のretaining酵素では一方が水素供与体および受容体となる**酸塩基触媒**として，もう一方が**求核**（または親核）**残基**として働き，ファミリー14と15のinverting酵素では二つのカルボキシル基はそれぞれ**酸触媒**と**塩基触媒**として働くことが推定されている．また両者で二つのカルボキシル基の距離が異なることが示されている（図11・2）．マルチドメインで構成されるファミリー13の酵素の場合，触媒ドメ

(a) Retaining機構（α-アミラーゼ）

(b) Inverting機構（β-アミラーゼ，グルコアミラーゼ）

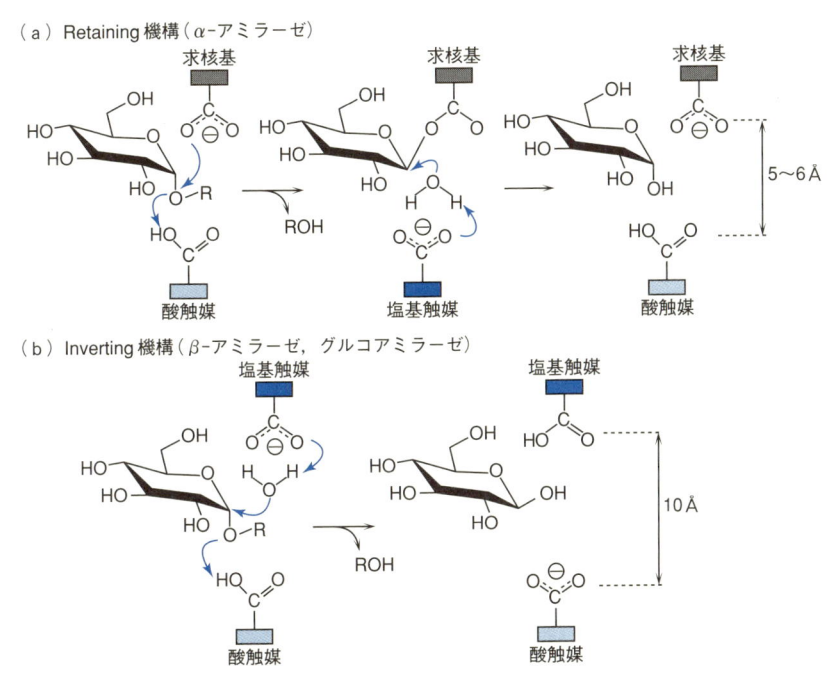

図11・2 糖加水分解酵素の反応機構〔B. Henrissat, G.J. Davies, *Curr. Opin. Struct. Biol.*, **7**, 637 (1997)〕

イン以外に機能が明らかなドメインとしては**デンプン吸着ドメイン**（SBD）の存在が知られている．SBDは微生物アミラーゼ（α-アミラーゼ，β-アミラーゼ，グルコアミラーゼ）のC末端側（N末端側に存在する場合もある）に存在する分子量1万程度のドメインであり，アミラーゼがデンプン粒（生デンプン）に結合し，デンプン粒を分解するのを促進すると考えられている．しかしアミラーゼによってはSBDをもたなくてもデンプン粒分解活性を示すものもある．図11・3にα-アミ

(a) α-アミラーゼ(タカアミラーゼ)

(b) β-アミラーゼ

(c) グルコアミラーゼ

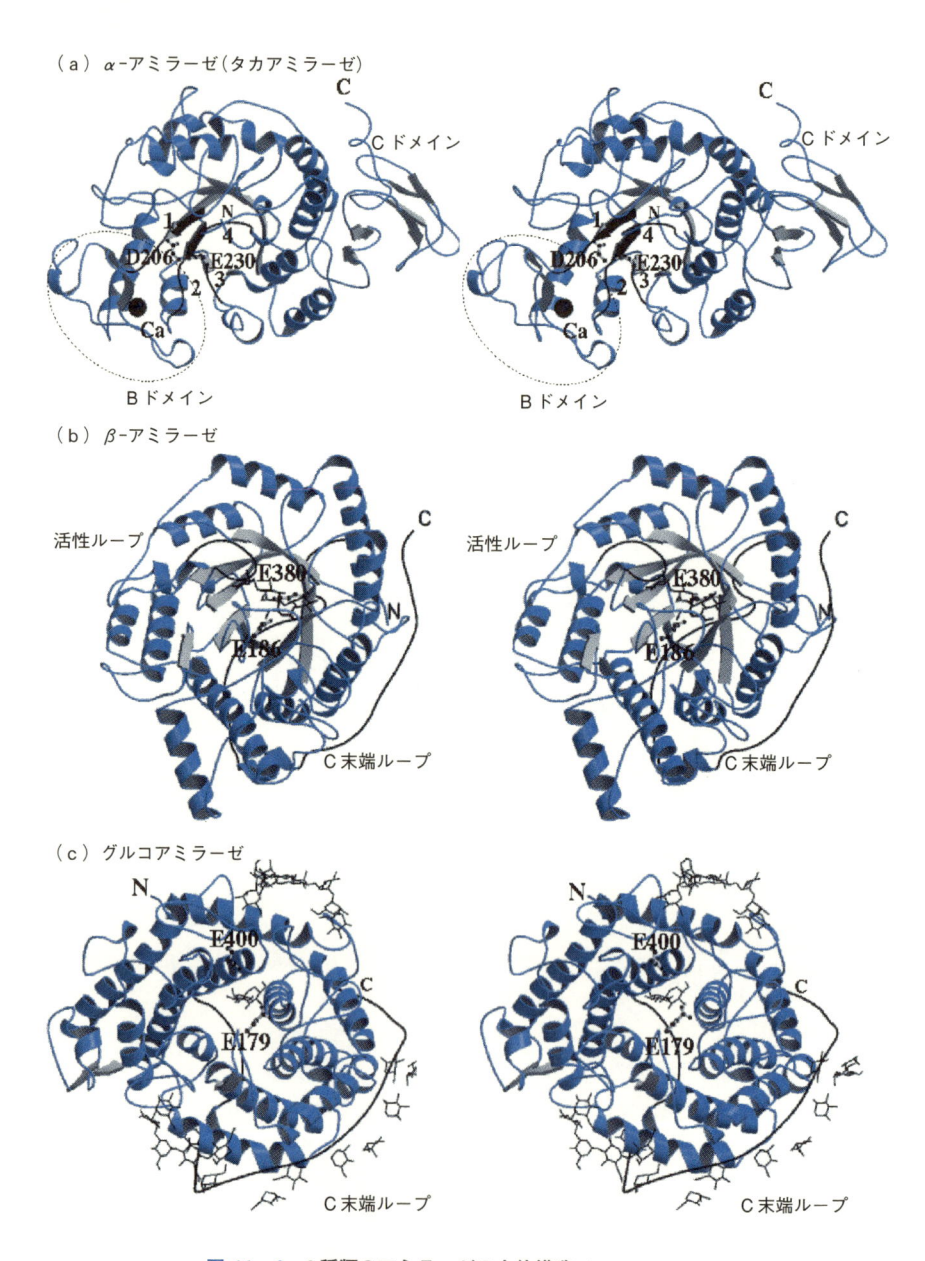

図 11・3　3種類のアミラーゼの立体構造 (説明は次ページ)

図 11・3 3種類のアミラーゼの立体構造(リボン表示のステレオ図). (a) α-アミラーゼ(タカアミラーゼ). タカアミラーゼは *Aspergillus oryzae* の生産する α-アミラーゼで松浦らにより最初に立体構造が決定された α-アミラーゼである. 本酵素は $(\beta/\alpha)_8$ バレルの A ドメインと 3 番目のストランド(図で 1 と記した β ストランド)の C 末端側のループで形成されるドメイン様構造(B ドメイン)および C 末端の C ドメインからなる. α-アミラーゼファミリーの酵素で高度に保存されている 4 箇所の部位(保存域 1〜4)と Ca^{2+} を黒く表示した. また, 触媒残基の Asp206 と Glu230 を球棒モデルで表示した. 構造の座標は PDB の 2TAA を用いた. (b) β-アミラーゼ. ダイズ β-アミラーゼとマルトース(棒モデルで表示)複合体の構造を示す. α-アミラーゼと同じ $(\beta/\alpha)_8$ バレルをもつがその構造はかなり異なっている. 触媒残基の Glu186 と Glu380 を球棒モデルで表示した. 植物 β-アミラーゼでは C 末端ループ(黒色)が存在するが, 微生物 β-アミラーゼではこの部分がデンプン吸着ドメインに置き換わっている. 構造の座標は PDB の 1BYB を用いた. (c) グルコアミラーゼ. *Aspergillus awamori* のグルコアミラーゼと阻害剤の 1-デオキシノジリマイシン(棒モデルで表示)の複合体の構造を示す. グルコアミラーゼは $(\alpha/\alpha)_6$ バレル構造を基本骨格とし, バレルの一端に活性クレフトを形成する. 触媒残基の Glu179 と Glu400 を球棒モデルで表示した. C 末端には β-アミラーゼと同様の C 末端ループが存在し, さらにデンプン吸着ドメインが存在するが, デンプン吸着ドメインを含む全体構造はまだ得られていない. C 末端ループ部分は高度に糖(黒色の棒モデルで表示)が付加されている. 構造の座標は PDB の 1DOG を用いた. N, C はそれぞれ各酵素の N 末端と C 末端の位置を示す. それぞれのタンパク質の構造決定については, タカアミラーゼ, Y. Matsuura, M. Kusunoki, W. Harada, N. Tanaka, Y. Iga, N. Yasuoka, H. Toda, K. Narita, M. Kakudo, *J. Biochem.* (Tokyo), **87**, 1555 (1980); β-アミラーゼ, B. Mikami, E.J. Hehre, M. Sato, Y. Katsube, M. Hirose, Y. Morita, J.C. Sacchettini, *Biochemistry*, **32**, 6836 (1993); グルコアミラーゼ, E.M. Harris, A. Aleshin, L.M. Firsov, R.B. Honzatko, *Biochemistry*, **32**, 1618 (1993)を参照.

ラーゼ, β-アミラーゼ, グルコアミラーゼ, 口絵 10(a)にシクロデキストリン合成酵素のリボン図を示す.

アミラーゼのタンパク質工学については, 初期の頃は応用的見地から酵素の安定化の強化が目的とされたが, 機能解析の手段としての見地から, 最適 pH の変更, 基質特異性の変更, 生成物特異性の変更, 加水分解反応と縮合反応(逆反応)の比率の変更, 触媒残基の変更, デンプン粒分解活性の強化などの研究が種々のアミラーゼについて行われている. また, その方法も X 線結晶構造解析により決定された立体構造に基づいて変異部位を設計し, 部位特異的変異を行ったもの, 融合タンパク質の形成やランダム変異によるもの, およびこれらの組合わせによるものがあり, 最近では進化分子工学的手法によるものも増えている. 立体構造に基づいて変異部位を設計する場合, どのアミノ酸が酵素反応においてどんな役割をしているか知る必要があり, このためには酵素と基質あるいは基質類似体との複合体の構造解析が重要である. X 線結晶構造解析による場合, 酵素の動きに関してはつねに結

晶中という制約があり，酵素活性部位が隣の酵素分子によってふさがれたり，酵素活性に重要な動きをする部分が分子間相互作用によって固定されていたりすることも多く，複合体の形成が困難なことがある．このような場合は，異なる空間群の結晶を試すか，酵素基質（または阻害剤）複合体の結晶化を再検討する必要がある．結晶中において酵素活性がある場合は基質が分解されるため，完全な基質複合体の形成は困難な場合があり，触媒残基の変異体や基質類似体を用いることも多い．現在，多くのアミラーゼにおいて基質複合体の構造解析が進められている．本章ではα-アミラーゼ，β-アミラーゼおよびグルコアミラーゼについて，それぞれのタンパク質工学の研究例を紹介する．

11・2　α-アミラーゼ
11・2・1　α-アミラーゼの構造

　α-アミラーゼは分子量5〜6万程度のタンパク質でデンプン中のα1→4結合を内部から切断するエンド型のものが多い．タンパク質構造の基本骨格は$(\beta/\alpha)_8$バレル（**TIM バレル**）からなり，C末端に逆平行βシートからなるドメインが付加されている（図11・3a）．$(\beta/\alpha)_8$バレルは最初にトリオースリン酸イソメラーゼ（TIM）に見いだされた構造トポロジーであり，中心の8本の平行βシートが筒状に配置され，その周りを8本のαヘリックスが取巻いてバレル（樽）状になっている（図11・4a）．主鎖はN末端からβストランドとαヘリックスを8回繰返し，βストランドのC末端側とヘリックスをつなぐループはヘリックスとβストランドのN末端側をつなぐループよりも長く発達し，バレルのβシートのC末端側に大きなクレフト（溝）を形成し，活性部位を形作っている．α-アミラーゼの$(\beta/\alpha)_8$バレルは7番目のヘリックスが2本あり，3番目のβストランドから伸びるループが長く発達していることなどの特徴がある．$(\beta/\alpha)_8$バレル部分をAドメイン，C末端のβドメインをCドメインとし，また，3番目（図11・3aで1と記したβストランド）から伸びるループがつくる小ドメイン部分をBドメインとよぶことがある．このα-アミラーゼの基本骨格はすべてのα-アミラーゼファミリー（ファミリー13）の酵素において共通であるが，一部のα-アミラーゼファミリーの酵素では3番目のβストランドから伸びるループ以外のループが発達しているものもある．また，N末端側あるいはC末端側に複数個のドメインを有しているものもある．

　シクロデキストリン合成酵素はC末端にドメインD，Eとよばれるそれぞれ分子

11・2 α-アミラーゼ

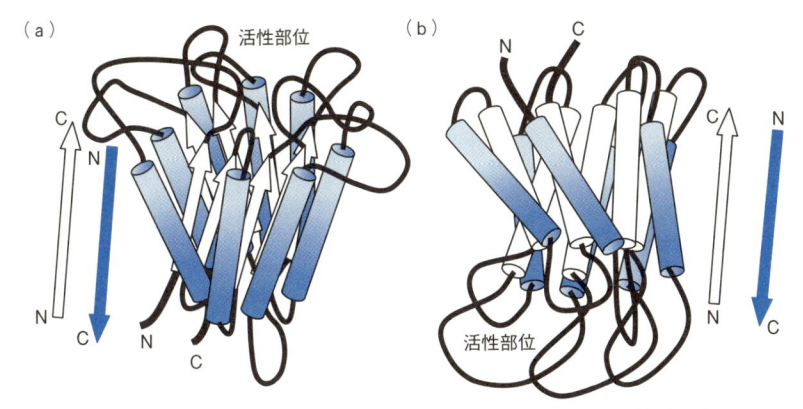

図 11・4 **各アミラーゼの活性ドメインにおける活性部位の配置.** (a) $(\beta/\alpha)_8$ バレルドメインをもつ α-アミラーゼ(ファミリー13)および β-アミラーゼ(ファミリー14)の場合,中心の閉じた平行 β シートを形成する β ストランドの C 末端側のループは N 末端側のループに比べて長く発達し,ここに活性部位のクレフトが形成されている.活性部位の配置は $(\beta/\alpha)_7$ バレル構造をもつファミリー57の酵素でも同様である.(b) $(\alpha/\alpha)_6$ バレルドメインをもつグルコアミラーゼ(ファミリー15)の活性部位の配置.両図で内側の β ストランドまたは α ヘリックスの方向を白の矢印で,外側のヘリックスの方向を青の矢印で示した.$(\alpha/\alpha)_6$ バレルでは $(\beta/\alpha)_8$ バレルの場合とは逆に内側のヘリックスの N 末端側のループが発達し,ここに活性部位のクレフトが形成されている.

量1万程度のドメインを有し,イソアミラーゼは逆に N 末端側にドメイン N とよばれるドメインを有している.また,マルトース生成 α-アミラーゼ,シクロマルトデキストラナーゼ,ネオプルラナーゼおよび *Thermoactinomyces vulgaris* の α-アミラーゼ(TVA II)は N 末端と C 末端に 1 個のドメインを有し,これらの酵素の間で互いに構造が類似し,α1→4結合以外に α1→6結合も切断する点で機能も類似している.これらの付加的ドメインの一部はデンプン吸着ドメインとして機能している.今までに構造解析のされたこれらの付加的ドメインはすべて 2 枚の逆平行 β シートで構成された β サンドイッチ構造をとることが明らかにされている.

また,最近明らかにされたファミリー57の古細菌由来の 4-α-グルカノトランスフェラーゼは二つのドメインからなり,N 末端の触媒ドメインは $(\beta/\alpha)_7$ バレルの新規のバレル構造をとり,C 末端ドメインは β サンドイッチ構造をとっている.この酵素はデンプンから大環状デキストリンを生成する.

すべての α-アミラーゼは 1 個以上の Ca^{2+} を結合し,共通の Ca^{2+} 結合部位はドメイン A と B の間にあり,活性ある酵素の構造維持に重要であることが示されてい

る（図11・3a参照）．*Bacillus licheniformis* のα-アミラーゼでは共通の Ca^{2+} 結合部位に Ca^{2+}-Na^+-Ca^{2+} の結合部位があることが明らかにされ，Ca^{2+} 結合型と非結合型ではループの構造が異なることが示されている．また，動物および微生物α-アミラーゼの一部には活性部位に塩化物イオン（Cl^-）の結合部位を有するものがあり，酵素の活性化に必要である．この際，塩化物イオンは酸塩基触媒残基の pK_a 値を上昇させることが示されている．

α-アミラーゼの活性部位は，酸塩基触媒および求核基として働く二つのカルボキシル基（図11・2a参照）と基質結合部位からなり，おもに基質結合部位の変化により基質特異性，生成物特異性および反応特異性の異なる酵素が生じている．表11・1にファミリー13に属する種々のアミラーゼで保存性の高い4箇所のアミノ酸

表11・1　α-アミラーゼファミリーの酵素で保存性の高い4箇所のアミノ酸配列 [a]

酵素	保存域1	保存域2	保存域3	保存域4
α-アミラーゼ（α1→4結合エンド型分解）				
TAA	[117]DVVANH	[202]GLRI**D**TVKH	[230]**E**VLD	[292]FVENHD
PPA	[96]DAVINH	[193]GFRI**D**TVKH	[233]**E**VID	[295]FVDNHD
BA2	[101]DIVINH	[179]GWRF**D**FAKG	[204]**E**IWT	[299]FVDNHD
BLA	[100]DVVINH	[227]GFRL**D**AVKH	[281]**E**YWQ	[321]FVDNHD
ネオプルラナーゼ（α1→4結合およびα1→6結合を分解）				
NPL	[242]DAVFNH	[324]GWRL**D**VANE	[357]**E**IWN	[419]LLGSHD
マルトース生成α-アミラーゼ（α1→4結合およびα1→6結合を分解）				
APL	[488]DGVFNH	[594]GWRL**D**VANE	[627]**E**NWN	[699]LLGSHD
Thermoactinomyces vulgaris α-アミラーゼ（α1→4結合およびα1→6結合を分解）				
TVA	[239]DAVFNH	[321]GWRL**D**VANE	[354]**E**IWH	[416]LLDSHD
G4生成アミラーゼ（α1→4結合エキソ型分解）				
G4A	[112]DVVINH	[189]GFRF**D**FVRG	[219]**E**LWK	[288]FVDNHD
シクロデキストリン合成酵素				
CGT	[131]DFAPNH	[221]GIRM**D**AVKH	[253]**E**WFL	[319]FIDNHD
枝切り酵素（α1→6結合のみ分解）				
PUL	[609]DVVYNH	[680]GFRF**D**LMGY	[713]**E**GWD	[836]YVSKHD
IAM	[292]DVVYNH	[371]GFRF**D**LASV	[435]**E**PWA	[505]FIDVHD

a) E.A. MacGregor, S. Janecek, B. Svensson, *Biochim. Biophys. Acta,* **1546**, 1(2001). TAA, タカアミラーゼ；PPA, ブタ膵臓α-アミラーゼ；BA2, オオムギα-アミラーゼ；BLA, *Bacillus licheniformis* α-アミラーゼ；NPL, *Bacillus stearothermophilus* ネオプルラナーゼ；APL, *Clostridium thermohydrosulfuricum* α-アミラーゼ-プルラナーゼ；TVA, *Thermoactinomyces vulgaris* α-アミラーゼⅡ；G4A, *Pseudomonas stutzeri* G4生成アミラーゼ；CGT, *Bacillus stearothermophilus* シクロデキストリン合成酵素；PUL, *Bacillus stearothermophilus* プルラナーゼ；IAM, *Pseudomonas amyloderamosa* イソアミラーゼ．
太字で示した保存域2のアスパラギン酸（D）と保存域3のグルタミン酸（E）は，それぞれ求核残基と酸塩基触媒残基である．

配列を示した．これらのアミノ酸配列の三次構造における位置を図11・3(a)に黒色で示しているが，これらは触媒残基周辺および基質結合部位を構成するβストランドとループである．1番目の保存域は$(\beta/\alpha)_8$バレルのβ3とそれに続くループに，2番目はβ4とそれに続くループに，3番目はβ5とそれに続くループに，4番目はβ7に続くループ部分にある．二つの触媒残基は2番目と3番目に存在しているAspとGlu残基であり，それぞれ求核残基と酸塩基触媒と考えられている．α-アミラーゼファミリーの酵素のアミノ酸配列を比較すると，ドメインAにおける相同性はそれほど高くない．たとえば動物膵臓α-アミラーゼと細菌α-アミラーゼのアミノ酸配列の相同性は30％以下であるが，表11・1に示す部分は高度に保存されている．したがってα-アミラーゼファミリーの酵素では共通の土台と触媒機構を用いて種々の特異性が発揮される仕掛けがつくられていることがうかがえる．これらのことから，α-アミラーゼファミリーの酵素では，異なる特異性の酵素のアミノ酸配列と三次構造を比較することにより，酵素の機能変換の設計が容易になると考えられる．

11・2・2　基質および生成物特異性の変換

　前述のようにα-アミラーゼファミリーにはさまざまな特異性を有する酵素が存在し，活性部位の基本的な構造に類似性が認められることから，少数の残基の変異により，互いの機能変換が可能であると考えられる．また，基質および生成物のグルコース残基の鎖長は，単純には酵素のサブサイト（§9・2，p.186参照）の数とサブサイトそれぞれのグルコース残基に対する親和力で決定されると考えられるので，各サブサイトの親和力を決定するアミノ酸残基の変異により基質および生成物のグルコース残基の鎖長の特異性を変換することが可能である．現在までに，短鎖と長鎖の基質に対する特異性の変更，加水分解反応と糖転移反応の割合の変更，シクロデキストリン合成酵素におけるシクロデキストリン生成物（それぞれグルコピラノース6分子，7分子，8分子からなるα-，β-，γ-シクロデキストリン）の割合の変更など，さまざまな変換例が示されている．ここでは *Bacillus stearothermophilus* の生産するマルトース生成α-アミラーゼであるNovamylの生成物特異性を変更し，シクロデキストリン合成酵素活性をもたせることに成功した例を示す．

　Novamylはアミロペクチンの老化（水不溶化）を防止することから製パン産業で老化防止剤として用いられているα-アミラーゼで，シクロデキストリン合成酵

素と65％程度のアミノ酸配列の相同性を示す．本酵素のX線結晶構造解析が行われた結果，本酵素は5個のドメインからなり，シクロデキストリン合成酵素と立体構造が類似していることが明らかにされた（口絵10 a と b，構造座標は PDB のそれぞれ 3CGT と 1QHP を用いた）．両者の重ね合わせの結果，627個の C_α 原子について r.m.s.d.（root mean square deviation，根平均二乗距離）は1.10 Åであった．しかし，活性部位の構造は少し異なり，シクロデキストリン合成酵素にない5残基のループ（残基番号191〜195）が本酵素には存在し，またシクロデキストリン合成酵素でシクロデキストリンの環形成に重要と推定されている芳香族アミノ酸残基の位置が本酵素とは異なっていた．そこで L. Beier らはループの削除と Phe188Leu（F188L；以下一文字表記を使用）および T189Y の変異を導入した結果，γ-シクロデキストリン合成活性をもつ Novamyl 変異型酵素（口絵10 c）を得ることができた．この変異体のアミラーゼ活性は34％に減少し，γ-シクロデキストリンの生成率は9％であった（シクロデキストリン合成酵素では40％）．ループの削除だけではシクロデキストリン合成活性は得られなかった．Novamyl 変異体のシクロデキストリン生成率がシクロデキストリン合成酵素の生成率よりも低い原因は，活性部位の他の残基の相違およびドメインEの影響が考えられた．

11・2・3　α-アミラーゼの安定化

　α-アミラーゼのおもな利用用途は，洗剤，デンプンの糖化，織物工業におけるのり抜きなどであり，高温，低温，極端な pH，変性剤および酸化剤存在下などでの使用が多いことから安定性の強化についてはよく研究されている．微生物 α-アミラーゼのなかで，特に *Bacillus licheniformis* α-アミラーゼ（BLA），*Bacillus amyloliquefaciens* α-アミラーゼ（BAA）および *Bacillus stearothermophilus* α-アミラーゼ（BSA）についてよく研究されている．最も安定性の高い BLA とのアミノ酸配列の比較から BAA の Arg176 と Gly177 の欠失と K269A の変換により安定性の強化が可能となること，ハイブリッド酵素の解析から BLA の安定性には残基番号の 34〜76，112〜142，174〜179 および 263〜276 の領域が重要であることが示された．また，BAA の6箇所の His 残基の置換により His133 が重要であることが示され，H133Y により高度の安定化がなされている．さらに，BAA のランダム変異により H133Y と A209V の変異が有効であることが見いだされ，部位特異的変異の結果と合致している．このほか，熱安定性の強化のために，変性状態でのエントロピーの低下効果を利用したプロリン残基のループ上への導入，一部の Gln および

Asn 残基が脱アミドによって Glu および Asp に変化することで酵素の失活および不安定化を生じる場合，脱アミド部位の除去による安定性の強化（BLA の Q264S と N190F），Ca^{2+} 結合部位の除去による熱安定化（BLA の A181T），側鎖の酸化により不安定化の原因となる残基が存在する場合，抗酸化性強化のために Cys や Met 残基（これらの残基の側鎖は酸化により，それぞれシステインスルフェン酸 [R = CH_2-SOH]，システインスルフィン酸 [R = CH_2-SO_2H]，システインスルホン酸（システイン酸）[R = CH_2-SO_3H]，およびメチオニンスルホキシド [R = CH_2CH_2-SO-CH_3]，メチオニンスルホン [R = CH_2CH_2-SO_2-CH_3] となる）の除去などが行われ，これらの変異が安定性の強化に有効であることが明らかにされている．今までに明らかにされた熱安定化変異体の置換アミノ酸残基の多くがドメイン B（図 11・3 a 参照）およびその周辺に存在することからドメイン B の部分的な変性が酵素全体の変性の引き金になっていると推定されている．

11・3 β-アミラーゼ

11・3・1 β-アミラーゼの構造と機能

高等植物のダイズ，サツマイモ，ダイコン，コムギ，オオムギなどには多量の β-アミラーゼが存在する．β-アミラーゼは α-アミラーゼ，枝切り酵素とともにデンプンからの工業的マルトース生産に利用されている．また，ビールの醸造過程において，麦芽の β-アミラーゼが糖化作用の主体を担っている．β-アミラーゼは植物だけでなく一部の微生物にも分布しているが，両者で触媒ドメインのアミノ酸配列の相同性は 30％程度であり，酵素的性質も異なっている．植物起源の β-アミラーゼの最適 pH が pH 5～6 であるのに対し，微生物酵素の最適 pH は pH 7～8 であり，後者には生デンプン吸着分解作用がある．また *Bacillus cereus* 起源の β-アミラーゼでは植物酵素には見られない Ca^{2+} 結合部位が 1 個存在する．

β-アミラーゼのアミノ酸配列は α-アミラーゼとは相同性がなく，両者の触媒ドメインは $(β/α)_8$ バレル構造を基本骨格とするが，バレルのヘリックスの数や長さも異なっている（図 11・3 の b と a）．β-アミラーゼでは $(β/α)_8$ バレルの 3 番目，4 番目，5 番目の β ストランドの C 末端側のループ（L3, L4, L5）が発達し，バレルの β ストランド C 末端側を取囲み，ここに触媒残基と基質結合部位からなる深い活性部位ポケットを形成している．*B. cereus* 起源の β-アミラーゼでは L4 の部分に約 40 残基にわたって植物 β-アミラーゼとは相同性のない配列があり，この部分に基質結合部位とは異なる新たなデンプン吸着部位と推定されるマルトース結合部位

を形成している．植物起源のβ-アミラーゼでは$(\beta/\alpha)_8$バレルのC末端約50残基のC末端ループがバレルのヘリックスを取巻いているが（図11・3 b），微生物起源のβ-アミラーゼではC末端ループの代わりに短いリンカーを経てC末端デンプン吸着ドメイン（SBD）が配置されている．B. cereus起源のβ-アミラーゼのSBDについてはこのドメイン単独の発現とX線結晶構造解析が行われている．このSBDはグルコアミラーゼのSBDとアミノ酸配列の相同性がある．

11・3・2　β-アミラーゼのタンパク質工学

　ダイズβ-アミラーゼの触媒残基はGlu186（酸触媒）とGlu380（塩基触媒）であるが，2個の触媒残基のカルボキシル基の酸素原子間の距離は5.8 Åであり，他のinverting酵素に比べて短い．触媒部位のすぐ近くに残基番号96～103の活性部位ループが存在し，基質との結合と生成物の遊離に同調して，このループが開閉することが明らかにされている．このループはβ-アミラーゼに特徴的であり，微生物酵素を含むすべてのβ-アミラーゼで保存されている．ループ上のAsp101はループが閉じた状態でサブサイト－2（マイナス2）のグルコース残基と水素結合を形成する．このループを削除した変異体の活性は0.1％まで低下し，D101N変異体でも低下していた．また，G. Pujadasらはサブサイト－1と－2の近くに存在するThr342を含む残基番号340～346の二次構造がアポ酵素とマルトース複合体で異なっていることを指摘し，この部位の構造変化が活性に重要であると推定している．Glu186（酸触媒）とGlu380（塩基触媒）のいずれかの触媒残基をGlnに置換すると活性はほぼ完全に消失する（次節で述べるグルコアミラーゼに比べて触媒基の位置はより厳密である）．

　一方，オオムギβ-アミラーゼのC末端ループ部位を欠失させると酵素の安定性が極端に低下するが，欠失をオオムギ酵素に特有なC末端のGlyリッチリピート（グリシンに富む繰返し配列）の部位に限ると安定性は増加する．β-アミラーゼの安定性の強化，最適pHの変更および構造と機能の解析のために，アミノ酸残基の変異が行われているが，そのタンパク質工学の例はα-アミラーゼやグルコアミラーゼに比べてまだ少ない．本酵素の耐熱化に成功した例として吉儀らによって行われたオオムギβ-アミラーゼの耐熱化の試みを以下に説明する．

　ビールの醸造において糖化過程では麦芽β-アミラーゼの安定性が重要であり，耐熱性の向上により生産性を向上させることができる．そこでオオムギβ-アミラーゼの耐熱化が試みられた．一般的に部位特異的変異による耐熱化には相加性

（加成性）が成り立つことから七重変異による耐熱化を行った．最初にオオムギβ-アミラーゼより耐熱性の高い，ダイズおよび Clostridium thermosulfurogenes 起源のβ-アミラーゼとのアミノ酸配列の比較によりそれぞれ M185L，S350P，Q352D および S295A，I297V を選んだ．また，ランダム変異の結果より S351P と A376S を選択した．それぞれ単独および七重変異体を作製した結果，単独変異の場合の ΔT_{50}（表 11・2 の説明を参照）は 1～3 ℃ であり七重変異体では約 11 ℃ の耐熱化が達成された（表 11・2）．ここで T_{50} とは活性が 50 ％ 失活する温度のことであり，正確な熱力学パラメーターではないが，活性測定を用いるので感度が高く，粗抽出液でも測定することができる．この七重変異体の X 線結晶構造解析が行われ，オオムギ β-アミラーゼ（C 末端 60 残基を除いた部分）と 71 ％ の相同性を有するダイズ酵素の構造と比較した結果，S295A，I297V，S351P および A376S については耐熱型と非耐熱型の構造が比較でき，耐熱化機構が推定された．表 11・3 に変異部位のオオムギ酵素とダイズ酵素の配列の並列を示す．両者の配列はこの 4 箇所については変異残基を除きよく一致している．X 線結晶構造解析によると変異部位は四つのサイトに分類でき，サイト 1 は活性部位のすぐ近くに存在するループで S295A と I297V を含み，サイト 2 は活性クレフトの入口近くに存在する孤立したループで S350P，S351P および Q352D を含む．サイト 3 は A376S の部位でバレルの β7 に存

表 11・2　オオムギβ-アミラーゼの変異によるT_{50}値への影響[a]

酵素（粗抽出液）	T_{50} 〔℃〕[†]	ΔT_{50} 〔℃〕[††]
オオムギβ-アミラーゼ	58.4	—
M185L	59.2	＋0.8
S295A	61.6	＋3.2
I297V	59.3	＋0.9
S350P	61.1	＋2.7
S351P	60.7	＋2.3
Q352D	60.0	＋1.6
A376S	59.4	＋1.0
S295A／S350P	63.4	＋5.0
M185L／S295A／S350P	65.3	＋6.9
M185L／S295A／S350P／A376S	66.3	＋7.9
七重変異体	69.2	＋10.8
ダイズβ-アミラーゼ	63.2	—

[†] T_{50}：30 分間に活性が 50 ％ 低下する温度　　[††] $\Delta T_{50} = T_{50}$（変異型）$- T_{50}$（野生型）
[a] N. Yoshigi, H. Sahara, S. Koshino, J. Biochem. (Tokyo), 117, 63 (1995).

11. アミラーゼ

表 11・3 オオムギβ-アミラーゼの耐熱化部位のアミノ酸配列のダイズ酵素との比較

変異部位	サイト	アミノ酸配列[†]		二次構造
M185L	4	オオムギ ダイズ	GPAGE**L**RYPS GPAGE**L**RYPS	β4直後のループ
S295A I297V	1	オオムギ ダイズ	LAIKI**A**G**V**HWWY LAIK**VSG I**HWWY	β5直後のループ 基質結合部位に近い
S350P S351P Q352D	2	オオムギ ダイズ	MRDSEQ**PPD**AMSA MRDSEQ**PSD**AKSG	β6の後ろのループ 活性部位に比較的近い
A376S	3	オオムギ ダイズ	REGLNV**S**CENAL REDIRV**A**GENAL	β7

† オオムギ酵素の変異残基および対応するダイズ酵素のアミノ酸残基を太字で示した.

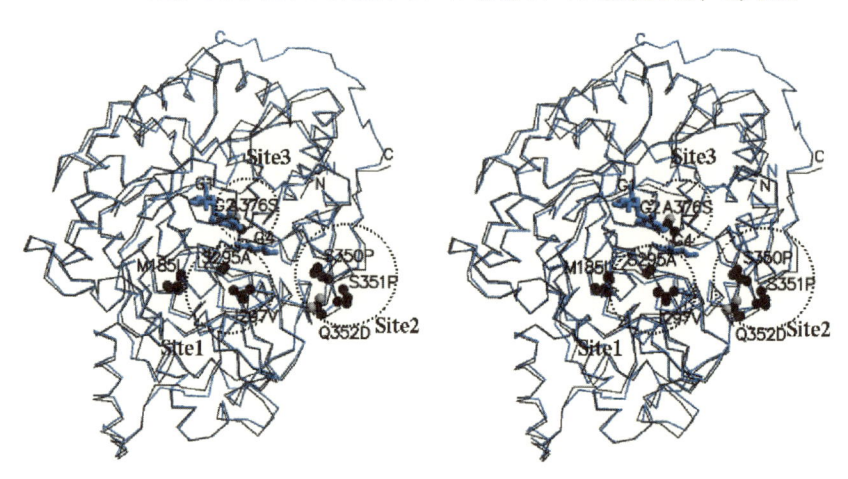

図 11・5 耐熱化オオムギβ-アミラーゼの変異部位(ステレオ図). マルトースと結合した耐熱化オオムギβ-アミラーゼにおいてC_αプロット(青線)上で7箇所の変異残基の炭素原子を黒, 酸素原子を白の充塡モデルで示した. また, マルトースのグルコース残基(G1, G2, G4)を青色の棒モデルで示し, 本酵素に重ね合わせたダイズβ-アミラーゼのC_αプロットを黒色の細線で示した. オオムギ酵素の非耐熱型の構造が決定されていないためダイズ酵素との構造比較を行った. 両者のアミノ酸配列の相同性は71%であり, 三次構造の重ね合わせのr.m.s.d.は480個のC_α原子について0.68Åで構造は類似している. この重ね合わせの結果より4箇所での耐熱化部位の構造変化が推定された. 青と黒のNとCはそれぞれ耐熱化オオムギβ-アミラーゼとダイズβ-アミラーゼのN末端とC末端を示す. 構造の座標はPDBの1BYB(ダイズ酵素)と1B1Y(オオムギ酵素)を用いた. より詳しい構造についてはB. Mikami, H.J. Yoon, N. Yoshigi, *J. Mol. Biol.*, **285**, 1235 (1999)を参照.

在し，サイト4のM185Lは活性部位の裏側のループに存在する（図11・5）．最も耐熱化に寄与しているのはサイト2の連続した3残基の変異であり，個別の変異の結果からは耐熱化の53％を占める（表11・2）．この部位の安定化はProへの置換によって変性状態での主鎖のエントロピーが減少することによると考えられる．また，サイト3のAlaのSerへの変異はSerの側鎖が隣のβストランドの主鎖のOとNに水素結合を形成することで説明された．また，サイト1の変異では側鎖の立体障害の緩和による安定化と考えられ，サイト3とともに構造エネルギーの減少による安定化効果であると考えられた．

11・4 グルコアミラーゼ

11・4・1 グルコアミラーゼの構造と機能

グルコアミラーゼの基本骨格はα-アミラーゼとは異なり，$(\alpha/\alpha)_6$ バレル構造（図11・3 c）をもち，内側に6本，外側に6本のαヘリックスが樽状に配置された構造をとっている．$(\alpha/\alpha)_6$バレル構造は *Aspergillus awamori* のグルコアミラーゼの触媒ドメインで最初に見つかった構造トポロジーであり，その後，セルラーゼ，多糖リアーゼなどの糖質関連酵素で報告されている．$(\alpha/\alpha)_6$バレル構造をもつ酵素では$(\beta/\alpha)_8$バレル構造をもつ酵素とは逆に内側のαヘリックスのN末端側に活性部位が形成されている（図11・4 b）．その狭い生成物特異性から推定されるようにグルコアミラーゼやβ-アミラーゼのファミリー内での多様性はα-アミラーゼに比べて少ない．グルコアミラーゼのC末端には分子量1万程度のSBDが存在し，SBD単独の立体構造と2個のα-シクロデキストリンとSBDとの複合体の構造がNMRにより明らかにされている．グルコアミラーゼのSBDの構造はシクロデキストリン合成酵素のドメインE（口絵10 a）と類似している．このC末端SBDをつなぐリンカー部分はグルコアミラーゼの場合は長く，よく研究されている *Aspergillus niger* のグルコアミラーゼでは約30残基あり，高度にO-グリコシル化されている．このため，C末端ドメイン（SBD）の溶液中での運動性は高いと考えられる．SBDを含むグルコアミラーゼ全体のX線結晶構造解析の結果はまだ報告されていない．C末端ドメインをもたないグルコアミラーゼは生デンプン分解活性が低いが，単離したSBDを添加するとその活性が上昇することから，SBDの役割はデンプン粒に結合し，デンプンの構造をひずませ，酵素作用を受けやすくすることにあると推定されている．

グルコアミラーゼの機能の特徴の一つは本酵素がデンプンの非還元末端からグル

コースを切出すエキソ型の酵素であり，α1→4結合のみならずα1→6結合にも作用できることである．α1→6結合を切断する作用はグルコアミラーゼの種類によって異なり，*Aspergillus niger* のグルコアミラーゼでα1→4結合切断の約500分の1程度である．本酵素はデンプンからのグルコースの工業的生産に用いられている．

11・4・2　グルコアミラーゼのタンパク質工学

グルコアミラーゼの工業的利用の観点からα-アミラーゼと同様に安定性の強化，基質特異性（α1→4結合とα1→6結合の加水分解の割合）の変更などが試みられている．また，構造・機能相関を明らかにするため，活性部位残基の変異によるサブサイト親和力の変更，デンプン吸着ドメインの2箇所のデンプン結合部位の変異，リンカー部位の長さの変更などの研究が行われている．ここでは *Aspergillus niger* のグルコアミラーゼの塩基触媒残基である Glu400 の変異による酵素活性の上昇の例について述べる．

図11・2で示したように inverting 酵素の2個の触媒残基のカルボキシル基の酸素原子間の距離が9～10Åであることが報告されている．*A. awamori* のグルコアミラーゼの場合，その距離は7.4～11.1Åである．この距離を変化させた場合の触媒活性への影響を調べるため，H. P. Fierobe らは *A. awamori* のグルコアミラーゼの塩基触媒残基の Glu400 を Cys に変異した後，ヨード酢酸，3-ヨードプロピオン酸，4-ブロモ酪酸によるカルボキシアルキル化により側鎖の長さのわずかずつ異なるカルボニル誘導体を得ようとした．しかし，この誘導体のリシルエンドペプチ

表11・4　グルコアミラーゼの Glu400 の変異体および化学修飾酵素のマルトース，マルトヘキサオースに対する酵素反応パラメーター[a]

酵素	マルトース			マルトヘキサオース		
	k_{cat} $[s^{-1}]$	K_m $[mM]$	k_{cat}/K_m $[s^{-1} \cdot mM^{-1}]$	k_{cat} $[s^{-1}]$	K_m $[mM]$	k_{cat}/K_m $[s^{-1} \cdot mM^{-1}]$
野生型	6.8	3.1	2.3	54	0.12	443
E400C	0.015	2.7	0.0055	0.12	0.45	0.26
Cys400-SO$_2$	10.4	2.5	4.2	86	0.45	191

a) H.P. Fierobe, E. Mirgorodskaya, K.A. McGuire, P. Roepstorff, B. Svensson, A.J. Clarke, *Biochemistry*, **37**, 3743 (1998)．
† 酵素反応は pH 4.5, 50 mM の酢酸緩衝液中45℃で行った．Cys400-SO$_2$ は Glu400 を Cys に置換した変異型酵素 E400C の Cys がシステインスルフィン酸に酸化された変異体．

ダーゼ消化物の MALDI MS (matrix-assisted laser desorption ionization mass spectrometry) の結果は Cys400 がカルボキシメチル化されておらず, システインスルフィン酸 ($Cys-SO_2$: $C_\alpha-CH_2-SO_2H$) に酸化されていることを示した. Cys400 の酸化は上記試薬以外にも I_2 および Br_2 で生じることが確認された. これらの誘導体の活性を種々の基質について調べた結果, E400C 変異体の k_{cat} は野生型酵素の 0.22 % 程度しかないのに対して, E400C の Cys400 がシステインスルフィン酸に酸化された変異体 Cys400-SO_2 の k_{cat} は驚くべきことに野生型酵素の約 2 倍近くに上昇していた (表 11・4). 残念なことにこの修飾酵素の X 線結晶構造解析は行われていないが, コンピューターモデリング (図 11・6) によると Cys400-SO_2 と酸触媒残基 Glu179 の酸素原子間の距離は 8.6 ～ 12.2 Å となり, もとのカルボキシル酸素間の距離よりも 1 Å 程度長くなるはずである. この結果は, retaining 酵素のキシラナーゼで報告された Glu78Asp および Glu78Cys-CH_2COOH ($C_\alpha-CH_2-S-CH_2COOH$, カルボキシメチルシステイン) への変異でカルボキシル酸素間の距離

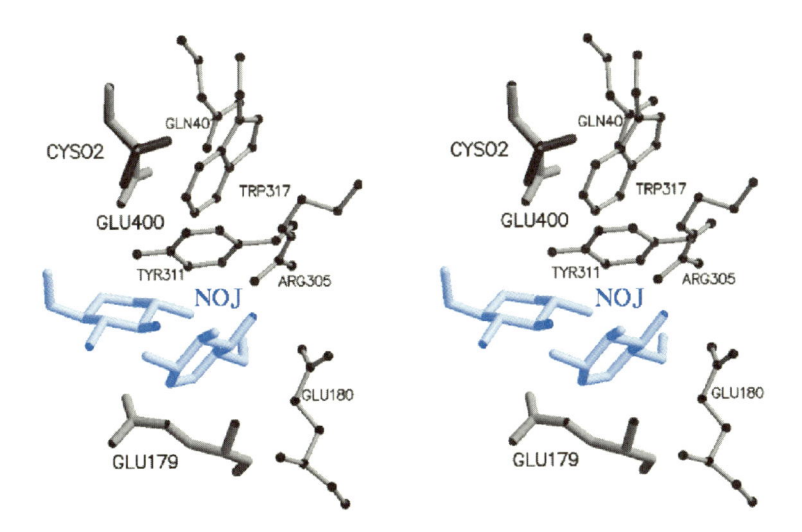

図 11・6 グルコアミラーゼの活性部位と Glu400 の Cys400-SO_2 への変換 (コンピューターモデリングによるステレオ図). *A. awamori* のグルコアミラーゼと阻害剤の 1-デオキシノジリマイシンとの複合体 (図 11・3 c) の活性部位の拡大図. NOJ は酵素に 2 分子結合している 1-デオキシノジリマイシンを, CYSO2 は本酵素の塩基触媒残基である Glu400 を Cys400 に変異した後, 酸化反応によって生じる Cys400-SO_2 の予想位置を示している. 〔H.P. Fierobe, E. Mirgorodskaya, K.A. McGuire, P. Roepstorff, B. Svensson, A.J. Clarke, *Biochemistry*, **37**, 3743 (1998)〕

をそれぞれ 1 Å 長くあるいは 1.6 Å 短くした場合にそれぞれ残存活性が約 0.03 ％および 6 ％に減少した結果から得られた"厳密な触媒残基間の距離の重要性"という結果と相反するものであり，それが加水分解反応の機構の差によるものかどうかの検討が必要である．いずれの場合も変異体の X 線結晶構造解析はなされていないことから，あくまでも変異および修飾により，触媒残基および周辺の構造変化がないと仮定して距離を計算している点で結果の解釈のあいまいさが残っている．

以上のようにアミラーゼについてはタンパク質工学を用いて種々の性質をもつ酵素がつくり出され，構造と機能の関係がより明確になりつつある．しかし，変異酵素の構造を検証している例は少なく，今後はより緻密な研究が必要であると思われる．一方，より大きな機能変換のためには進化分子工学的手法を取り入れてゆく必要があるが，その場合でも，その過程で得られる種々の変異体の構造解析を行うことが不可欠であり，構造と機能との正しい理解を通じて初めて新機能酵素の設計への道が開かれるものと考えられる．

参 考 文 献

1) B. Henrissat, G. J. Davies, *Curr. Opin. Struct. Biol.*, **7**, 637 (1997). (グリコシド加水分解酵素ファミリーの分類．Henrissat らによって Web 上でも公開され http://afmb.cnrs-mrs.fr/CAZY/，2004 年 6 月現在で 96 ファミリーに分類されている)

2) E. A. MacGregor, S. Janecek, B. Svensson, *Biochim. Biophys. Acta*, **1546**, 1 (2001). (α-アミラーゼファミリーの酵素についての総説)

3) J. E. Nielsen, T. V. Borchert, *Biochim. Biophys. Acta*, **1543**, 253 (2000). (α-アミラーゼのタンパク質工学)

4) B. A. van der Veen, J.C. Uitdehaag, B.W. Dijkstra, L. Dijkhuizen, *Biochim. Biophys. Acta*, **1543**, 336 (2000). (シクロデキストリン合成酵素のタンパク質工学)

5) J. Sauer, B. W. Sigurskjold, U. Christensen, T. P. Frandsen, E. Mirgorodskaya, M. Harrison, P. Roepstorff, B. Svensson, *Biochim. Biophys. Acta*, **1543**, 275 (2000). (グルコアミラーゼのタンパク質工学)

6) A. K. Schmidt, S. Cottaz, H. Driguez, G. E. Schulz, *Biochemistry*, **37**, 5909 (1998). (シクロデキストリン合成酵素の構造，口絵 10)

7) Z. Dauter, M. Dauter, A. M. Brzozowski, S. Christensen, T. V. Borchert, L. Beier, K. S. Wilson, G. J. Davies, *Biochemistry*, **38**, 8385 (1999). (Novamyl の構造，口絵 10)

8) L.Beier, A.Svendsen, C.Andersen, T.P.Frandsen, T.V.Borchert, J.R.Cherry, *Protein Eng.*, **13**, 509 (2000). (Novamyl のシクロデキストリン合成酵素への変換，口絵 10)

9) P. J. Kraulis, *J. Appl. Crystallog.*, **24**, 946 (1991). (MOLSCRIPT)

10) E. A. Merrit, M. E. P. Murphy, *Acta Crystallog.*, **D50**, 869 (1994). (Raster3D)

本章の図 11・3，11・6 および口絵 10 は MOLSCRIPT および Raster3D を用いて作製した．

索　引

あ〜う

Ile　3
アイスバーグ説　18
アイデンティティー決定因子
　　　　　　　　138, 143
IPMDH　181
IPTG　114
アガロース電気泳動　116
アクアライシンI　204
アクセプターステム　132
アシル酵素中間体　189
アスパラギン　3, 4
アスパラギン酸　3, 5
アスパラギン酸カルバモイル
　　トランスフェラーゼ　88
アスパラギン酸プロテアーゼ
　　　　　　　　　　　190
アスパルチル tRNA 合成酵素
　　　　　　　　　　　136
アスパルテーム　191
N-アセチルグルコサミン　215
N-アセチルムラミン酸　215
アデアの式　102
アニーリング　118
アノマー構造　219
アミド基　4
アミノアシル AMP　134
アミノアシル tRNA　134
アミノアシル tRNA 合成酵素
　　　　　　　　131, 133
　　──のクラス分け　136
アミノ基　1, 5, 80
　α-アミノ基　9
　ε-アミノ基　5, 9
アミノ酸　1
　──側鎖の性質　2
　──の側鎖解離基　9

アミノアシル tRNA 合成酵素
　　による──の活性化　134
α-アミノ酸
　──と鏡像異性体　2
アミノ酸校正反応機構
　　IleRS の──　145
アミノ酸残基　11
アミノ酸配列　11
　──の決定　106
　──のコンピューター検索
　　　　　　　　　　　109
アミノペプチダーゼ　184
アミノ末端　11
アミラーゼ　237
　──の立体構造　240
α-アミラーゼ　237, 242
β-アミラーゼ　237, 247
アラニン　3, 4
R因子　53
アルギニル tRNA 合成酵素　140
アルギニン　3, 5
アルコール脱水素酵素　162
R状態　92, 170
$(\alpha/\alpha)_6$バレル構造　251
$\alpha\alpha$モチーフ　26
α相補性　114, 116
α炭素　1
α断片　116
αバンドル　27
α/βドメイン　26
α/βバレル構造　26
αヘリックス　12, 21
　──の双極子　22, 231
α-helix cage　143
αヘリックス構造
　──の安定化　231
αラクトアルブミン　234
アレニウスの式　84
アレニウスプロット　84
アロステリックエフェクター　31
アロステリック活性化剤　31

アロステリック効果　87
アロステリック酵素　30, 87
　──の生物学的役割　96
アロステリック制御　168
アロステリック阻害剤　31
アロステリック転移
　L-LDH の──　158
アロステリック部位　31, 170
アロステリックモデル　91
アンチコドン　132
アンチコドンアーム　132
安定化
　α-アミラーゼの──　246
　タンパク質の──　87
　プロテアーゼの疎水性残基
　　導入による──　205
安定性
　タンパク質の──　203
　リゾチームの──　232
アンピシリン耐性遺伝子　114
アンフィンセン・ドグマ　32

EF ハンド　26
イオン結合　14
EC 番号　63
異常分散　51
いす形コンホメーション　222
異性化酵素　63
イソアミラーゼ　237
位相の改良　52
位相問題　51
イソクエン酸脱水素酵素　164
イソプロピル 1-チオ-β-D-
　　　　ガラクトシド　114
イソプロピルリンゴ酸脱水素酵素
　　　　　　　　164, 181
イソメラーゼ　63
イソロイシル tRNA 合成酵素
　　　　　　　　　　　145
イソロイシン　3, 4
一次構造　11

256 索引

一次反応 98
一文字表記 3
イーディー・ホフステープロット 70
遺伝暗号の拡張 149
遺伝子
——のクローニング 106
遺伝子工学 106
遺伝子発現
——とそのための塩基配列情報 124
イミダゾリウムイオン 5
イミダゾール基 3, 5, 9
イミノ酸 3, 4
イメージングプレート 49
インドール基 3
inverting 機構(酵素) 220, 225, 237, 239

運動タンパク質 27

え,お

Arg 3
aaRS 133
Asn 3
Asp 3
Ala 3
エキソ型 237
エキソペプチダーゼ 184
S_1 186
SIRAS 51
Ser 3
Sec 8
S-S 結合 7, 204, 232
SH 基 7, 9
SQC 57
S 字形 30
——の飽和曲線 88
SD 配列 124
枝切り酵素 237
X-gal 116
X 線回折 47
X 線結晶構造解析 41, 43
X 線源 49
His 3
Hsp10 39
Hsp60 39
ATP 結合モチーフ 135

エドマン法 106
$^{15}N-{}^1H$ シフト相関スペクトル 56
NAD 151
NADP 151
NAD(P)依存型脱水素酵素 152
NMR 53
NOE(核オーバーハウザー効果) 54
n 回回転対称(軸) 44
N キャップ 231
N 末端 11
エネルギー精密化 52
FID 58
FDH 161
FBP 168
Met 3
MAD 51
MWC モデル 91, 92
——での飽和度の計算 104
L-MDH 163
エラスターゼ 186, 199
Leu 3
L 形 2
L 字形三次構造 132
L-LDH 152, 154, 162
——の L-MDH への改変 164
——の酸化還元反応 182
アロステリック型 168
サブユニット混成型—— 171
非アロステリック型—— 176
D-LDH 157
——の触媒機構 160
Lys 3
エワルドの回折球 47
塩基触媒 239
塩基性アミノ酸 3, 5
塩基配列決定法 119
塩 橋 15
塩結合 15
塩酸グアニジン 33, 34
エンド型 237
エンドペプチダーゼ 184
エントロピー 86
エントロピー駆動 18
エントロピー変化 86
円二色性 34
円二色性スペクトル 34
ori 114
オオムギβ-アミラーゼ 248
オキシアニオン 189

オキシアニオンホール 189
オキシドレダクターゼ 63
オープン α/β(シート)構造 26, 135
オープンリーディングフレーム 108
ω 断片 116
オリゴヌクレオチド 109
——を用いる部位特異的変異導入法 109, 120, 121
オリゴペプチド 10
オリゴマータンパク質 29, 91
折りたたみ(フォールディング) 208
タンパク質の—— 31, 38
タンパク質の——の駆動力 17
温 度 83
——と酵素反応速度 83
温度因子 49

か,き

会合定数 98
回折球 47
階層性
タンパク質構造の—— 11
回転軸 44
回転対陰極管 49
回転対称(軸) 44
解離基
アミノ酸側鎖の—— 8
解離定数 67, 98, 103
化学シフト 53
化学修飾 216
化学平衡 98
可逆阻害 71, 73
可逆変性 32, 36, 84
核オーバーハウザー効果 54
核磁気共鳴 41, 53
過酸化水素 207
加水分解
α1→4 結合の—— 237
α1→6 結合の—— 237
β1→4 結合の—— 212
ペプチド結合の—— 184
加水分解酵素 63, 64
カタール 62
活 性 62
活性化エネルギー 65, 84

索　引

活性中心　64, 186
活性部位　64
　　──クレフト　213
　　プロテアーゼの──　186
活性部位ループ　157
可変アーム　140
可変ループ　132
β-ガラクトシダーゼ　116, 124
ガラクトシドパーミアーゼ　124
カルシウム結合能　233
カルシウム結合部位
　　α-アミラーゼの──　243
カルシウム結合モチーフ　26
カルボキシペプチダーゼ　184
カルボキシル基　1, 80
α-カルボキシル基　9
β-カルボキシル基　9
γ-カルボキシル基　9
カルボキシル末端　11
還元剤　7, 32
慣用名　64
含硫アミノ酸　3

ギ酸脱水素酵素　161
基質結合ドメイン　153
基質結合部位　64, 186
基質結合ポケット　186
　　セリンプロテアーゼの──
　　　　　　　　　　　199
基質特異性　63, 164, 198
基質特異性拡張型酵素　167
基質認識機構
　　リゾチームの──　213
基質認識部位　213
基質飽和曲線　30, 66
基質補助触媒反応　202
キチン分解活性　214
機　能
　　──によるタンパク質の分類
　　　　　　　　　　　27
機能変換
　　アミラーゼの──　245
　　リゾチームの──　223
ギブズ自由エネルギー　228
ギブズの標準自由エネルギー変
　　　　　　　　　化　86
キモシン　190, 203
キモトリプシン　186, 199
逆平行β構造　24, 135
求核残基　239
吸収端　51

球状タンパク質　27
鏡像異性体　1
競争阻害　71
協奏モデル　92
協同性　87, 93
凝乳酵素活性　203
共有結合　13
金属プロテアーゼ　191

く, け

グアニジノ基　3, 5, 9
QuikChange 部位特異的変異導
　　　　　　　　　入法　121
　　──の原理　122
空間群　46
組換えタンパク質　128
組換えプラスミド　116
クラス I aaRS　136, 139
クラス II aaRS　136, 138
グリコシド加水分解酵素　237
グリシン　2, 3, 233
クリーランドの表示法　76
グルコアミラーゼ　237, 251
グルタチオン S-トランスフェ
　　　　　　　　ラーゼ　129
グルタミニル tRNA 合成酵素
　　　　　　　　　　　136
グルタミル tRNA 合成酵素　142
グルタミン　3, 4
グルタミン酸　3, 5
クローニング　106
クローニング部位　113
クローニングベクター　113
クローバー葉構造　132
p-クロロメルクリ安息香酸　7
クーロン力　14

K_m（ミカエリス定数）　66
k_{cat}（分子活性）　67
k_{cat}/K_m（触媒効率）　67, 195, 218
蛍　光　6
形質転換　118
形質転換体　119
系統名　64
KNF モデル　91, 95
結合定数　98
結晶化
　　タンパク質の──　43

結晶系　44
α-ケト酸基質　165

こ

コイルドコイル　26
混合阻害　75
高次構造　12, 19
　　──の予測　40
格子定数　44
校正ドメイン　146
校正反応
　　aaRS によるアミノ酸の──
　　　　　　　　　　　144
酵　素
　　──の改変　106
　　──の活性　62
　　──の阻害　71
　　──の分類と名称　63
　　──表面の解離しうる基　80
構造因子　48
構造エントロピー　232
構造解析法　41
構造タンパク質　27
構造モチーフ　25
酵素タンパク質　27
酵素反応速度　64, 97
　　──の pH 依存性と最適 pH
　　　　　　　　　　　80
酵素反応速度論　65
酵素複合体　30
酵素誘導適合説　65
氷　17
国際単位　62
COSY　57
Koshland-Nemethy-Filmer
　　　　　　モデル　91, 95
固有の解離定数　103
コラーゲン　27, 28
コラーゲンヘリックス　28
コロニーハイブリダイゼーション
　　　　　　108, 117, 119
混合競争阻害　71
混合β構造　24
コンピテントセル　118
コンフィグレーション　2
コンホメーション　2, 12, 92
コンホメーション変化
　　タンパク質の──　62, 65

索引

さ, し

細菌細胞
　——のゲノム DNA の調製
　　　　　　　　　　　110
サイクリック AMP 受容タンパク質　126
最大反応速度　66
最適温度　83
最適 pH　80
サザンハイブリダイゼーション
　　　　　　　108, 118
サチライシン　186
　——による加水分解　188
　——の活性向上　196
　——の基質特異性　200
　——の前駆体とフォールディング　207
サブサイト　186, 213
サブユニット　29
サブユニット間相互作用　170
　——の対称性　92
サーマルサイクル反応　121
サーモライシン　191
酸塩基触媒　239
酸化還元酵素　63
酸化耐性　206
三次構造　12, 27
3_{10} ヘリックス　22
酸触媒　239
酸性アミノ酸　3, 5
酸性プロテアーゼ　190
酸素
　——の結合量　89
三文字表記　3
残余双極子相互作用　60

cAMP 受容タンパク質　126
GST 融合タンパク質　129
Gln　3
Glu　3
Gly　3
紫外吸収スペクトル　6
C キャップ　231
シクロデキストリン合成酵素
　　　　　　　　　　　242
示差走査型微小熱量計　37
CCA 3′末端　132

CCD　49
シスチン　7
システイン　3, 7
システインプロテアーゼ　190
ジスルフィド結合　7, 204
　T4 リゾチームの——　232
シッティングドロップ法　43
質量作用の法則　98
CD (円二色性)　34
cDNA　109
ジデオキシヌクレオシド三リン酸　　　　　　　　　　　　119
ジデオキシ法　119
至適温度　83
至適 pH　80
自動アミノ酸配列分析装置　　　　　　　　　　　　106
自動 DNA シークエンサー　119
ジヒドロウリジン　133
ジペプチド　10
C 末端　11
simulated annealing 法
　　　　　　　53, 55, 60
四面体中間体　189
Shine - Dalgarno 配列　124
弱酸
　——の解離　101
シャペロニン　39
重原子置換体　51
重原子同形置換法　51
自由減衰誘導　58
修飾塩基　132
収束進化　187
縮重　94
宿主 - ベクター系　123
主鎖
　タンパク質の——　20
受容体タンパク質　27
純正非競争阻害　71, 74
除去付加酵素　63
触媒基　216
触媒効率　67, 218
　——の pH 依存性　195
触媒ドメイン　153
触媒部位　64, 186
触媒三つ組残基　186, 192
　IleRS 校正ドメインの——
　　　　　　　　　　　146
試料調製
　NMR 測定用の——　55
Cys　3

進化分子工学　180, 197
シンクロトロン放射光　49
親水性アミノ酸　4, 5
迅速平衡　77
振動写真　49

す～そ

推奨名　64
水素供与体　16
水素結合　4, 16
　——とリゾチームの安定性
　　　　　　　　　　　231
水素受容体　16
スキャッチャードプロット
　　　　　　　　　70, 100
スタッキング　132, 141
ステム・ループ　132
スピン結合　54
スピン結合定数　54
ズブチリシン　186

制限エンドヌクレアーゼ　111
制限酵素　111, 113
静電的相互作用　14
正の協同性　90
セリル tRNA 合成酵素　139
セリン　3, 4
セリン - カルボキシルプロテアーゼ　190
セリンプロテアーゼ　186
セレノシステイン　8
セレノメチオニン　8, 51
遷移状態　64
遷移状態中間体　189
繊維状タンパク質　27
選択マーカー　113

双極子モーメント　14, 231
相同性
　アミノ酸配列の——　109
阻害　71
阻害形式　75
阻害剤　71
阻害定数　71
側鎖解離基　9
疎水結合　17
疎水性アミノ酸　4
疎水性相互作用　17

索　引

疎水性度
　　アミノ酸残基の――とリゾ
　　　チームの安定性　230

た 行

対称性
　　サブユニット間相互作用
　　　の――　92
ダイズβ-アミラーゼ　248
大腸菌
　　――の発現ベクター　123
　　――のプラスミドベクター
　　　114
耐熱化
　　オオムギβ-アミラーゼ
　　　の――　248
耐熱性
　　タンパク質の変性と――　84
tac プロモーター　127
脱水素酵素　151
多波長異常分散法　51
単位格子　44
単位胞　44
タンパク質
　　――の安定化　87
　　――の機能と酵素反応　62
　　――の高次構造の決定法　41
　　――の構造　1
　　――の精製　128
　　――の分類　27
　　――の変性と耐熱性　84
タンパク質分解酵素　184

チェインターミネーター法　119
チオールプロテアーゼ　190
逐次機構　77
逐次モデル　92
中性アミノ酸　3, 4
調節タンパク質　27
超二次構造　11, 25
超分子構造　12
チロシル tRNA 合成酵素　148
チロシン　3, 6

T_m（変性温度, 融解温度）
　　　35, 85
TIM バレル　242
D アーム　132
tRNA　131

　　――のアイデンティティー
　　　137
tRNA 識別能
　　――の獲得のための分子進化
　　　142
T7 RNA ポリメラーゼ　127
TRNOE　61
Trp　3
t⁶A　133
DSC（示差走査型微小熱量計）
　　　37
Thr　3
DNA
　　――の塩基配列決定法　119
　　――の調製　110
DNA 結合モチーフ　26
DNA リガーゼ　118
低温適応プロテアーゼ　197
低温変性　38
D 形　2
DQF-COSY　57
ディクソンプロット　72, 73
定常状態　68
T 状態　92, 170
定序機構　77, 79
定序逐次機構　154
定序 Bi Bi 機構　76
定序 Uni Bi 機構　76
ディスクリミネーター　138
TΨC アーム　132
TΨC ループ　132
T7 lac プロモーター　128
T4 リゾチーム　212
　　――の活性部位変異体の立体
　　　構造　221
　　――の基質認識機構　215
Tyr　3
1-デオキシノジリマイシン　253
テトラゾリウム塩　182
転移 RNA　131
転移酵素　63
電子線回折　41
電子密度　48
デンプン　237
デンプン吸着ドメイン　239
電離平衡　101

糖加水分解酵素　220, 239
糖構造
　　――のひずみ　221
糖転移反応　227

特異性
　　酵素の――　63
TOCSY　57
突然変異　120
ドデシル硫酸ナトリウム　33
ドメイン　11, 28
ドメイン構造　152
トランスフェラーゼ　63
トランスフォーメーション　118
トリプシン　186
　　――の基質特異性　198
トリプトファン　3, 6
トリペプチド　10
トレオニン　3, 4
TROSY　57

な 行

二塩基酸
　　――の解離　102
二基質反応　76
ニコチンアミドアデニンジヌク
　　レオチド　151
ニコチンアミドアデニンジヌク
　　レオチドリン酸　151
二次元 NMR 測定法　57
二次構造　12, 19
二次反応　98
二重結合性
　　ペプチド結合の――　19
二重ふるいモデル　145
二面角　4, 20
L-乳酸　154
L-乳酸脱水素酵素　152
D-乳酸脱水素酵素　157
尿　素　32, 33
ニワトリ卵白リゾチーム　212

ヌクレオチド結合ドメイン　26

熱安定性　204
　　――が向上したリゾチーム変
　　　異体　229
熱ショックタンパク質　39
熱変性　33, 85
熱変性曲線　35, 85
NOESY　57
Novamyl　245

は, ひ

ハイブリッド形成 118
πヘリックス 22
パターソン関数 51
発現ベクター 108
　　――の構成要素 123
パパイン 190
half-filter 法 61
バリル tRNA 合成酵素 147
バリン 3, 4
パルスフーリエ変換法 58
半いす形コンホメーション 222
反競争阻害 71, 74
ハンギングドロップ法 43
反射の指数 48
反応機構
　　――の改変 223
反応座標 64
反応次数 97
反応速度 64, 97
反応速度式 97
反応中間体 221
反応特異性 63

P_1 186
Pro 3
pET 系ベクター 128
pH 101
　　――と酵素反応速度 80
　　――による V_m と K_m の変化 82
Phe 3
pH 依存性 194
比活性 63
非競争阻害 71, 74
非共有結合 13
pK_a 8, 81, 101, 218
　　――の変化 195
　　アミノ酸側鎖の―― 9
PCR(ポリメラーゼ連鎖反応) 107
pGEX ベクター 129
PCMB 7
PGDH 177
ヒスチジン 3, 5
His タグ 5, 128
ヒストグラムマッチング 52

ひずみ
　　糖構造の―― 221
P_i 特異性 200
ヒドロキシ基 3, 4
ヒドロラーゼ 63
pBR322 114
pUC18 114, 115
pUC19 114, 115
pUC 系ベクター 114
標準エンタルピー変化 86
標準自由エネルギー変化 99
ヒル定数 90
ヒルの式 90
ビリルビン酸 154
ヒルプロット 89, 90
ピンポン機構 77, 79
　　――の速度式 100
ピンポン Bi Bi 機構 76

ふ

φ 20
ファンデルワールス半径 16
ファンデルワールス力 15
ファントホッフの式 37, 85
$V_m(V_{max})$(最大反応速度) 66
Val 3
部位特異的変異導入法 121
フィードバック制御 170
フィードバック阻害 87
フィードフォワード制御 170
封入体 39
フェナジンメトスルフェート 182
フェニルアラニン 3, 6
フェニル基 3
フェノール基 3, 9
フォールディング(折りたたみ) 17, 31, 38, 208
不可逆阻害 71
不可逆変性 87
不競争阻害 74
複製起点 114
ψ 20
不斉原子 1
プソイドウリジン 133
付着末端 112
負の協同性 90
プラスミド 114

　　――のコピー数 114
　　組換え――の作製 117
プラスミド DNA
　　――の調製 110
プラスミドベクター 114
ブラッグの法則 48
ブラベ格子 45
フルクトース 1, 6-ビスリン酸 168
blue-white selection 114
プルラナーゼ 237
プレプロサチライシン 208
プロサチライシン 208
プロセシング 185, 208
プロテアーゼ 184
　　――の活性部位 187
プロテアソーム 30, 185
プロテインメモリー説 209
プロトマー 29
^1H-NMR 5, 53
プロトンリレー系 193
プローブ DNA 107, 118
プロペプチド 207
プロモーター 124
プロリン 3, 4, 233
　　――のシス-トランス異性化 20

分岐進化 199
分極率 14
分子活性 67
分子シャペロン 39
分子進化 142
分子置換法 52
分子動力学法 52
分子内架橋 232
分子内シャペロン 211
分子平均化 52

へ

ヘアピン β モチーフ 25
平滑末端 112
平行 β 構造 24
平面構造
　　ペプチド結合の―― 19
ベクター 108, 113
$(β/α)_7$ バレル 243
$(β/α)_8$ バレル 242
βαβ モチーフ 26

索　引

β構造　12, 23
βシート　23
βストランド　23
βターン　12, 24
βバレル　25, 143
βヘアピン　25
ヘテロトロピック効果　31
ペプシン　190
ペプチドグリカン　212, 215
ペプチド結合　10, 19
ヘモグロビン　89
　——のヒルプロット　91
ヘリックス・ターン・ヘリックス
　　　　　　　　　　　　26
ヘリックス・ループ・ヘリックス
　　　　　　　　　　　　26
ベル形　80
変異導入プライマー　121
変異導入プライマーDNA　109
変　性　33, 84
　——の測定と解析　34
　——の熱力学　36
　——の熱力学的パラメーター
　　　　　　　　　　　　86
変性温度　35, 85
変性曲線　35, 85
変性剤　33
Henderson-Hasselbalchの式
　　　　　　　　　　　　9

ほ

芳香族アミノ酸　3, 6
飽　和　66
飽和曲線
　MWCモデルによる——　94
　ヒルの式による——　90
飽和度　70, 93, 104
補酵素結合ドメイン　153
補酵素特異性　162
ホスホグリセリン酸キナーゼ　34
3-ホスホグリセリン酸脱水素
　　　　　　　　酵素　177
HOHAHA　57
ホモトロピック効果　30
ホモロジーモデリング　40
ポリアクリルアミドゲル電気泳動
　　　　　　　　　　　　120
ポリペプチド　10

ポリペプチド鎖　20
　——の自由度　232
ポリメラーゼ連鎖反応　107
ホルモンタンパク質　27

ま　行

Maxam-Gilbert法　119
膜タンパク質　27
マルチクローニング部位
　　　　　　　　　114, 115
マンノシルキューオシン　133
ミオグロビン　89
ミカエリス定数　66
ミカエリスのpH関数　81
ミカエリス・メンテン型　31
ミカエリス・メンテンの式　66
見掛けの解離定数　103
水　16
ムコールレンニン　203
メチオニン　3, 4
1-メチルアデノシン　133
2-メチルウリジン　133
メチルグアノシン　133
2-メルカプトエタノール　7
メルカプト基　7, 9
免疫タンパク質　27
モチーフ　25
Monod-Wyman-Changeux
　　　　　モデル　91, 92
モルテングロビュール　32, 209

や　行

融解温度　85
誘起双極子　15
有機溶媒耐性　206
誘電率　14
誘導型発現ベクター　126
誘導型プロモーター　124, 126
誘導適合　65, 192
誘導物質　114

輸送タンパク質　27
ユビキチン　30, 185
溶媒領域平滑化　52
四次構造　12, 29
3-ヨードチロシン　148
読み枠　108

ら～わ

ラインウィーバー・バークプロット
　　　　　　　　　　　69, 73
　二基質の場合の——　78
ラウエの反射条件　48
β-ラクタマーゼ遺伝子　114
ラクトースオペロン　124
らせん構造　21
らせん軸　44
lacオペレーター　125
lacオペロン　124
　——の発現の誘導機構　125
lacプロモーター　125
lac UV5プロモーター　127
lacリプレッサー　125
ラマチャンドランプロット　20
ランダム機構　77
ランダムコイル　25
ランダムBi Bi機構　76
ランダム変異　181, 197
卵白リゾチーム　212
　——酵素活性のpH依存性
　　　　　　　　　　　219
　——の基質認識機構　214
リアーゼ　63
リガーゼ　63
リガンド　99
リシジン　133
リシン　3, 5
リゾチーム　212
　——活性部位変異体　224
　——酵素機能の改変　223
　——の安定性　228
　——の触媒機構　220
　——の立体構造　213
　——の立体構造の安定化
　　　　　　　　　　　228
立体配座　2
立体配置　2

索引

retaining 機構（酵素）
　　　　220, 225, 237, 239
リボチミジン　133
リボヌクレアーゼA　32, 35
　——の変性と再生　32, 35
L-リンゴ酸脱水素酵素　163

ループ　25
0次反応　98
Lennard-Jones ポテンシャル　15
連鎖帰属　54

ロイシン　3, 4
Rossmann フォールド
　　　　26, 135, 153
ワイブトシン　133

松　澤　　洋
1938年　栃木県に生まれる
1964年　東京大学農学部　卒
前 東京大学大学院農学生命科学研究科教授
専攻　タンパク質工学，分子生物学
農 学 博 士

第1版　第1刷　2004年 9月17日　発行
　　　　第5刷　2019年 6月20日　発行

応用生命科学シリーズ 6
タンパク質工学の基礎

Ⓒ 2004

編　者　　松　澤　　洋
発 行 者　　小　澤　美　奈　子
発　　行　　株式会社 東京化学同人
東京都文京区千石3丁目36-7（☏112-0011）
電話 03-3946-5311・FAX 03-3946-5317
URL: http://www.tkd-pbl.com/

印　刷　三美印刷株式会社
製　本　株式会社松　岳　社

ISBN978-4-8079-1425-8
Printed in Japan
無断転載および複製物（コピー，電子データなど）の無断配布，配信を禁じます．

応用生命科学シリーズ

編集代表　永井和夫

1	応用生命科学の基礎	永井和夫・松下一信・小林　猛 著　2400 円
2	細胞工学の基礎	永井和夫・冨田房男・長田敏行 著　2400 円
4	植物工学の基礎	長田敏行 編　2400 円
6	タンパク質工学の基礎	松澤　洋 編　2800 円
8	生物化学工学	小林　猛・本多裕之 著　2400 円
9	バイオインフォマティクス	美宅成樹・榊　佳之 編　2400 円

価格は本体価格（消費税別）